名校名师精品系列教材

Spring Clouc ... ct
Develc ...

Spring Cloud 微服务项目开发教程

慕课版

石云 蒋卫祥 | 主编
崔浩 贾鑫 | 副主编

人民邮电出版社
北京

图书在版编目（C I P）数据

Spring Cloud微服务项目开发教程 : 慕课版 / 石云,
蒋卫祥主编. -- 北京 : 人民邮电出版社, 2024.3
名校名师精品系列教材
ISBN 978-7-115-62859-6

Ⅰ. ①S… Ⅱ. ①石… ②蒋… Ⅲ. ①互联网络－网络
服务器－教材 Ⅳ. ①TP368.5

中国国家版本馆CIP数据核字(2023)第190835号

内 容 提 要

本书以企业实际项目“SweetFlower 商城”为例，采用“任务驱动、案例教学”的理念设计并组织内容。全书共 10 个单元，内容包括微服务和 Spring Cloud Alibaba 简介、Nacos 服务发现和配置管理、服务接口调用、Spring Cloud Gateway 服务网关、基于 Spring Cloud OAuth 2.0 的安全机制、Seata 分布式事务、基于 Sentinel 的服务限流与熔断降级、微服务调用链跟踪、微服务监控和微服务容器化等。每个单元包括若干任务，读者可以通过实现一个个任务循序渐进地掌握 Spring Cloud 组件知识，培养利用所学技术解决实际问题的能力，提高实践动手能力和知识应用能力。

本书可作为高等院校软件技术专业的教材或教学参考用书，也可作为从事计算机软件开发和工程应用相关工作的技术人员的参考用书。

◆ 主　　编　石　云　蒋卫祥
副 主 编　崔　浩　贾　鑫
责任编辑　刘　佳
责任印制　王　郁　焦志炜

◆ 人民邮电出版社出版发行　　北京市丰台区成寿寺路 11 号
邮编　100164　　电子邮件　315@ptpress.com.cn
网址　https://www.ptpress.com.cn
保定市中画美凯印刷有限公司印刷

◆ 开本：787×1092　1/16
印张：19.5　　2024 年 3 月第 1 版
字数：523 千字　　2024 年 3 月河北第 1 次印刷

定价：69.80 元

读者服务热线：(010)81055256　印装质量热线：(010)81055316
反盗版热线：(010)81055315
广告经营许可证：京东市监广登字 20170147 号

前 言 FOREWORD

本书全面贯彻党的二十大精神，以社会主义核心价值观为引领，传承中华优秀传统文化，坚定文化自信，使内容更好地体现时代性、把握规律性、提升创造性。

随着互联网的迅猛发展，互联网企业的业务也在不断地发展，传统的单体应用架构已无法满足其业务开发要求。在这一背景下，微服务架构逐渐流行。Spring Cloud 技术是微服务架构领域的"翘楚"，它经过快速迭代发展，目前已经成为一套完整的微服务架构解决方案。Spring Cloud 相关课程作为软件技术专业的核心课程，具有综合性、实践性、应用性等特性，通过 Spring Cloud 课程的学习，可以培养学生的知识应用能力、实践动手能力和软件开发能力，提升学生的综合素质。

本书是中国特色高水平高职学校和专业建设计划项目中软件技术（软件与大数据技术）专业群教材建设成果之一。本书紧跟行业的新技术、新工艺、新规范，对接软件开发企业岗位需求，引入企业实际项目和案例资源，以软件开发过程为导向，基于企业实际项目"SweetFlower 商城"，采用"任务驱动、案例教学"的理念设计并组织内容。本书任务由企业实际项目"SweetFlower 商城"中的功能模块分解、加工而成，每个任务包括"任务描述""技术分析""支撑知识"和"任务实现" 4 个部分，任务中融入 Spring Cloud 相关知识点和技能点，由浅入深、循序渐进，使学生知行合一、学以致用。"任务描述"和"技术分析"部分对每个任务进行描述，并分析要实现任务所需的知识和技能；"支撑知识"部分对任务中所涉及的知识点进行介绍和案例讲解；"任务实现"部分对任务进行详细分析并给出实现步骤。本书通过每个单元的"拓展实践"，让学生在完成单元任务的基础上进一步提升能力，引导学生不断拓展和创新。

本书编写组中有 1 名成员是首批国家级职业教育教师教学创新团队骨干成员，主持并参与了软件技术专业国家教学资源库建设项目及软件技术江苏省品牌专业建设项目，4 名成员具有丰富的软件开发企业工作经验和软件项目开发经验。石云、蒋卫祥为本书主编，崔浩、贾鑫为本书副主编，赵双和王雨萱参与本书编写。具体编写分工为：单元 1 由蒋卫祥编写，单元 2、单元 6 和单元 9 由石云编写，单元 3 由赵双编写，单元 4 由王雨萱编写，单元 5 和单元 10 由贾鑫编写，单元 7 和单元 8 由崔浩编写。

本书在编写的过程中引用的企业实际项目"SweetFlower 商城"得到了企业高级工程师陈利的指导，他对项目的分解、加工及技术实现提供了宝贵的指导和意见，在此表示衷心感谢！

本书附有配套课程标准、教学设计、授课 PPT、微课视频、源代码、习题等数字化学习资源，读者可登录人邮教育社区（www.ryjiaoyu.com）获取相关资源。

为贯彻落实党的二十大精神，更好地培养造就大批德才兼备的高素质高技能人才，本书积极探索社会主义核心价值观和中华优秀传统文化教育内容的融入。书中为每一单元提供了相应的素养拓展案例。相信通过这些案例的学习，一定能激发学生树立正确的技能观、拥有家国情怀的爱国意识和网络安全意识，从而肩负专业的社会责任，成为实现中华民族伟大复兴的先锋力量。

在教学过程中，教师可结合表 1 中的内容，引导学生进行思考或展开讨论。

表 1　教学内容与素养拓展对照表

页码	教学内容	素养拓展案例名称	素养拓展
9	了解 Spring Cloud	技能大赛带来的自信与成长	职业素养 团队协作
32	Nacos 简介	自主研发工业软件	强国意识 担社会责任
72	服务接口调用	分工协作的服务接口调用	团结协作 创新意识
106	Gateway 简介	争做为人民服务的“网关”	强专业能力 担社会责任
137	Spring Cloud OAuth2.0 简介	构建安全的 Web 应用	职业道德 法治意识
181	Seata 简介	团队合作的 Seata	家国情怀 团队协作
222	流控规则简介	景区游客数量的限流	遵纪守法 遵守规矩
241	Spring Cloud Sleuth 简介	中国版“星链”计划	爱国情怀 民族自豪感
260	Prometheus 简介	反对腐败 自我监控	诚实守信 廉洁自律
290	Docker 简介	传承丝路精神	丝路精神 勇于担当

由于编者水平有限，书中难免会有疏漏和不足之处，欢迎各界专家和读者朋友批评指正。

编　者

2023 年 8 月

目 录 CONTENTS

单元 1 微服务和 Spring Cloud Alibaba 简介

微服务（或微服务架构）是一种云原生架构方法，其中单个应用程序由许多松散耦合且可独立部署的较小组件或服务组成。本单元主要介绍微服务架构的定义、微服务的特征、微服务架构面临的挑战、Spring Cloud 定义、Spring Cloud 核心组件、Spring Cloud Alibaba 定义、Spring Cloud Alibaba 组件等相关知识。

单元目标

【知识目标】

- 熟悉微服务架构
- 熟悉微服务的特征
- 了解 Spring Cloud 定义
- 理解 Spring Cloud 核心组件
- 了解 Spring Cloud Alibaba 定义
- 理解 Spring Cloud Alibaba 组件

【能力目标】

- 能分析单体应用架构
- 能分析垂直应用架构
- 能分析分布式架构、SOA
- 能分析微服务架构
- 能分析 Spring Cloud 核心组件在开发中的应用
- 能创建父子工程

【素质目标】

- 激发科技报国的家国情怀
- 提高对专业学习的认可度与专注度

任务 1.1　了解微服务架构

任务描述

为便于理解微服务架构的应用，请基于电子商务管理系统案例分析项目架构技术的发展历程，分析单体应用架构、垂直应用架构、分布式架构、SOA、微服务架构的优点与缺点，分析微服务架构需要解决的问题。

技术分析

在分析微服务架构的应用时，需要了解什么是微服务架构，微服务有哪些特征，使用微服务架构有哪些好处。

支撑知识

1. 单体应用架构简介

一个归档包（可以是 JAR、WAR、EAR 或其他归档格式）包含所有功能代码的应用程序，通常称归档包为单体应用。单体应用架构是一种传统的软件架构模式，用于将一个完整的应用程序作为一个整体进行部署和运行。在单体应用架构中，所有的功能模块和组件被打包在一个应用程序中，并共享同一个数据库，如图 1-1 所示。

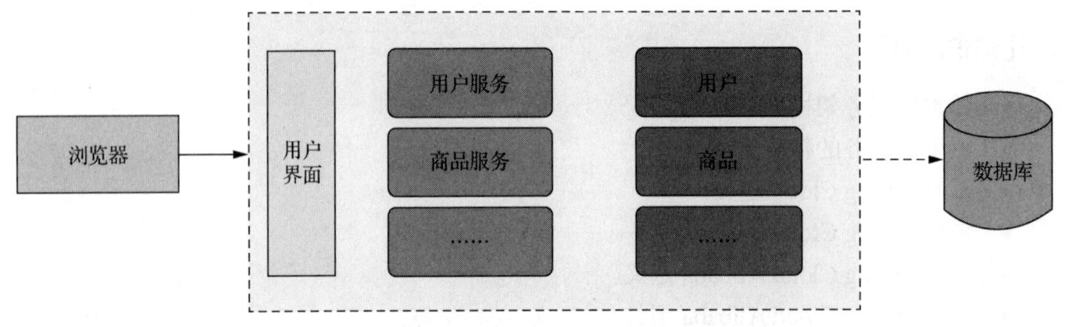

图 1-1　单体应用架构

（1）单体应用架构的优点

① 方便部署：整个项目就是一个 WAR 包（或 JAR 包等），部署起来特别方便。

② 方便调试：单体应用一旦部署，在测试阶段只需要启动一个 WAR 包（或 JAR 包等）即可。

③ 便于共享：单个归档包包含项目的所有功能，便于在团队之间以及不同的部署阶段共享。

（2）单体应用架构的缺点

① 复杂度高：由于整个项目是单个归档包，因此整个归档包包含的模块非常多，使得整个项目非常复杂。

② 技术更替：随着时间的推移、需求的变更和技术人员的更替，会逐渐形成应用程序的技术债务，并且越积越多。

③ 版本管理难：当项目规模变大时，代码容易产生冲突。

④ 稳定性差：当局部服务有问题时，可能会影响整个项目。

⑤ 可维护性差：若项目规模扩大，则其复杂度直线上升，造成系统可维护性变差。

⑥ 可扩展性差：无法满足高并发对应用的要求，不利于横向扩展。

2. 微服务架构简介

微服务强调的是服务的大小和对外提供的单一功能，微服务架构是一种架构模式，它提倡将单一应用程序划分成一组小的服务，服务之间相互协同相互配合，为用户提供最终价值。每个服务在独立的进程中，服务和服务之间采用轻量级的通信机制进行沟通，通常是基于HTTP 的 RESTful API。每个服务都围绕具体的业务进行构建，并且能够被独立地部署到生产环境、类生产环境等。

另外，应尽量避免使用统一的、集中的服务管理机制，对一个具体的服务而言，应根据业务上下文，使用合适的语言、工具进行构建。

在单体应用架构中，如果把所有的服务都写在一起，随着业务越来越复杂，代码的耦合度就会越来越高，不便于将来的升级与维护，所以往往需要拆分这些服务。在拆分微服务的时候，会根据业务功能模块把一个单体应用拆分成许多个独立的项目，每个项目完成一部分的业务功能，然后独立开发和部署。这些独立的项目就成为微服务，进而构成服务集群。

【案例 1-1】商城系统微服务案例。

一个商城系统可提供相当多的服务，如订单服务、用户服务、商品服务、支付服务等，这些服务如果使用单体应用架构来实现，那么耦合度会相当高，开发难度也会很大。如果使用微服务架构来实现，把每一个服务都当成一个单体应用来开发，那么订单服务、用户服务、商品服务、支付服务等模块，就分别成为一个个微服务。

这些微服务构成整个商城系统，每个服务也可以根据业务的需要进行集群部署。这样一方面降低了服务的耦合度，另一方面也有利于服务的维护与升级。

3. 微服务的特征

（1）单一职责

微服务的拆分粒度很小，每一个服务都对应唯一的业务功能，可做到单一职责，避免重复的业务开发。

（2）面向服务

微服务对外暴露业务接口，不关心服务的技术实现，做到与平台和语言无关，也不限定用什么技术实现，只要提供表述性状态转移（Representational State Transfer，REST）的接口即可。

（3）自治

自治是指服务间互相独立，互不干扰，主要包括：团队独立、技术独立、数据独立、部署独立。

（4）隔离性强

当某个微服务发生故障时，该故障会被隔离在当前微服务中，不会波及其他微服务，进而造成整个系统的瘫痪。

4. 微服务架构的特点

（1）易于开发和维护

一个服务只关注一个特定的业务功能，所以它的业务清晰，代码量少。开发和维护单个微服务相对简单。整个应用是由若干个微服务构建而成的，所以整个应用被维持在一个可控的状态。

（2）局部修改易部署

只要对单个应用进行修改，就得重新部署整个应用，微服务解决了这个问题。一般来说，对某个微服务进行修改，只需要重新部署这个服务即可。

（3）技术栈不受限

在微服务架构中，可以结合业务和团队的特点，合理选用技术栈。例如，有的服务可以使用关系数据库 MySQL，有的服务可以使用非关系数据库 Redis；甚至可根据需求，部分服务使用 Java 开发，部分微服务使用 Node.js 开发。

（4）按需扩展

微服务可根据需求，实现细粒度的扩展。例如，系统中的某个微服务遇到了瓶颈，可以结合微服务的特点，增加内存、升级 CPU 或增加节点。

（5）代码独立

各团队负责各自微服务的代码维护，不会互相影响，也不容易造成代码冲突。代码独立也包括 review 和功能测试。下载代码时也不需要下载全部代码。

（6）微服务系统之间的独立

微服务系统之间相互独立，非核心系统发版或者异常，不会影响系统核心业务的运行。

（7）数据独立

各服务负责各自的数据，机密数据不需要开放给无关的人员。业务切分降低了单个服务的复杂度，负责某一服务的开发人员只需要了解与自己相关的业务。这样可方便开发人员快速上手，重点关注各自的业务。

（8）团队管理更方便

如某成员负责商品服务，则该成员不需要了解支付、优惠券、库存相关的业务场景，只需要清楚与商品相关的业务规则就可以了。

5. 微服务架构面临的挑战

在实施微服务架构之前，有必要了解因微服务的拆分而引发的诸多原本在单体应用架构中没有的挑战。

（1）运维的新高度

在微服务架构中，微服务的拆分使运维人员需要维护的进程数量大大增加，这就要求运维人员具备一定的开发能力来编排运维过程并让它们能自动运行。

（2）接口的一致性

虽然拆分了服务，但是各个服务在业务逻辑上的依赖并不会消除，只是从单体应用中的代码依赖变为微服务间的通信依赖。这就需要开发者对原有接口进行一些修改，与之对应的，交互方也需要协调改变来进行发布，以保证接口的正确调用。也就是说，此时需要更完善的接口和版本管理，或者严格遵循开闭原则。

（3）分布式的复杂性

由于拆分后的各个微服务都独立部署并运行在各自的进程内，它们只能通过通信来进行协作，因此分布式环境的问题是进行微服务架构设计时需要考虑的重要因素，如网络延迟、分布式事务、异步消息等。

微课 2

任务 1.1 分析与实现

任务实现

本任务的重点是分析单体应用架构、垂直应用架构、分布式架构、SOA、微服务架构的优点与缺点。

1. 单体应用架构

在早期互联网中，一般的网站应用流量较小，只需一个应用将所有功能代码都部署在一起，这样可以降低开发、部署和维护的成本。例如，在电子商务管理系统中包含用户管理、商品管理、订单管理、物流管理等很多模块，如图 1-2 所示，将其构建成一个 Web 项目，然后部署到一台 Tomcat 服务器上。

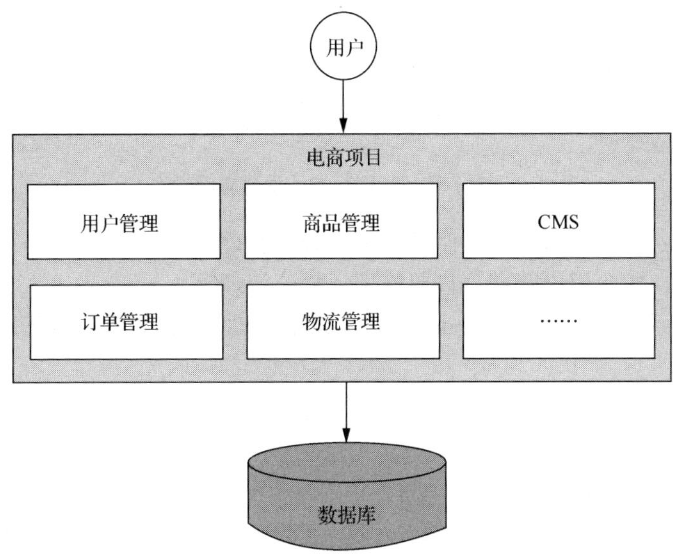

图 1-2 电子商务管理系统（单体应用架构）

（1）单体应用架构的优点

项目架构简单，对于小型项目来说，开发成本低；项目部署在一个节点上，容易维护。

（2）单体应用架构的缺点

全部功能集成在一个工程中，对于大型项目来说不易开发和维护；项目模块之间紧密耦合，单点容错率低；无法针对不同模块进行优化和水平扩展。

2. 垂直应用架构

随着访问量逐渐增大，单一应用只能依靠增加节点来应对，但是并不是所有的模块都会有比较大的访问量。以图 1-2 所示的电子商务管理系统为例，用户访问量的增大可能影响的只是用户管理和订单管理模块，对 CMS 的影响比较小。如果此时我们希望只增加几个用户管理模块和订单管理模块，而不增加物流管理模块，使用单体应用架构就无法实现，因此垂直应用架构应运而生。

所谓的垂直应用架构，就是将原来的一个应用拆成几个互不相干的应用，以提升运行效率。比如我们可以将图 1-2 所示的电子商务管理系统拆分成 3 个系统，如图 1-3 所示，3 个系统及其内容分别如下。

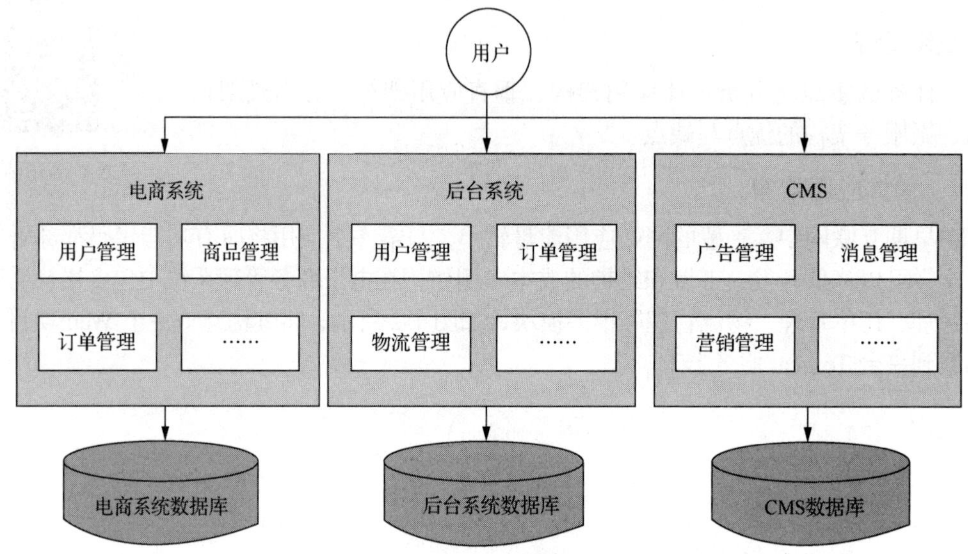

图 1-3　电子商务管理系统（垂直应用架构）

- 电商系统：包含用户管理、商品管理、订单管理等。
- 后台系统：包含用户管理、订单管理、物流管理等。
- 内容管理系统（Content Management System，CMS）：包含广告管理、营销管理、消息管理等。

这样拆分完毕之后，一旦用户访问量变大，只需要增加电商系统的节点就可以了，而无须增加后台系统和 CMS 的节点。

（1）垂直应用架构的优点

通过系统拆分实现了流量分担，解决了并发问题；可以针对不同模块进行优化和水平扩展；一个系统的问题不会影响到其他系统，提高了容错率。

（2）垂直应用架构的缺点

系统之间相互独立，无法进行相互调用，而且会有重复的开发任务。

3. 分布式架构

当垂直应用越来越多时，重复的业务代码也会越来越多。这时候，我们就可以思考能否将重复的业务代码抽取出来，做成统一的一个个独立的服务，然后由前端表现层调用不同的服务呢？这就产生了分布式架构，它把工程拆分成服务层和表现层两个部分，服务层中包含业务逻辑，表现层只需要处理和页面的交互，业务逻辑都是调用服务层的服务来实现的。使用分布式架构的电子商务管理系统如图 1-4 所示。

（1）分布式架构的优点

抽取公共的功能为服务，提高了代码复用性。

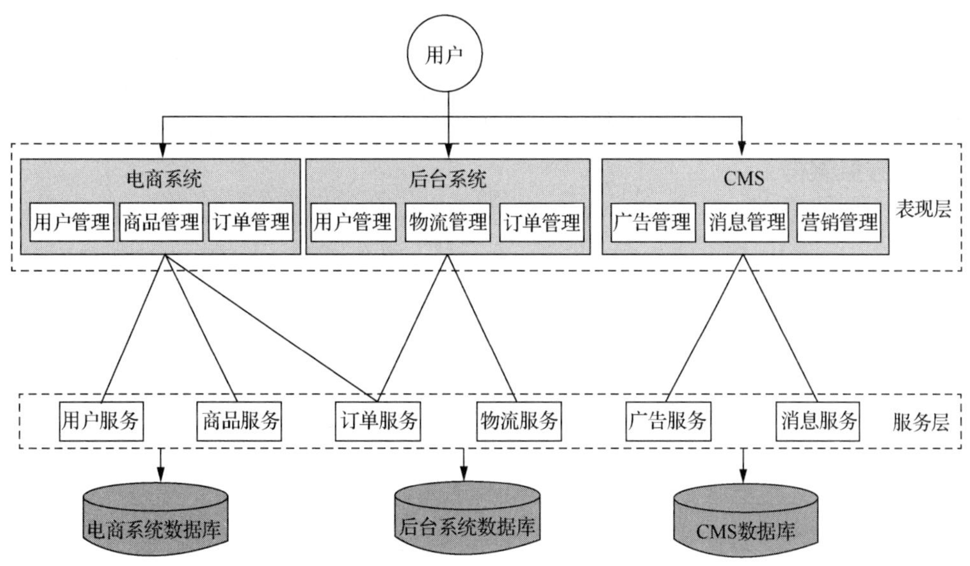

图 1-4　电子商务管理系统（分布式架构）

（2）分布式架构的缺点

系统间耦合度变高，调用关系错综复杂，难以维护。

4. SOA

在分布式架构下，当服务越来越多时，容量的评估、小服务资源的浪费等问题逐渐显现，需要增加一个注册中心对集群进行实时管理。此时，可使用提升服务质量的面向服务的架构(Service-Oriented Architecture，SOA)。使用 SOA 的电子商务管理系统如图 1-5 所示。

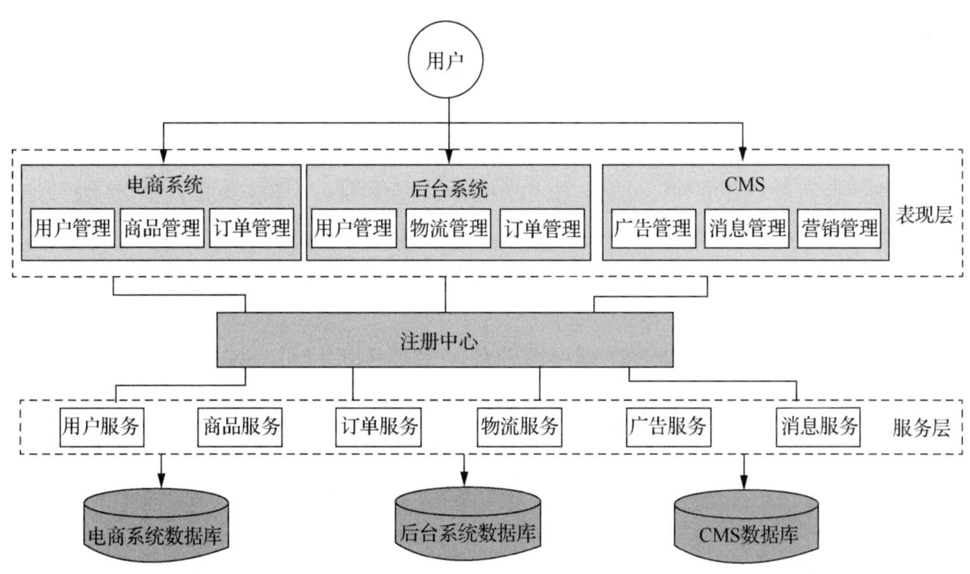

图 1-5　电子商务管理系统（SOA）

（1）SOA 的优点

使用注册中心解决了服务间调用关系的自动调节问题。

（2）SOA 的缺点

- 服务间有依赖关系，一旦某个环节出错，影响较大（如出现服务雪崩问题）。
- 服务间关系复杂，运维、测试、部署困难。

5. 微服务架构

微服务架构在某种程度上是 SOA，它更加强调服务的“彻底拆分”。简单地说，微服务架构就是将单体应用进一步拆分成更小的服务，每个服务都是一个可以独立运行的项目。使用微服务架构的电子商务管理系统如图 1-6 所示。

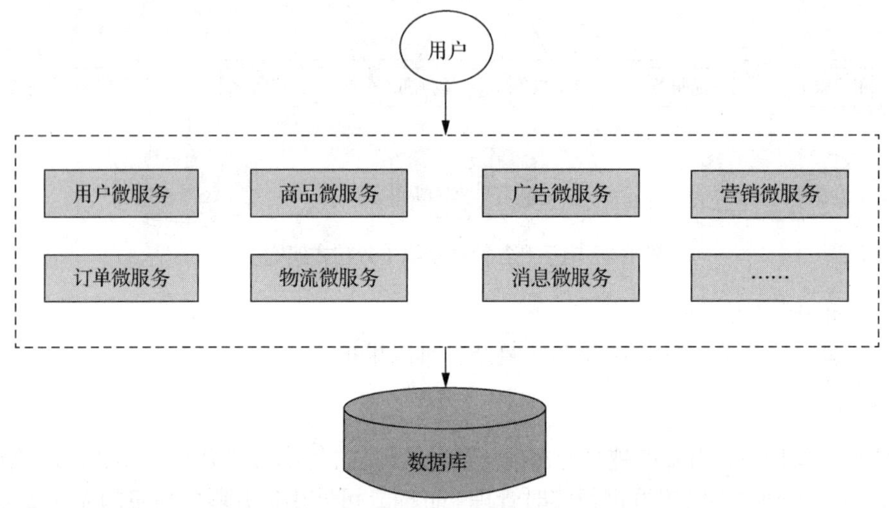

图 1-6　电子商务管理系统（微服务架构）

（1）微服务架构的优点

- 服务原子化拆分，独立打包、部署和升级，保证每个微服务清晰的任务划分，有利于扩展。
- 微服务之间采用 RESTful 等轻量级 HTTP 相互调用。
- 服务各自有单独的职责，服务之间松耦合，避免因一个模块的问题导致服务崩溃。

（2）微服务架构的缺点

- 分布式系统开发的技术成本高（如容错、分布式事务管理成本等），对开发团队挑战大。
- 服务间的依赖变得复杂，需要根据业务的重要性进行系统梳理，定义出关键业务和非关键业务，梳理服务调用的主要路径，明确强弱依赖、限流、降级规则等。
- 运维复杂。分布式系统有着数量庞大的各种服务，各种服务之间需要相互协同。微服务在可靠性、稳定性、监控、容量规划方面都有很高的要求。

（3）微服务架构需要解决的问题

一旦采用微服务架构，就势必会遇到这样几个问题：在项目中，这么多微服务如何管理？微服务之间如何通信？客户端怎么访问它们？一旦出现问题了，如何排错？应该如何处理这些问题？对于上面的问题，大部分的微服务产品都针对具体问题提供了相应的组件来解决。

任务 1.2 了解 Spring Cloud

任务描述

Spring Cloud 技术如何在企业应用开发中使用？本任务通过电商网站的开发案例来分析 Spring Cloud 核心组件的作用，重点分析 Eureka、Ribbon、Hystrix、Zuul、Config 核心组件。

微课 3

Spring Cloud 简介

技术分析

在分析 Spring Cloud 核心组件之前，我们需要了解什么是 Spring Cloud 技术，Spring Cloud 核心组件主要的功能是什么，Spring Cloud 有哪些版本，Spring Cloud 与 Spring Boot 有什么关系。

支撑知识

1. 什么是 Spring Cloud

Spring Cloud 是微服务架构的一站式解决方案，是各个微服务架构落地技术的集合体，俗称“微服务全家桶”。平时我们在构建微服务的过程中需要做如服务注册与发现、配置中心、负载均衡、断路器、数据监控等操作，而 Spring Cloud 为我们提供了一套简易的编程模型，使我们能在 Spring Boot 的基础上轻松地构建微服务项目。

2. Spring Cloud 核心组件

Spring Cloud 中有五大核心组件，如下。

- Eureka——Netflix Eureka 客服端
- Ribbon——Netflix Ribbon
- Hystrix——Netflix Hystrix
- Zuul——Netflix Zuul
- Config——Spring Cloud Config

（1）Eureka

作用：实现服务治理（服务注册与发现）。

简介：Eureka 是 Spring Cloud Netflix 项目下的服务治理模块，由两个组件组成，即 Eureka 服务端和 Eureka 客户端。Eureka 服务端用作注册中心，支持集群部署。Eureka 客户端是一个 Java 客户端，用来处理服务注册与发现。

在应用启动时，Eureka 客户端向 Eureka 服务端注册服务信息，同时将服务端的服务信息缓存到本地。客户端会和服务端周期性地进行心跳交互，以更新服务租约和服务信息。Eureka 的实现原理如图 1-7 所示。

（2）Ribbon

作用：主要提供客户端的软件负载均衡算法。

简介：Ribbon 是一个基于 HTTP 和 TCP 的客户端负载均衡工具，基于 Netflix Ribbon 实现。通过 Spring Cloud 的封装，Ribbon 可以轻松地将面向服务的 REST 模板请求自动转换成客户端负载均衡的服务调用。

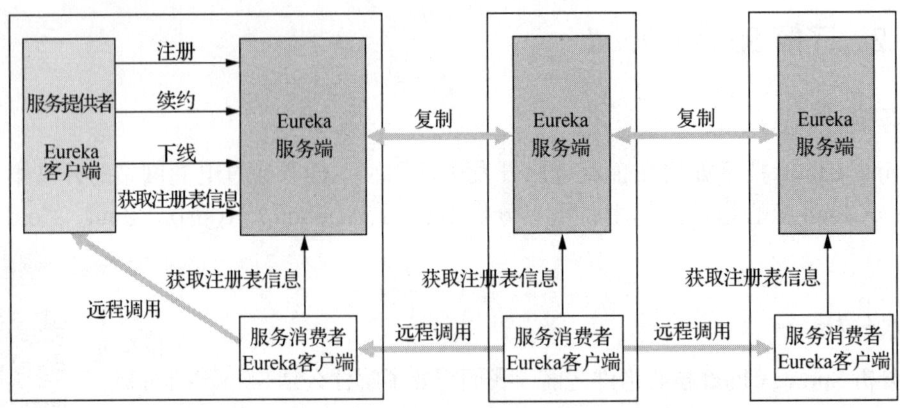

图 1-7　Eureka 的实现原理

Feign 是在 Ribbon 负载均衡器的基础上进行了一次改进，它是 Netflix 开发的一款声明式 HTTP 客户端。Feign 使用 Java 接口的方式定义 HTTP 请求，开发者只需要定义一个接口，然后通过注解的方式描述每个接口方法对应的 HTTP 请求方式、URL 路径、请求头等信息。这种声明式的方式使得代码更加清晰、易于维护。Feign 也集成了 Netflix 的 Ribbon 负载均衡器，可以自动实现对目标服务的负载均衡，提高了系统的可用性和性能。

Ribbon 组件提供一系列配置选项，比如连接超时、重试算法等。Ribbon 内置可插拔、可定制的负载均衡组件。下面是一些负载均衡策略。

- 随机策略
- 轮询策略
- 重试策略
- 最低并发策略
- 可用过滤策略
- 响应时间加权策略
- 区域权重策略

Ribbon 具有以下功能。

- 可与服务注册与发现组件（如 Eureka）集成。
- 使用 Archaius 完成运行时配置。
- 使用 JMX 暴露运维指标，使用 Servo 进行发布。
- 可进行多种可插拔的序列化选择。
- 可进行异步和批处理操作。
- 具有自动 SLA 框架。
- 具有系统管理/指标控制台。

Ribbon 有 7 种负载均衡策略可供选择，如表 1-1 所示。

表 1-1　Ribbon 的负载均衡策略

策略类	名称	描述
RandomRule	随机策略	随机选择服务端
RoundRobinRule	轮询策略	按照顺序选择服务端（默认策略）

续表

策略类	名称	描述
RetryRule	重试策略	在一个配置时间段内，当选择服务端不成功时，则一直尝试选择一个可用的服务端
BestAvailableRule	最低并发策略	遍历所有服务端，获取服务端的状态，如果服务器没有熔断，判断当前可用服务端的连接数是否小于最小连接数，如果是，将最小连接数赋值当前连接数，如此循环，最后得到采用最少连接的服务端
AvailabilityFilteringRule	可用过滤策略	过滤掉那些因为一直连接失败的被标记为 circuit tripped 的后端服务端，并过滤掉高并发的后端服务端（超过配置的阈值），再使用 RoundRobinRule 选择一个服务
ResponseTimeWeightedRule	响应时间加权策略	根据服务端的响应时间分配权重，响应时间越长，权重越低，被选中的概率越低；响应时间越短，权重越高，被选中的概率越高。这个策略很全面，综合考虑了多种因素，比如网络、磁盘、I/O 等，这些都直接影响响应时间
ZoneAvoidanceRule	区域权重策略	综合判断服务端所在区域的性能和服务端的可用性，轮询选择服务端并且判断运行性能是否可用，剔除不可用区域的所有服务端

（3）Hystrix

作用：实现服务降级、服务限流。

简介：当微服务系统的一个服务出现故障时，故障会沿着服务的调用链在系统中“疯狂蔓延”，最终导致整个微服务系统瘫痪，这就是“服务雪崩”。为了防止此类事件的发生，微服务架构引入了熔断器的一系列服务容错和保护机制。Spring Cloud Hystrix 是基于 Netflix 公司的开源组件 Hystrix 实现的，它提供了熔断器功能，能够有效地阻止分布式微服务系统中出现联动故障，以提高微服务系统的弹性。Hystrix 的实现原理如图 1-8 所示。

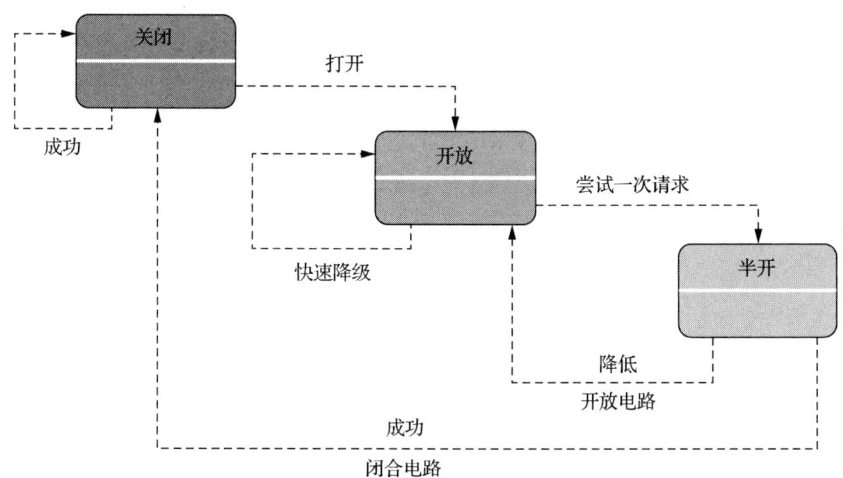

图 1-8　Hystrix 的实现原理

在微服务系统中，Hystrix 能够帮助我们实现以下目标。

- 保护线程资源：防止因单个服务的故障耗尽系统中的所有线程资源。
- 实现快速失败机制：当某个服务发生故障时，不让服务调用方一直等待，而是直接返回请求失败。
- 提供降级方案：在请求失败后，提供一个设计好的降级方案（通常是一个兜底方法，当请求失败后即调用该方法）。
- 防止故障扩散：使用熔断机制，防止故障扩散到其他服务。
- 监控：使用提供熔断器故障监控组件 Hystrix Dashboard，随时监控熔断器的状态。

（4）Zuul

作用：在微服务架构中作为 API 网关，提供动态路由与过滤功能。

简介：Spring Cloud Zuul（以下简称 Zuul）是 Spring Cloud Netflix 子项目的核心组件之一，是 Spring Cloud 中的一个网关服务，它提供了动态路由、请求过滤、负载均衡等功能。作为微服务架构中的入口，Zuul 可以将所有的客户端请求转发到相应的微服务上，并提供一些常用的边缘服务功能。Zuul 的作用如图 1-9 所示。

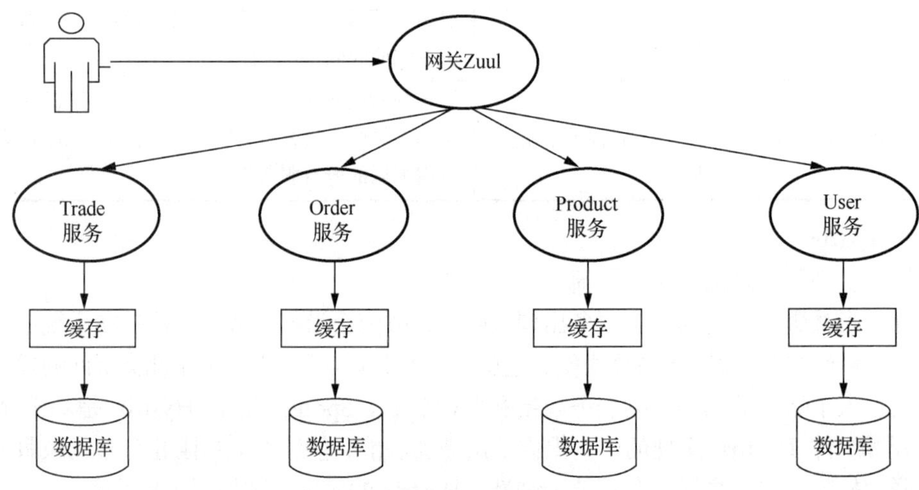

图 1-9　Zuul 的作用

通过 Zuul 访问服务的 URL 的默认格式为：http://ZuulHostIp:port/要访问的服务名称/服务中的 URL。其中的部分参数说明如下。

- 服务名称：properties 配置文件中 spring.application.name 配置属性指定的微服务名。
- 服务中的 URL：服务对外提供的 URL 路径。

（5）Config

作用：实现分布式配置。

简介：Config 为分布式系统中的外部配置提供服务端和客户端支持。使用 Config 可以集中管理所有环境中应用程序的外部配置，Config 的实现原理如图 1-10 所示。

实际上 Config 就是一个配置中心，所有的服务都可以从配置中心取出配置，而配置中心又可以从 GitHub 远程仓库中获取云端的配置，这样只需要修改 GitHub 中的配置即可对所有的服务进行配置管理。

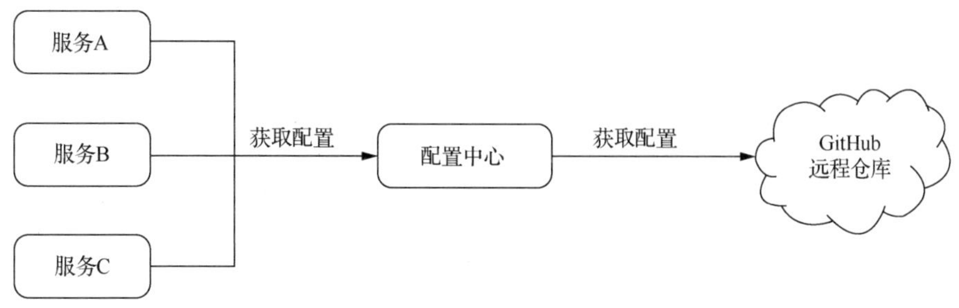

图 1-10 Config 的实现原理

（6）Spring Cloud 核心组件总结

- **Eureka：**当服务启动的时候，服务上的 Eureka 客户端会把自身注册到 Eureka 服务端，并且可以通过 Eureka 服务端知道其他注册的服务。
- **Ribbon：**当服务间发起请求的时候，服务消费者基于 Ribbon 服务实现负载均衡，从服务提供者存储的多台机器中选择一台。如果一个服务只在一台机器上，那就不需要 Ribbon 选择机器；如果一个服务在多台机器上，那就需要使用 Ribbon 选择机器后再使用服务。
- **Hystrix：**发起的请求通过 Hystrix 的线程池访问服务，不同的服务通过不同的线程池实现不同的服务调度隔离。如果服务出现故障，通过服务熔断可避免服务雪崩的问题出现，并且通过服务降级，可以保证手动实现服务的正常功能。
- **Zuul：**如果前端调用后台系统，统一通过 Zuul 网关进入，那么 Zuul 网关会根据请求的一些特征，将请求转发给后端的各个服务。
- **Config：**可以将各个微服务的配置文件集中存储在一个外部的存储仓库或系统（例如 Git、SVN 等）中，对配置文件进行统一管理，以支持各个微服务的运行。

3. Spring Cloud 版本介绍

Spring Cloud 是一套整合了多家公司开源技术的规范，这些开源技术的版本发布是由相关公司来完成的，每个子项目都维护自己的发布版本号，所以 Spring Cloud 的版本命名未采用传统意义上的版本命名，而是采用伦敦地铁站的名字并根据字母的顺序来命名。Spring Cloud 的版本及发布顺序如下。

- Angel（最早发布的版本）。
- Brixton。
- Camden。
- Dalston。
- Edgware。
- Finchley。
- Greenwich。
- Hoxton（最新的版本）。

进入 Spring Cloud 官网，可知目前最新的稳定版为 Hoxton。在首页中，可以看到相应版本对应的依赖，如图 1-11 所示。

由图 1-11 可知，Hoxton 对应的 Spring Boot 版本为 2.2.×或 2.3.×，查看 Spring Boot 和 Spring Cloud 版本依赖可通过如下网址：https://start.spring.io/actuator/info。

Table 1. Release train Spring Boot compatibility

Release Train	Release Train
2022.0.x aka Kilburn	3.0.x
2021.0.x aka Jubilee	2.6.x, 2.7.x (Starting with 2021.0.3)
2020.0.x aka Ilford	2.4.x, 2.5.x (Starting with 2020.0.3)
Hoxton	2.2.x, 2.3.x (Starting with SR5)
Greenwich	2.1.x
Finchley	2.0.x
Edgware	1.5.x
Dalston	1.5.x

图 1-11 Spring Cloud 依赖的 Spring Boot 版本

4. Spring Cloud 与 Spring Boot 的关系

Spring Boot 是 Spring 的一套快速配置脚手架，用户可以基于 Spring Boot 快速开发单个微服务，Spring Cloud 是基于 Spring Boot 实现的云应用开发工具；Spring Boot 专注于快速、方便集成的单个微服务个体，Spring Cloud 专注于全局的服务治理框架；Spring Boot 使用默认大于配置的理念，很多集成方案已经帮用户选择好了，Spring Cloud 的很大一部分是基于 Spring Boot 来实现的。

Spring Boot 可以离开 Spring Cloud 独立使用，但是 Spring Cloud 离不开 Spring Boot，具有依赖关系。

微课 4

任务 1.2 分析与实现

任务实现

本任务的目标是通过一个企业开发案例来分析 Spring Cloud 核心组件的作用。由于该案例还在开发阶段，只有开发环境相关的配置，无须做多环境配置集中管理，因此没有引入 Spring Cloud Config 组件。

假设现在开发一个电商网站，要实现订单支付功能，具体的流程如下。

① 创建一个订单后，如果用户立刻支付了这个订单，需要将订单状态更新为“已支付”。

② 扣减对应的商品库存。

③ 通知仓储中心发货。

④ 发货给用户并为用户增加对应的积分。

上述流程涉及订单服务、库存服务、仓储服务、积分服务，实现整个流程的大体思路如下。

① 用户针对一个订单完成支付后，订单服务就会更新订单状态。

② 订单服务调用库存服务，扣减商品库存。

③ 订单服务调用仓储服务，通知商品发货。

④ 订单服务调用积分服务，为用户增加对应的积分。

电商网站订单支付的整个流程如图 1-12 所示。

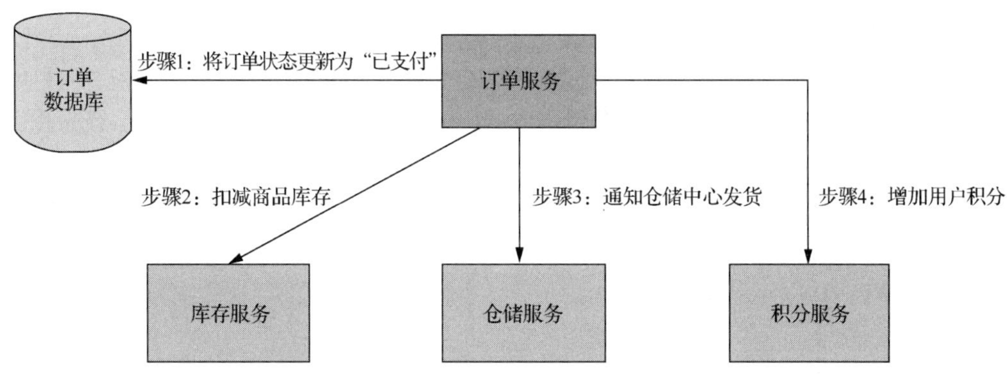

图 1-12 电商网站订单支付的流程

1. Spring Cloud 核心组件 Eureka

首先考虑一个问题，订单服务要如何调用库存服务、仓储服务、积分服务呢？订单服务本身无法知道上述服务在哪台服务器上，所以无法调用它们，而 Eureka 的作用就是告诉订单服务它想调用的服务在哪台服务器上。Eureka 有客户端和服务端，每一个服务上都有 Eureka 客户端，可用于把本服务的相关信息注册到 Eureka 服务端上，这样订单服务就可以找到库存服务、仓储服务、积分服务了。上述业务使用 Eureka 后如图 1-13 所示。

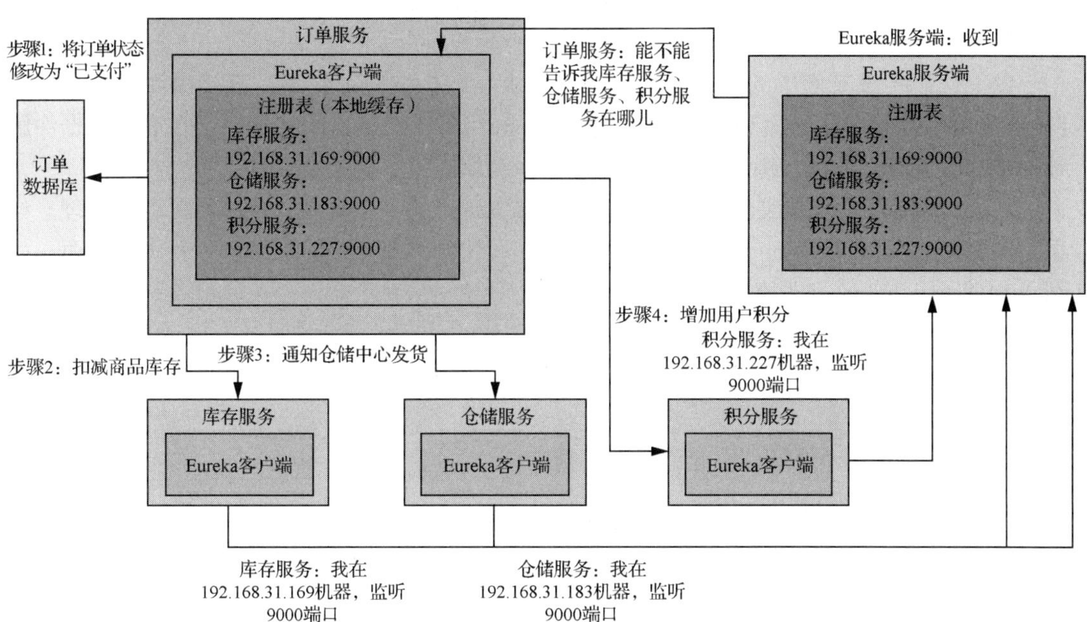

图 1-13 使用 Eureka 组件的电商网站订单支付业务

Eureka 组件的作用小结如下。

- Eureka 客户端：负责将某个服务的信息注册到 Eureka 服务端中。
- Eureka 服务端：相当于一个注册中心，里面有注册表，注册表中保存了各个服务所在机器的 IP 地址和端口号，可以通过 Eureka 服务端找到各项服务。

2. Spring Cloud 核心组件 Feign

通过 Eureka 组件，订单服务可以知道库存服务、积分服务、仓储服务在哪里，但是如何调用这些服务呢？如果我们自己写很多代码去调用就太麻烦了，Spring Cloud 已经为我们准备好了一个核心组件：Feign。

接下来看如何通过 Feign 让订单服务调用库存服务，注意 Feign 也是用在消费者端的。

订单服务：

```
@Service
public class OrderService{
@Autowired
private InventroyService inventroyService;
public  ResultCode payOrder(){
    //步骤 1：更新订单数据库中的订单状态为"已支付"
    orderDAO.updateStatus(id,OrderStatus.PAYED);
    //步骤 2：调用库存服务，扣减商品库存
    inventroyService.reduceStock(goodsSkuId);
}
}
@FeignClient("inventroy-service")
public interface InventroyService{
@RequestMapping(value="reduceStock/{goodsSkuId"),method=HttpMethod.PUT)
public ResultCode reduceStock(@PathVariable("goodsSkuId") Long goodsSkuId);
}
```

以上代码中没有底层的建立连接、构造请求、解析响应等代码，直接用注解定义一个 FeignClient 接口，调用这个接口就可以使用 Feign 组件。FeignClient 接口会在底层根据注解和指定的服务建立连接、构造请求、发起请求、获取响应、解析响应等。

Feign 组件是如何完成以上操作的呢？其实 Feign 的一个机制就是使用了动态代理。如果对某个接口定义了@FeignClient 注解，Feign 就会针对这个接口创建一个动态代理，如图 1-14 所示。Feign 组件的具体实现步骤如下。

① 当调用该接口时，本质就是调用 Feign 创建的动态代理，这是核心中的核心。

② Feign 的动态代理会根据你在接口上的@RequestMapping 等注解，来动态构造出要请求的服务的地址。

③ 最后针对这个地址，发起请求、解析响应。

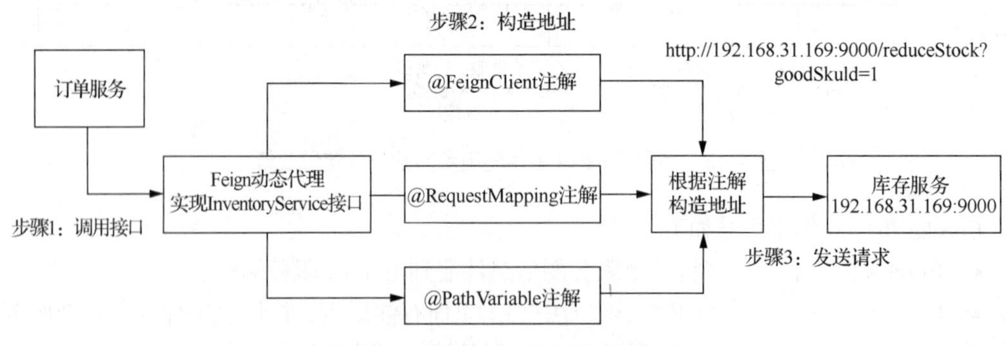

图 1-14　Feign 组件的实现原理

3. Spring Cloud 核心组件 Ribbon

通过 Eureka 可以找到服务，通过 Feign 可以调用服务，但是如果在多台机器上都部署了库存服务，应该使用 Feign 调用哪一台机器上面的服务呢？这个时候就需要使用 Ribbon 了，它在服务消费者端配置和使用，作用就是实现负载均衡。

Ribbon 默认使用的负载均衡算法是轮询算法，它会从 Eureka 服务端中获取对应的服务注册表，知道相应服务的位置，然后 Ribbon 根据设计的负载均衡算法选择一台机器，Feign 就会针对这些机器构造并发送请求，如图 1-15 所示。

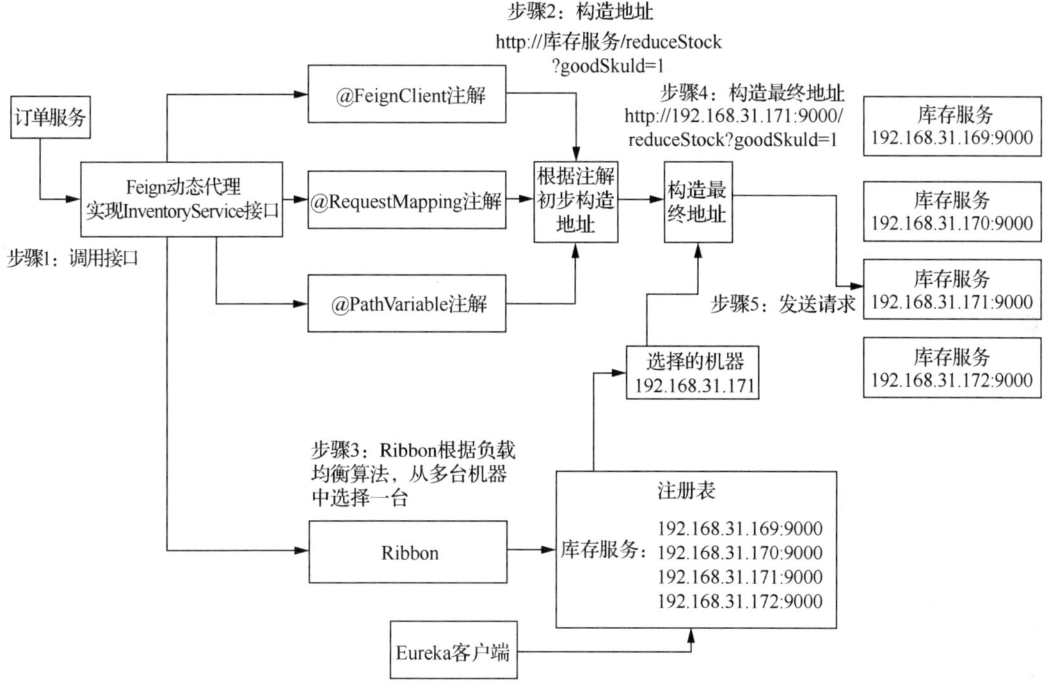

图 1-15　使用 Ribbon 实现负载均衡

4. Spring Cloud 核心组件 Hystrix

在微服务架构里，一个系统可能会有多个服务，以前文的业务场景为例：订单服务在一个业务流程里需要调用 3 个服务，现在假设订单服务自己最多只有 100 个线程可以处理请求，如果积分服务出错，每次订单服务调用积分服务的时候，都会卡几秒，然后抛出一个超时异常。

这会导致什么问题呢？如果系统在高并发的情况下，大量请求涌过来，订单服务的 100 个线程会卡在积分服务处，导致订单服务没有多余的线程可以处理请求，这种问题就是微服务架构中的服务雪崩问题。这么多的服务互相调用如果不做任何保护，当某一个服务“挂掉”就会引起连锁反应，导致别的服务“挂掉”，甚至导致整个系统崩溃。订单服务雪崩如图 1-16 所示。

但是请思考一下，即使积分服务“挂掉”，订单服务也不应该挂掉，并且库存服务和仓储服务也应该是正常工作的。至于积分服务，后期可以手动给用户加上积分，这个时候就需要用到 Hystrix，Hystrix 是熔断、降级的一个框架。

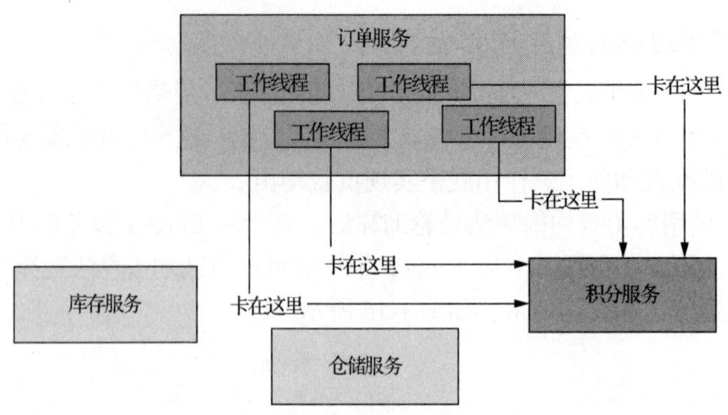

图 1-16　订单服务雪崩

Hystrix 相当于一个中间过滤区，若积分服务“挂掉”，当请求积分服务时就直接返回积分服务不可用的提示，不需要等待超时抛出异常，这就是所谓的熔断。若之后手动添加积分该如何处理呢？可以在每次调用积分服务时在数据库里增加一条记录，这就是所谓的降级。Hystrix 隔离、熔断和降级的全流程如图 1-17 所示。

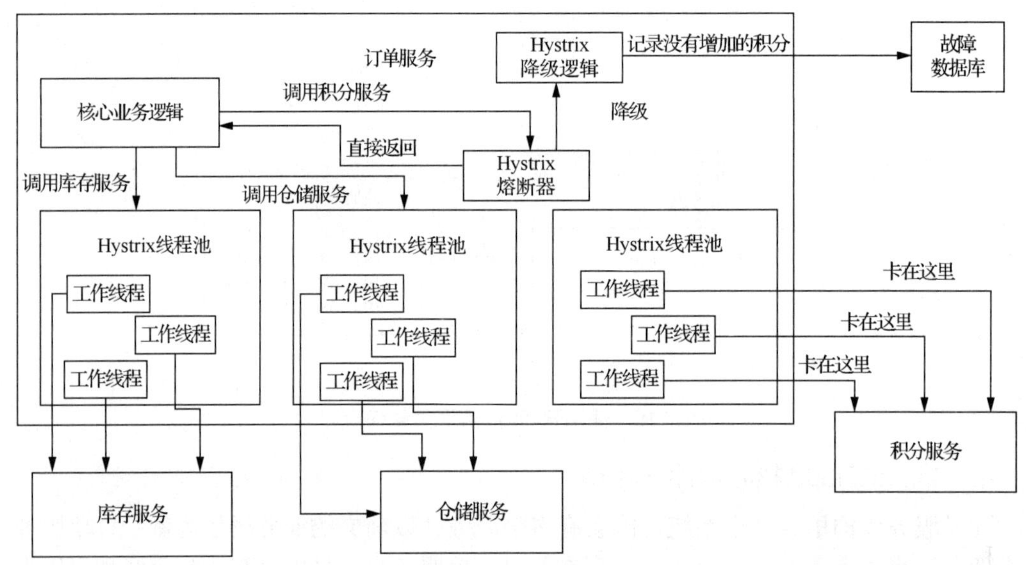

图 1-17　Hystrix 隔离、熔断和降级的全流程

5. Spring Cloud 核心组件 Zuul

Zuul 组件是负责网络路由的。假设客户后台部署了几百个服务，现在有一个前端客户，他的请求是直接从浏览器发过来的。例如，该客户要请求访问库存服务，他可能记不住库存服务的名称和地址，并且部署在 5 台机器上（就算客户能记住库存服务的名称和地址，对于后台的几百个服务的名称和地址他也不可能全部记住）。

对于这种情况，一般在微服务架构中会设计一个网关，如 Android、iOS、PC 端、微信小程序、HTML5 等。这样不用关心后端有几百个服务，只需要知道存在一个网关，所有请求都发往网关，网关会根据请求中的一些特征，将请求转发给后端的相应服务。

Spring Cloud 核心组件 Zuul 在电商网站中的应用如图 1-18 所示。

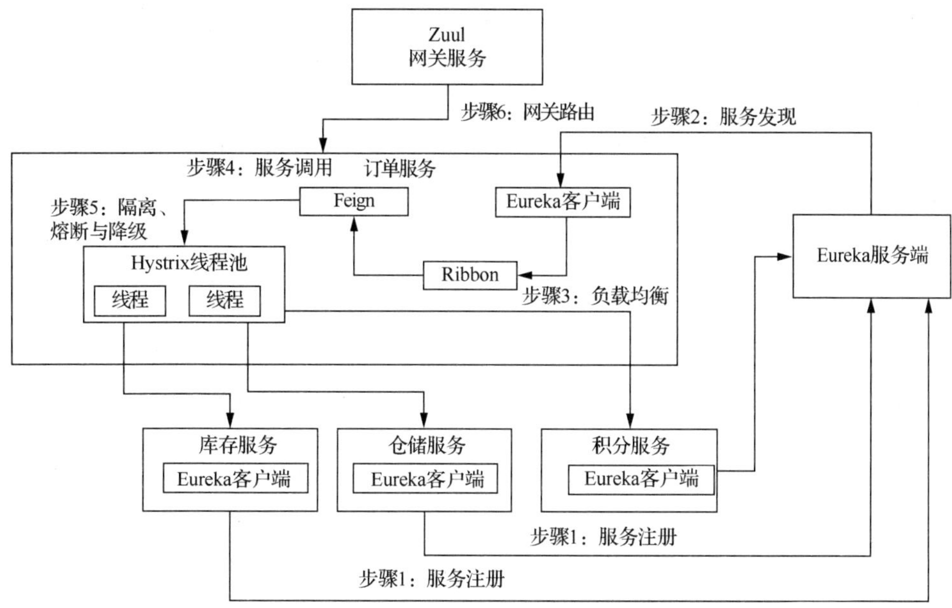

图 1-18 Spring Cloud 核心组件 Zuul 在电商网站中的应用

以上就是 Spring Cloud 的核心组件及其功能。

任务 1.3 创建 SweetFlower 商城的父工程

任务描述

创建 SweetFlower 商城项目的父工程，统一管理子模块依赖的 Spring Boot、Spring Cloud、Spring Cloud Alibaba 和其他第三方 JAR 包。

技术分析

SweetFlower 商城作为一个基于微服务的项目，由多个子模块组成，各子模块都依赖于 Spring Boot、Spring Cloud、Spring Cloud Alibaba 和一些第三方 JAR 包。Maven 父工程和子工程的 pom.xml 是有继承关系的，因此可以将各子模块相同的依赖配置到父工程的 pom.xml 文件中。

微课 5

Spring Cloud Alibaba 简介

支撑知识

1. 什么是 Spring Cloud Alibaba

Spring Cloud Alibaba 是阿里巴巴集团提供的微服务开发一站式解决方案，是阿里巴巴开源中间件与 Spring Cloud 体系的融合。比如在 Spring Cloud Alibaba 中依然可以使用 Feign 作为服务调用方式，使用 Eureka 做服务注册与发现等。

第一代 Spring Cloud 标准中的很多组件已经停更，如 Eureka、Zuul 等。所以 Spring Cloud Alibaba 很有可能成为 Spring Cloud 的第二代标准，其中许多组件在业界逐渐开始使用，已有很多成功案例。Spring Cloud Alibaba 是阿里巴巴集团结合自身的微服务实践开源的微服务“全家桶”，并且对 Spring Cloud 的组件有很好的兼容性。

值得一提的是 Spring Cloud Alibaba 对 Dubbo 有很好的兼容性，同时也提供了一些强大的功能，如 Sentinel 流量控制、Seata 分布式事务、Nacos 服务注册与发现等。Spring Cloud Alibaba 的主要功能如下。

- 流量控制和服务降级：提供 WebServlet、WebFlux、OpenFeign、RestTemplate、Dubbo 访问限流降级的功能。它可以在运行时通过控制台实时修改限流降级的规则，并且还支持监视限流降级的度量标准。
- 服务注册与发现：可以注册服务，并且客户可以使用 Spring 托管的 bean（自动集成功能区）发现实例。
- 分布式配置：支持分布式系统中的外部配置，配置更改后自动刷新。
- RPC 服务：扩展 Spring Cloud 客户端 RestTemplate 和 OpenFeign 以支持调用 Dubbo RPC 服务。
- 事件驱动：支持构建与共享消息系统连接的高可扩展的事件驱动微服务。
- 分布式事务：支持高性能且易于使用的分布式事务解决方案。
- 阿里云对象存储：提供大规模、安全、低成本、高度可靠的云存储服务；支持随时随地在任何应用程序中存储和访问任何类型的数据。
- 阿里云 SchedulerX：提供准确、高度可靠、高可用性的计划作业调度服务，响应时间在几秒内。
- 阿里云短信：阿里云短信服务覆盖全球，提供便捷、高效、智能的通信功能，帮助企业快速联系客户。

2. Spring Cloud Alibaba 组件

Spring Cloud Alibaba 组件如图 1-19 所示，其中包含阿里巴巴开源组件、阿里云商业化组件，以及集成 Spring Cloud 组件。

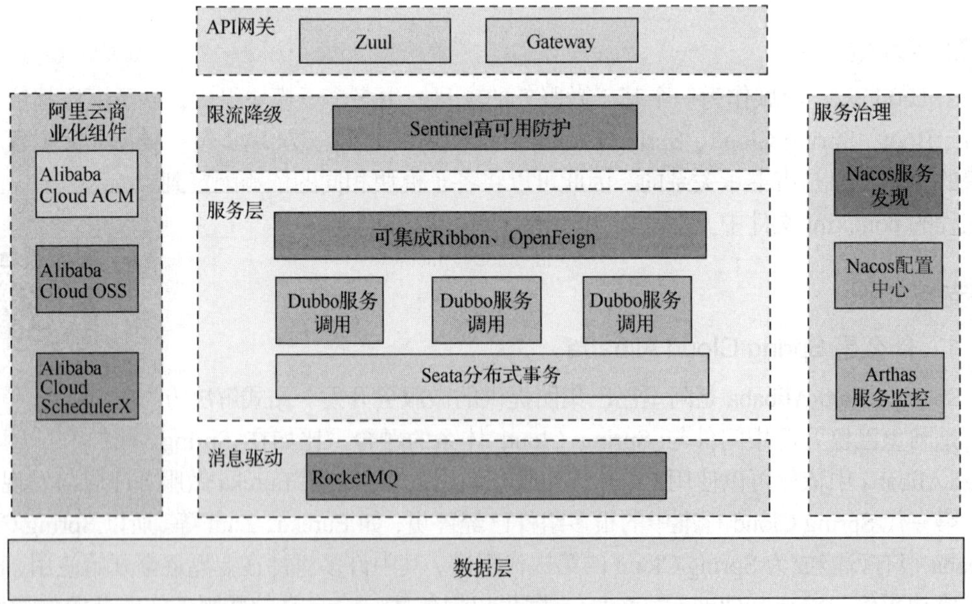

图 1-19　Spring Cloud Alibaba 组件

（1）阿里巴巴开源组件

- Nacos：一个易于构建云原生应用的动态服务发现、配置管理和服务管理平台。
- Sentinel：把流量作为切入点，从流量控制、熔断降级、系统负载保护等多个维度保证服务的稳定性。
- RocketMQ：开源的分布式消息系统，基于高可用分布式集群技术，提供低延时的、高可靠的消息发布与订阅服务。
- Dubbo：在国内应用非常广的一款高性能 Java RPC 框架。
- Seata：阿里巴巴开源产品，一个易于使用的高性能微服务分布式事务解决方案。
- Arthas：开源的 Java 动态追踪工具，基于字节码增强技术，功能非常强大。

（2）阿里云商业化组件

阿里云商业化组件主要包括以下几部分。

- Alibaba Cloud ACM：一款在分布式架构环境中对应用配置进行集中管理和推送的应用配置中心产品。
- Alibaba Cloud OSS：阿里云对象存储服务（Object Storage Service，OSS），是阿里云提供的云存储服务。
- Alibaba Cloud SchedulerX：阿里巴巴中间件团队开发的一款分布式任务调度产品，提供秒级、精准的定时（基于 Cron 表达式）任务调度服务。

（3）集成 Spring Cloud 组件

Spring Cloud Alibaba 作为整套的微服务解决方案，只依靠目前阿里巴巴的开源组件是不够的，还需要集成当前的社区组件，所以 Spring Cloud Alibaba 可以集成 Zuul、Gateway 等网关，也支持 Spring Cloud 消息组件。

3. Spring Cloud Alibaba 版本介绍

Spring Cloud Alibaba 是 Spring Cloud 的子工程，Spring Cloud 基于 Spring Boot。表 1-2 给出了 Spring Cloud、Spring Cloud Alibaba、Spring Boot 之间的版本对应关系。

表 1-2 Spring Cloud、Spring Cloud Alibaba、Spring Boot 之间的版本对应关系

Spring Cloud Alibaba	Spring Cloud	Spring Boot
1.5×	Spring Cloud Edgware	1.5×
2.0×	Spring Cloud Finchley	2.0×
2.1×	Spring Cloud Greenwich	2.1×
2.2×	Spring Cloud Hoxton	2.2×

在版本选择上应尽量选择稳定版，也就是发布后的 3 到 4 个版本，它们是趋于稳定的版本。

微课 6

创建父子工程

4. 父工程与子工程

父工程是一个 pom 工程，通常只是用来帮助其子模块构建的工具，本身并没有实质的内容。每个具体工程代码的编写还是在生成的工程中进行的。所有的子模块都继承自父模块，父模块主要用于做整个项目的版本控

制，项目中所有要使用的 JAR 包的版本都集中由父工程管理。这样在编写其他工程的 pom.xml 文件中的 Maven 依赖时，就不需要写版本号了。

通常会将一个大的项目分成多个模块，各个子模块之间不存在依赖关系，但是它们之间却有很多共性，比如很多类似的配置、JAR 包等，这时父工程和子工程的优势就体现出来了。Maven 父工程和子工程的 pom.xml 是有继承关系的，也就是说各个模块相同的部分，可以配置到父工程的 pom.xml 文件中，这时子工程的 pom.xml 中只存放自己特有的部分就可以了，大大减少了工作量。另外，编译和打包等其他阶段，都可以统一在父工程中进行，Maven 会自动操作其中的子工程，可提高工作效率。父子工程的关系如图 1-20 所示。

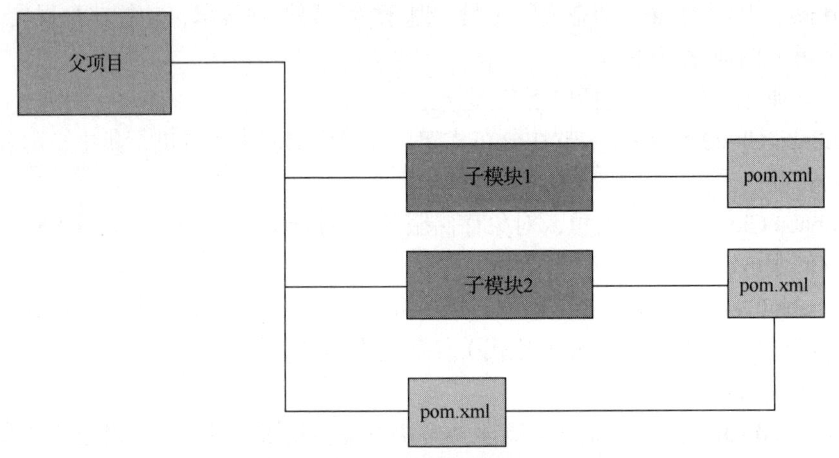

图 1-20　父子工程的关系

如图 1-20 所示，在父模块的 pom.xml 文件中引入两个子模块：

```
<modules>
    <module>子模块 1</module>
    <module>子模块 2</module>
</modules>
```

此时子模块 1 和子模块 2 为父工程的子模块，会继承父工程中 pom.xml 文件的配置。

pom 继承用于抽出重复配置，通常配置在父模块中，供子模块使用，这样可以做到“一处声明，处处使用”，如图 1-21 所示。

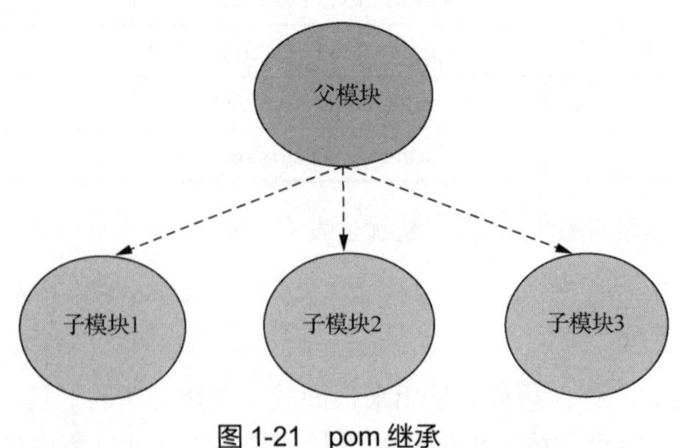

图 1-21　pom 继承

此时子模块 1、子模块 2 和子模块 3 的 pom.xml 文件继承自父模块。

常用的 pom 继承的元素如下。

- groupId：项目组 ID，项目坐标的核心元素。
- version：项目版本，项目坐标的核心元素。
- description：项目的描述信息。
- properties：自定义的 Maven 属性。
- dependencies：项目的依赖配置。
- dependencyManagement：项目的依赖管理配置。
- repositories：项目的仓库配置。
- build：包括项目的源代码目录配置、输出目录配置、插件配置、插件管理配置等。

【案例 1-2】创建一个父子工程，该项目中包含 2 个子工程，基本步骤如下。

（1）父工程

① 打开 IDEA 工具，创建一个新的 Maven 项目，如图 1-22 所示。

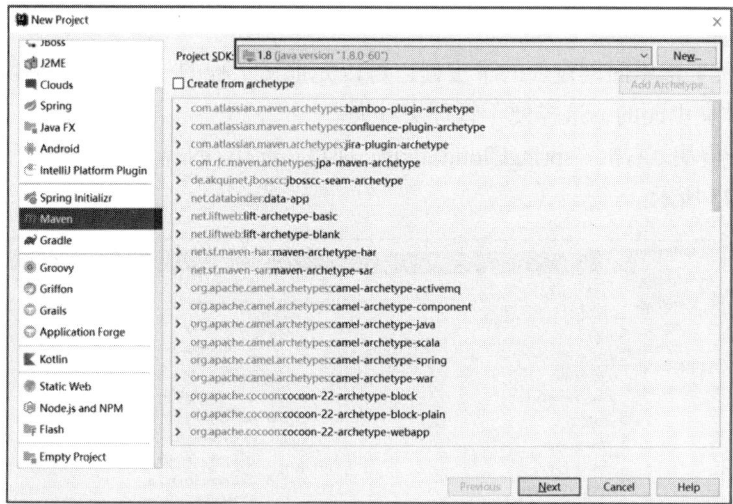

图 1-22　创建 Maven 项目

② 填写 GroupId 与 ArtifactId。GroupId（项目唯一的标识符，实际对应 Java 的包的结构）和 ArtifactId（项目唯一的标识符，实际对应项目的名称）设置如图 1-23 所示，然后单击“Next”按钮。

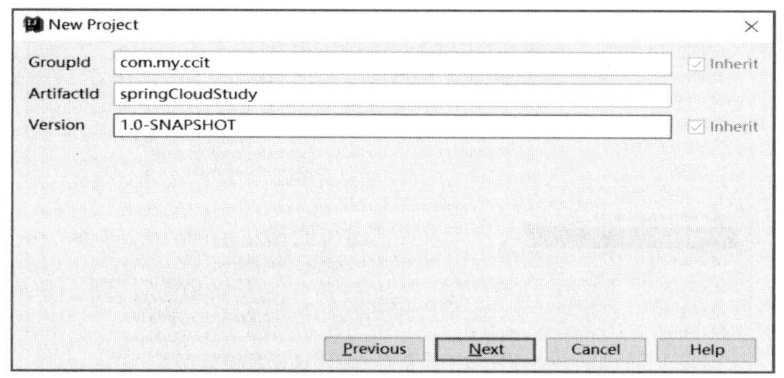

图 1-23　填写 GroupId 与 ArtifactId

③ 配置项目文件存放的位置，然后单击“Finish”按钮。值得注意的是 Project location 的设置，第一次创建 Maven 项目的时候，并不会自动选择 IDEA Project 文件夹，必须手动选择这个文件夹，然后手动输入“\springCloudStudy”，如图 1-24 所示。

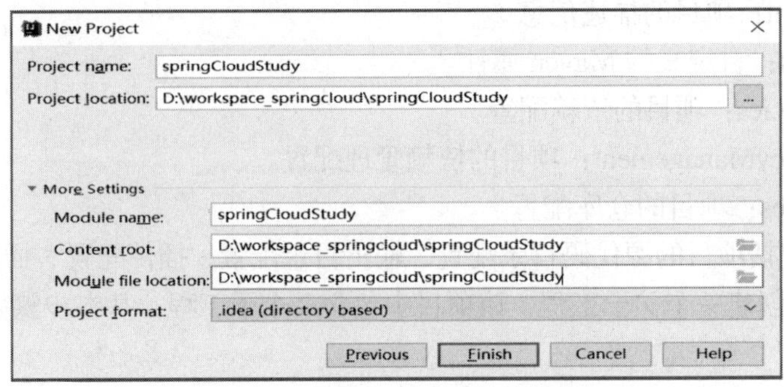

图 1-24　配置项目文件存放的位置

（2）子工程

接下来在父工程里面创建新的子工程，可以先把父工程的 src 文件夹删除，因为代码不是写在 src 文件夹里面的，这样便于管理文件夹。

① 新建子模块。右击“springCloudStudy”项目，选择“New”选项，然后选择“Module”选项，如图 1-25 所示。

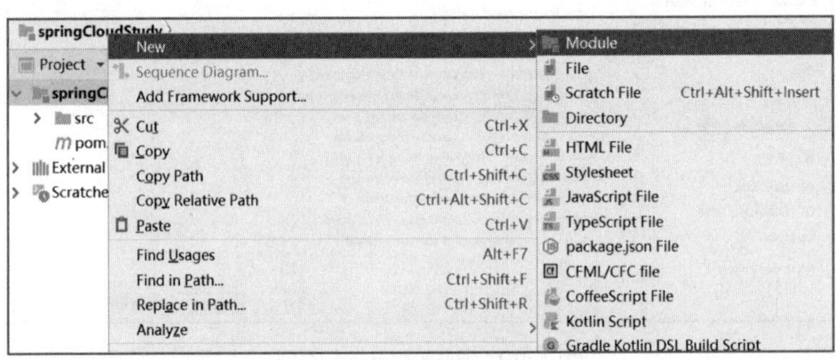

图 1-25　新建子模块

② 新建子模块的 Maven 项目。子工程也是创建的 Maven 项目，其创建步骤和上面父工程项目的创建步骤是一样的，直接单击“Next”按钮，如图 1-26 所示。

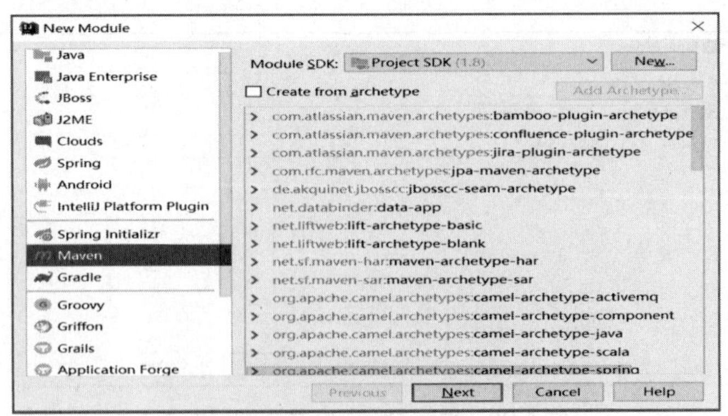

图 1-26　新建子模块的 Maven 项目

③ 命名子工程，然后单击“Next”按钮，如图 1-27 所示。

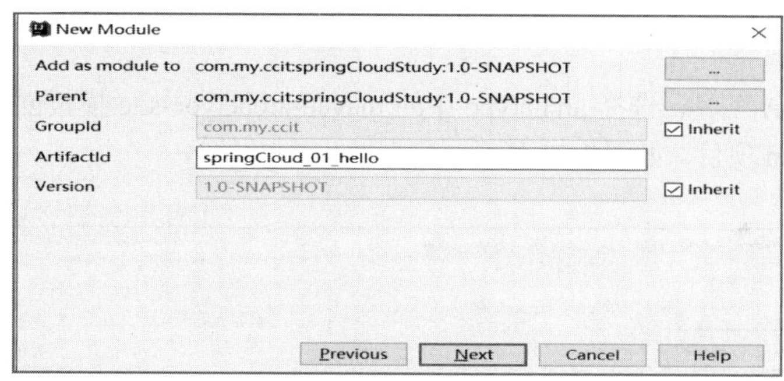

图 1-27 命名子工程

④ 当一个新的项目创建完成后，IDEA 工具的右下角会有“Maven projects need to be imported”的提示，直接选择“Import Changes”选项，如图 1-28 所示。

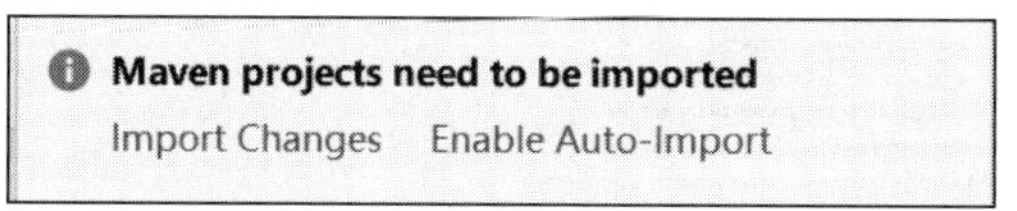

图 1-28 选择“Import Changes”选项

⑤ 创建第 2 个子模块，其步骤与创建第 1 个子模块的一致，如图 1-29 所示。

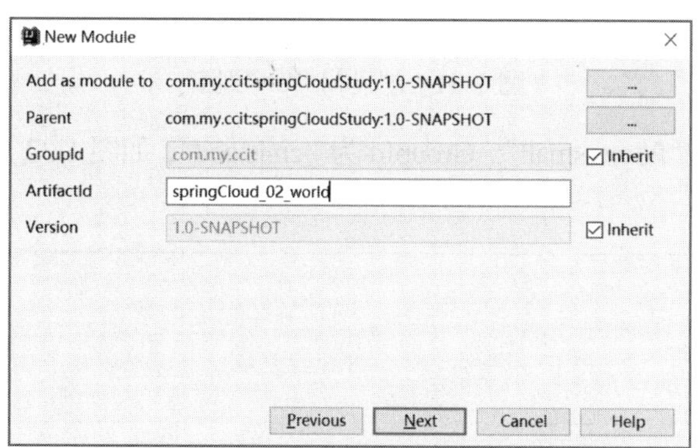

图 1-29 创建第 2 个子模块

创建完成的父子工程项目如图 1-30 所示。

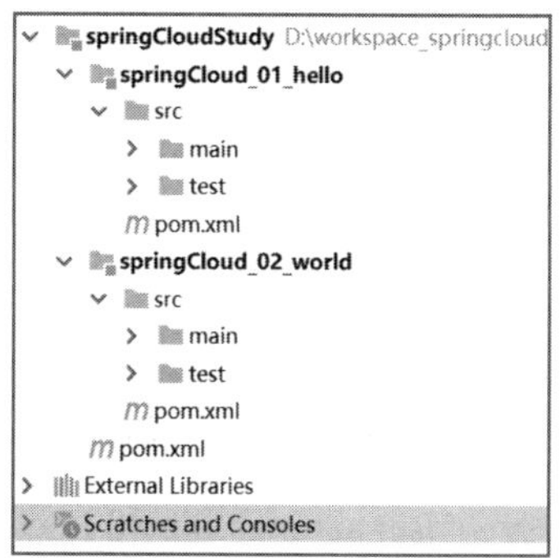

图 1-30 创建完成的父子工程项目

至此，父子工程创建完毕。

微课 7

任务 1.3 分析与实现

任务实现

① 打开 IDEA 工具，选择 archetype 中的 maven-archetype-site 模板创建一个新的 Maven 项目，如图 1-31 所示。

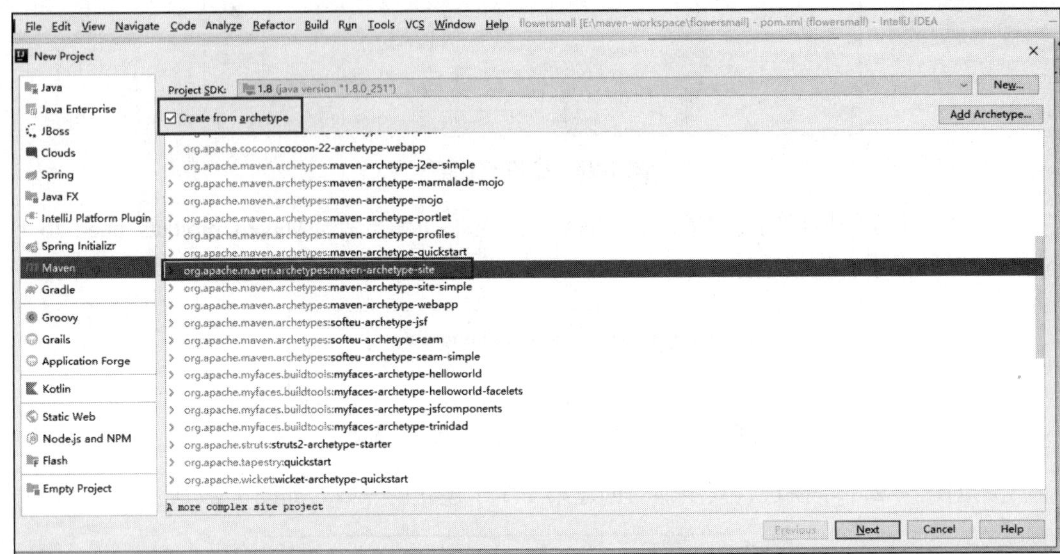

图 1-31　创建 Maven 项目

② 填写 Name 为“flowersmall”、GroupId 为“cn.js.ccit”，如图 1-32 所示。然后单击“Next”按钮。

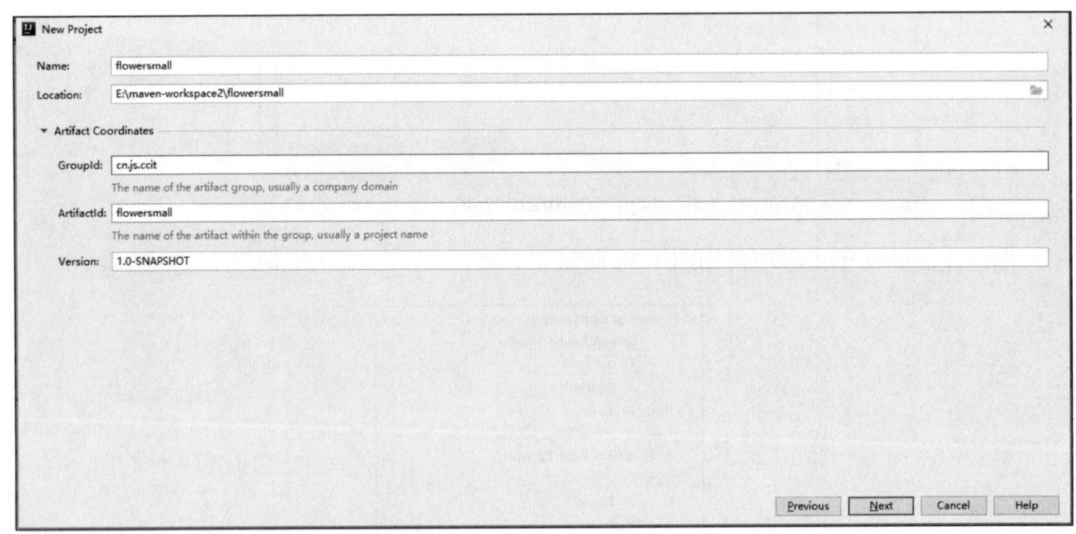

图 1-32　填写 Name 和 GroupId

③ 核对 Maven home directory、User settings file 和 Local repository，如图 1-33 所示。确认无误后，单击“Finish”按钮。

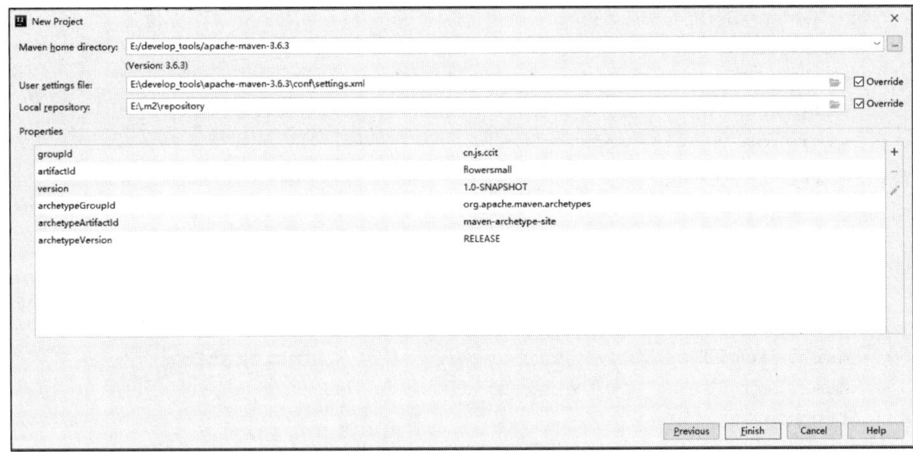

图 1-33 核实相关设置

④ 修改父工程的pom.xml文件，统一管理子模块依赖的Spring Boot、Spring Cloud、Spring Cloud Alibaba 和第三方 JAR 包，pom.xml 文件代码如下所示。

```
<?xml version="1.0" encoding="UTF-8"?>
<project xmlns="http://maven.apache.org/POM/4.0.0"
xmlns:xsi="http://www.w3.org/2001/XMLSchema-instance"
    xsi:schemaLocation="http://maven.apache.org/POM/4.0.0
    http://maven.apache.org/xsd/maven-4.0.0.xsd">
    <modelVersion>4.0.0</modelVersion>

    <groupId>cn.js.ccit</groupId>
    <artifactId>flowersmall</artifactId>
    <version>1.0-SNAPSHOT</version>

    <packaging>pom</packaging>

    <!-- 统一管理 JAR 包版本 -->
    <properties>
    <project.build.sourceEncoding>UTF-8</project.build.sourceEncoding>
    <maven.compiler.source>1.8</maven.compiler.source>
    <maven.compiler.target>1.8</maven.compiler.target>
    <junit.version>4.12</junit.version>
    <log4j.version>1.2.17</log4j.version>
    <lombok.version>1.18.20</lombok.version>
    <mysql.version>8.0.18</mysql.version>
    <druid.version>1.2.8</druid.version>
    <!--版本缺依据：https://github.com/mybatis/spring-boot-starter-->
    <mybatis.spring.boot.version>2.2.2</mybatis.spring.boot.version>
    </properties>

    <!-- 子模块继承之后，提供功能：锁定版本+子模块不用写 groupId 和 version  -->
    <!—Sping Boot、Spring Cloud 的关系参照 https://start.spring.io/actuator/
info-->
    <dependencyManagement>
    <dependencies>
```

```
        <!—Spring Boot 2.6.3-->
        <dependency>
          <groupId>org.springframework.boot</groupId>
          <artifactId>spring-boot-dependencies</artifactId>
          <version>2.6.3</version>
          <type>pom</type>
          <scope>import</scope>
        </dependency>
        <!—Spring Cloud 2021.0.1-->
        <dependency>
          <groupId>org.springframework.cloud</groupId>
          <artifactId>spring-cloud-dependencies</artifactId>
          <version>2021.0.1</version>
          <type>pom</type>
          <scope>import</scope>
        </dependency>
        <!—Spring Cloud Alibaba 2021.0.1.0-->
        <!--查看 Spring Cloud Alibaba 与 Spring Cloud、Spring Boot 的版本兼容性，参考
https://github.com/alibaba/spring-cloud-alibaba/wiki/%E7%89%88%E6%9C%AC%E8%AF
%B4%E6%98%8E-->
        <dependency>
          <groupId>com.alibaba.cloud</groupId>
          <artifactId>spring-cloud-alibaba-dependencies</artifactId>
          <version>2021.0.1.0</version>
          <type>pom</type>
          <scope>import</scope>
        </dependency>
        <dependency>
          <groupId>mysql</groupId>
          <artifactId>mysql-connector-java</artifactId>
          <version>${mysql.version}</version>
        </dependency>
        <dependency>
          <groupId>com.alibaba</groupId>
          <artifactId>druid</artifactId>
          <version>${druid.version}</version>
        </dependency>
        <dependency>
          <groupId>org.mybatis.spring.boot</groupId>
          <artifactId>mybatis-spring-boot-starter</artifactId>
          <version>${mybatis.spring.boot.version}</version>
        </dependency>
        <dependency>
          <groupId>junit</groupId>
          <artifactId>junit</artifactId>
          <version>${junit.version}</version>
        </dependency>
        <dependency>
          <groupId>log4j</groupId>
          <artifactId>log4j</artifactId>
          <version>${log4j.version}</version>
        </dependency>
        <dependency>
```

```
            <groupId>org.projectlombok</groupId>
            <artifactId>lombok</artifactId>
            <version>${lombok.version}</version>
            <optional>true</optional>
        </dependency>
    </dependencies>
  </dependencyManagement>
</project>
```

在该 pom.xml 文件中，首先通过<packaging>pom</packaging>定义了打包方式为 pom，然后通过<properties></properties>标签定义了系统中子工程依赖的第三方 JAR 包的版本，最后添加了子工程的所有共同依赖，其中根据 Spring Cloud Alibaba 官方推荐的毕业版本依赖关系，选用 Spring Boot 2.6.3、Spring Cloud 2021.0.1、Spring Cloud Alibaba 2021.0.1.0。至此 SweetFlower 商城项目的父工程创建成功。

拓展实践

实践任务	创建一个父子工程项目
任务描述	在该项目中创建 1 个父工程和 3 个子模块
主要思路及步骤	1. 创建父工程 2. 创建子模块 1 3. 创建子模块 2 4. 创建子模块 3
任务总结	

单元小结

本单元主要介绍了微服务架构的定义、微服务架构的特征、微服务架构面临的挑战、Spring Cloud 定义、Spring Cloud 核心组件、Spring Cloud Alibaba 定义、Spring Cloud Alibaba 组件等相关知识。同时借助电子商务管理系统案例分析微服务架构技术的发展历程，通过电商网站的开发案例分析 Spring Cloud 核心组件的作用。最后创建了 SweetFlower 商城项目的父工程，统一管理了子模块依赖的 Spring Boot、Spring Cloud、Spring Cloud Alibaba 和其他第三方 JAR 包。

单元习题

一、单选题

1. 服务和服务之间采用轻量级的通信机制相互沟通，通常是基于（　　）的 RESTful API。
   A. HTTPS　　B. HTTP　　C. Zuul　　D. Feign
2. 以下微服务的特征中（　　）是指微服务对外暴露业务接口。
   A. 单一职责　　B. 自治　　C. 隔离性强　　D. 面向服务
3. Spring Cloud 中有五大核心组件，其中（　　）是熔断器。
   A. Eureka　　B. Ribbon　　C. Hystrix　　D. Config

4. （　　）是微服务架构的一站式解决方案，是各个微服务架构落地技术的集合体。

A. Spring Cloud　　B. Spring Boot

C. Eureka　　D. Spring Cloud Config

5. （　　）是阿里巴巴提供的微服务开发一站式解决方案，是阿里巴巴开源中间件与 Spring Cloud 体系的融合。

A. Netflix Eureka

B. Spring Cloud Alibaba

C. Netflix Hystrix

D. Spring Cloud Config

6. 在 Spring Cloud 阿里巴巴开源组件中，（　　）是用于构建云原生应用的动态服务发现、配置管理和服务管理平台。

A. Sentinel　　B. RocketMQ　　C. Nacos　　D. Dubbo

二、填空题

1. 微服务的具体特征中 ____________表示团队独立、技术独立、数据独立、部署独立。

2. Spring Cloud 是一个基于____________实现的云应用开发工具。

3. Eureka 是 Spring Cloud Netflix 项目下的____________模块。

4. Ribbon 是一个基于 HTTP 和 TCP 的客户端____________工具。

5. ________是一个 pom 工程，通常只是用来帮助其子模块构建的工具。

单元② Nacos服务发现和配置管理

Nacos 是阿里巴巴的一款开源产品，致力于解决微服务的注册与发现、配置和管理问题。Nacos 提供了一组简单易用的特性集，帮助开发者快速实现动态服务发现、服务配置、服务元数据和流量管理。本单元以 SweetFlower 商城的订单微服务、金币微服务的注册及商品微服务的配置管理为例，介绍 Nacos 的特性、基于 Nacos 的服务注册与发现、Nginx+Nacos 集群的搭建及基于 Nacos 的基本配置、隔离配置和共享配置等相关知识。

单元目标

【知识目标】

- 熟悉 Nacos 的特性
- 熟悉 Nacos 的功能
- 熟悉 Nacos 的数据模型
- 熟悉 Nacos 的配置优先级
- 了解 Nacos 的优势

【能力目标】

- 能够熟练安装并以单机模式运行 Nacos
- 能基于 Nacos 实现微服务的注册与发现
- 能实现 Nacos 的持久化配置
- 会搭建 Nginx+Nacos 集群
- 能实现基于 Nacos 的隔离配置
- 能实现基于 Nacos 的共享配置

【素质目标】

- 能编写符合规范的代码
- 养成自主、开放的学习习惯

任务 2.1　SweetFlower 商城的服务注册与发现

任务描述

SweetFlower 商城是一个基于 Spring Cloud Alibaba 的微服务项目。在该项目中，顾客购买商品后会调用订单微服务创建订单，然后订单微服务会调用金币微服务来更新顾客的金币数量。那么如何让订单微服务发现金币微服务呢？

技术分析

本任务涉及微服务的发现。如何解决微服务的发现问题，即让一个服务找到另一个服务呢？这有很多种解决方案，其中一种是将微服务注入注册中心。Nacos 是专业的注册中心。为了让订单微服务发现金币微服务，可以将它们整合到 Nacos 注册中心。

微课 8

Nacos 简介

支撑知识

1. Nacos 简介

Nacos 是一个易于构建云原生应用的动态服务发现、配置管理和服务管理平台。它是 Spring Cloud Alibaba 的组件，主要负责服务注册、发现和配置。

（1）Nacos 特性

参照 Nacos 官网，Nacos 具有以下关键特性。

① 服务发现和服务健康监测。

Nacos 支持基于 DNS 和 RPC 的服务发现。服务提供者使用原生 SDK、OpenAPI 或独立的 Agent TODO 注册服务后，服务消费者可以使用 DNS TODO 或 HTTP&API 查找和发现服务。

Nacos 提供对服务的实时健康监测，阻止服务向不健康的主机或服务实例发送请求。Nacos 支持传输层和应用层的健康监测。对于复杂的云环境和网络拓扑环境（如 VPC、边缘网络等）中服务的健康监测，Nacos 提供了 agent（代理）上报模式和服务端主动检测这两种健康监测模式。Nacos 还提供了统一的健康监测仪表盘，帮助开发者根据健康状态管理服务的可用性及流量。

② 动态配置服务。

动态配置服务可以让开发者以中心化、外部化和动态化的方式管理所有环境的应用配置和服务配置。使用动态配置可避免配置变更时重新部署应用和服务，让配置管理变得更加高效和便捷。配置中心化管理让实现无状态服务变得更简单，让服务按需弹性扩展变得更容易。

Nacos 提供了一个简洁易用的 UI 页面帮助开发者管理所有的服务和应用的配置。Nacos 还提供包括版本跟踪配置、金丝雀发布、一键回滚配置及客户端配置更新状态跟踪在内的一系列开箱即用的配置管理特性，帮助开发者安全地在生产环境中管理配置变更和降低配置变更带来的风险。

③ 动态 DNS 服务。

动态 DNS 服务支持权重路由，可让开发者更容易地实现中间层负载均衡、更灵活的路由策略、流量控制及数据中心内网的简单 DNS 解析服务。动态 DNS 服务还能让开发者更容易实现以 DNS 协议为基础的服务发现。

④ 服务及其元数据管理。

Nacos 能让开发者从微服务平台建设的角度管理数据中心的所有服务及其元数据，包括管理服务的描述、生命周期、静态依赖分析、健康状态、流量、路由及安全策略、SLA 及 metrics 统计数据。

（2）Nacos 优势

参照 Nacos 官网，Nacos 具有以下优势。

① 简单易用：经过数万人的使用反馈与优化，以及几代人的打磨，Nacos 变得简单易用。

② 特性丰富：十多年的软负载使 Nacos 积累了丰富特性。

③ 超高性能：Nacos 具有超高性能。

④ 超大容量：阿里巴巴的经济规模造就了 Nacos 的强大容量。

⑤ 强可用性：Nacos 具有高可用性。

Nacos 还无缝支持一些主流的开源生态，例如 Spring Cloud、Apache Dubbo and Dubbo Mesh、Kubernetes and CNCF 等。

因此，使用 Nacos 可简化服务发现、配置管理、服务治理及管理，让微服务的发现、管理、共享、组合更加容易。

2. Nacos 单机模式

在使用 Nacos 之前，需要先下载并安装 Nacos Server。Nacos Server 有两种运行模式：standalone（单机）和 cluster（集群）。Nacos Server 单机模式运行步骤如下所示。

① 在 Nacos 官方网站根据不同的操作系统选择相应的安装包进行下载。由于 SweetFlower 商城项目使用的是 Nacos Server 1.4.2，因此这里选择 nacos-server-1.4.2.zip 进行下载，如图 2-1 所示。

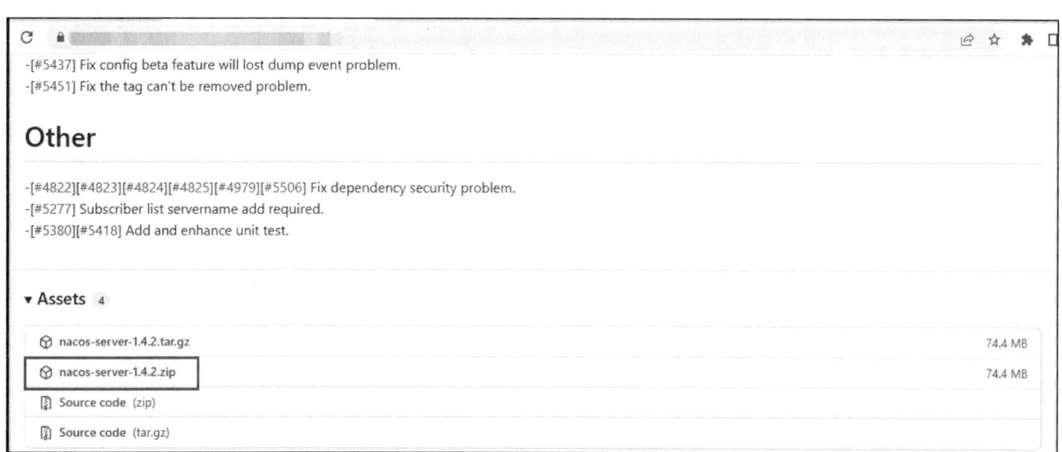

图 2-1 Nacos 官方网站下载页面

② 将下载的文件解压后进入 nacos \bin 目录，打开命令提示符窗口，执行 shell 命令“startup.cmd -m standalone”，以单机模式启动 Nacos，如图 2-2 所示。

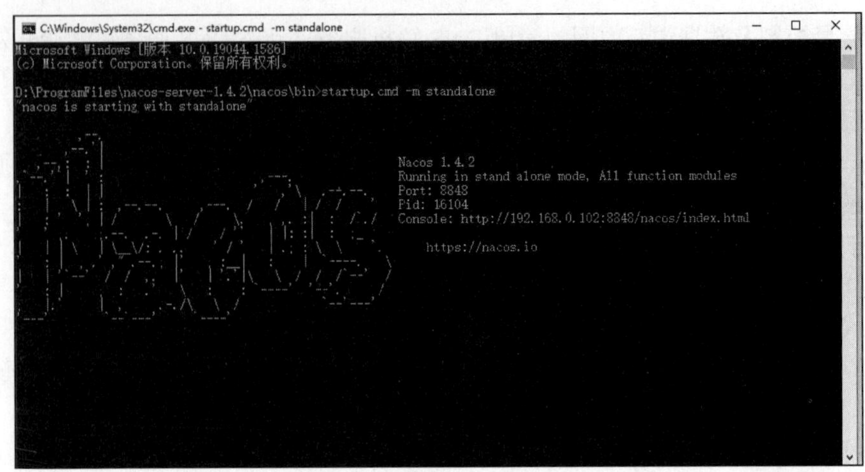

图 2-2　Nacos 启动界面

③ 打开浏览器访问 http://localhost:8848/naco，输入用户名（nacos）和密码（nacos），便可访问 Nacos 的默认管理控制台页面，如图 2-3 所示。

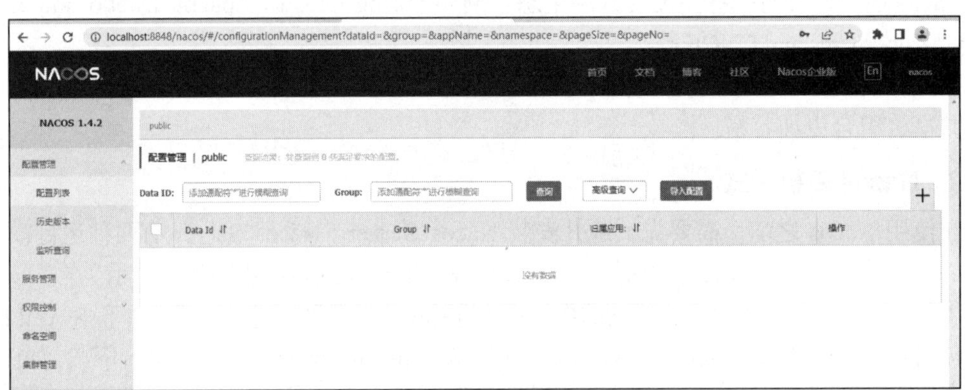

图 2-3　Nacos 的默认管理控制台页面

【课堂实践】从 Nacos 官网下载最新版 Nacos Server，以单机模式启动 Nacos，并访问 Nacos 的默认管理控制台页面。

微课 9

Nacos 服务注册与发现

3. Nacos 服务注册与发现

Nacos 作为 Spring Cloud Alibaba 中服务注册与发现的核心组件，可以很好地帮助开发者将服务自动注册到 Nacos 服务端，并且能够动态感知和刷新某个服务实例的服务列表。使用 Spring Cloud Alibaba Nacos Discovery 可以基于 Spring Cloud 规范快速接入 Nacos，实现服务注册与发现功能。

下面通过一个简单的案例来说明如何使用 Spring Cloud Alibaba Nacos Discovery 接入 Nacos，实现服务注册与发现。

【案例 2-1】创建两个简单的微服务来模拟服务提供者和服务消费者，并将其整合到 Nacos，实现服务的注册与发现，其基本步骤如下。

（1）父工程

创建父工程 unit2Demo1-nacos-discovery 统一管理 Spring Boot、Spring Cloud 和 Spring

Cloud Alibaba。

Spring Cloud Alibaba 官网推荐的 Spring Boot、Spring Cloud 和 Spring Cloud Alibaba 的毕业版本依赖关系如图 2-4 所示。

毕业版本依赖关系(推荐使用)

下表为按时间顺序发布的 Spring Cloud Alibaba 以及对应的适配 Spring Cloud 和 Spring Boot 版本关系（由于 Spring Cloud 版本命名有调整，所以对应的 Spring Cloud Alibaba 版本号也做了对应变化）

Spring Cloud Alibaba Version	Spring Cloud Version	Spring Boot Version
2021.0.1.0	Spring Cloud 2021.0.1	2.6.3
2.2.7.RELEASE	Spring Cloud Hoxton.SR12	2.3.12.RELEASE
2021.1	Spring Cloud 2020.0.1	2.4.2
2.2.6.RELEASE	Spring Cloud Hoxton.SR9	2.3.2.RELEASE
2.1.4.RELEASE	Spring Cloud Greenwich.SR6	2.1.13.RELEASE
2.2.1.RELEASE	Spring Cloud Hoxton.SR3	2.2.5.RELEASE
2.2.0.RELEASE	Spring Cloud Hoxton.RELEASE	2.2.X.RELEASE
2.1.2.RELEASE	Spring Cloud Greenwich	2.1.X.RELEASE

图 2-4　Spring Boot、Spring Cloud 和 Spring Cloud Alibaba 的毕业版本依赖关系

父工程推荐选用的版本如下。

- Spring Boot 2.6.3。
- Spring Cloud 2021.0.1。
- Spring Cloud Alibaba 2021.0.1.0。

父工程统一管理子模块依赖的版本号，pom.xml 文件的代码如下所示。

```
<?xml version="1.0" encoding="UTF-8"?>

<project xmlns="http://maven.apache.org/POM/4.0.0"
   xmlns:xsi="http://www.w3.org/2001/XMLSchema-instance"
   xsi:schemaLocation="http://maven.apache.org/POM/4.0.0
   http://maven.apache.org/xsd/maven-4.0.0.xsd">
   <modelVersion>4.0.0</modelVersion>

   <groupId>cn.js.ccit</groupId>
   <artifactId>unit2Demo1-nacos-discovery</artifactId>
   <version>1.0-SNAPSHOT</version>
   <modules>
   <module>service-provider</module>
   <module>service-consumer</module>
   </modules>
   <packaging>pom</packaging>
   <!-- 统一管理 JAR 包的版本 -->
   <properties>
   <project.build.sourceEncoding>UTF-8</project.build.sourceEncoding>
   <maven.compiler.source>1.8</maven.compiler.source>
   <maven.compiler.target>1.8</maven.compiler.target>
   </properties>
```

```
    <dependencyManagement>
    <dependencies>
      <!--Spring Boot 2.6.3-->
      <dependency>
        <groupId>org.springframework.boot</groupId>
        <artifactId>spring-boot-dependencies</artifactId>
        <version>2.6.3</version>
        <type>pom</type>
        <scope>import</scope>
      </dependency>
      <!--Spring Cloud 2021.0.1-->
      <dependency>
        <groupId>org.springframework.cloud</groupId>
        <artifactId>spring-cloud-dependencies</artifactId>
        <version>2021.0.1</version>
        <type>pom</type>
        <scope>import</scope>
      </dependency>
      <!--Spring Cloud Alibaba 2021.0.1.0-->
      <dependency>
        <groupId>com.alibaba.cloud</groupId>
        <artifactId>spring-cloud-alibaba-dependencies</artifactId>
        <version>2021.0.1.0</version>
        <type>pom</type>
        <scope>import</scope>
      </dependency>
    </dependencies>
  </dependencyManagement>
</project>
```

（2）service-provider 微服务——服务提供者

在父工程中创建 service-provider 微服务来模拟服务提供者。

① 修改 pom.xml 文件，追加 Nacos 服务发现组件 spring-cloud-starter-alibaba-nacos-discovery，修改后的 pom.xml 文件的代码如下所示。

```
<?xml version="1.0" encoding="UTF-8"?>
<project xmlns="http://maven.apache.org/POM/4.0.0"
    xmlns:xsi="http://www.w3.org/2001/XMLSchema-instance"
    xsi:schemaLocation="http://maven.apache.org/POM/4.0.0
    http://maven.apache.org/xsd/maven-4.0.0.xsd">
    <parent>
        <artifactId>unit2Demo1-nacos-discovery</artifactId>
        <groupId>cn.js.ccit</groupId>
        <version>1.0-SNAPSHOT</version>
    </parent>
    <modelVersion>4.0.0</modelVersion>

    <artifactId>service-provider</artifactId>
<dependencies>
    <!--nacos-discovery-->
    <dependency>
        <groupId>com.alibaba.cloud</groupId>
        <artifactId>
```

```
            spring-cloud-starter-alibaba-nacos-discovery
        </artifactId>
    </dependency>

    <dependency>
        <groupId>org.springframework.boot</groupId>
        <artifactId>spring-boot-starter-web</artifactId>
    </dependency>
</dependencies>

</project>
```

② 在 service-provider 微服务的 src/main/resources 目录下创建 application.yml 文件，配置服务端口号为 9001、微服务名为“service-provider”、Nacos 注册中心的地址为“localhost:8848”，代码如下所示。

```
server:
    port: 9001
spring:
    application:
        name: service-provider
    cloud:
        nacos:
            discovery:
                server-addr: localhost:8848
```

③ 按照 Spring Boot 规范创建项目启动类 Service Provider Application，在启动类上追加@EnableDiscoveryClient 注解，该注解表示向 Nacos 注册中心注册 service-provider 微服务，开启服务注册与发现功能，代码如下所示。

```
package cn.js.ccit;

import org.springframework.boot.SpringApplication;
import org.springframework.boot.autoconfigure.SpringBootApplication;
import org.springframework.cloud.client.discovery.EnableDiscoveryClient;
//开启服务注册与发现功能
@EnableDiscoveryClient
@SpringBootApplication
public class ServiceProviderApplication {
    public static void main(String[] args) {
         SpringApplication.run(ServiceProviderApplication.class,args);
    }
}
```

④ 创建 ProviderController 类，在该类上追加@RestController 注解，并在该类中定义一个 hello()方法，用于返回“hello nacos，serverPort:”以及当前微服务的端口号。

```
package cn.js.ccit.controller;

import org.springframework.beans.factory.annotation.Value;
import org.springframework.web.bind.annotation.GetMapping;
import org.springframework.web.bind.annotation.RestController;

@RestController
public class ProviderController {
```

```
    @Value("${server.port}")
    private String serverPort;

    @GetMapping(value = "/provider/hello")
    public String hello()
    {
        return "hello nacos, serverPort: "+ serverPort;
    }
}
```

（3）service-consumer 微服务——服务消费者

在父工程中创建 service-consumer 微服务来模拟服务消费者。

① 修改 pom.xml 文件，追加 Nacos 服务发现组件 spring-cloud-starter-alibaba-nacos-discovery 和负载均衡依赖，修改后的 pom.xml 文件的代码如下所示。

```
<?xml version="1.0" encoding="UTF-8"?>
<project xmlns="http://maven.apache.org/POM/4.0.0"
        xmlns:xsi="http://www.w3.org/2001/XMLSchema-instance"
        xsi:schemaLocation="http://maven.apache.org/POM/4.0.0
         http://maven.apache.org/xsd/maven-4.0.0.xsd">
    <parent>
        <artifactId>unit2Demo1-nacos-discovery</artifactId>
        <groupId>cn.js.ccit</groupId>
        <version>1.0-SNAPSHOT</version>
    </parent>
    <modelVersion>4.0.0</modelVersion>

    <artifactId>service-consumer</artifactId>
<dependencies>
    <!--nacos-discovery-->
    <dependency>
        <groupId>com.alibaba.cloud</groupId>
        <artifactId>
            spring-cloud-starter-alibaba-nacos-discovery
        </artifactId>
    </dependency>

    <dependency>
        <groupId>org.springframework.boot</groupId>
        <artifactId>spring-boot-starter-web</artifactId>
    </dependency>
</dependencies>
<!-- 负载均衡依赖-->
    <dependency>
        <groupId>org.springframework.cloud</groupId>
        <artifactId>spring-cloud-loadbalancer</artifactId>
    </dependency>
</dependencies>

</project>
```

② 在 service-consumer 微服务的 src/main/resources 目录下创建 application.yml 文件，配置服务端口号为 8001、微服务名为“service-consumer”、Nacos 的注册中心地址为“localhost:8848”

及消费者将要访问的微服务名称，代码如下所示。

```
server:
   port: 8001
spring:
   application:
      name: service-consumer
   cloud:
      nacos:
         discovery:
            server-addr: localhost:8848
#消费者将要访问的微服务名称
service-url:
   nacos-user-service: http://service-provider
```

③ 按照 Spring Boot 规范创建项目启动类 ServiceConsumerApplication，在该启动类上追加@EnableDiscoveryClient 注解，开启服务注册与发现功能，代码如下所示。

```
package cn.js.ccit;

import org.springframework.boot.SpringApplication;
import org.springframework.boot.autoconfigure.SpringBootApplication;
import org.springframework.cloud.client.discovery.EnableDiscoveryClient;

// 开启服务注册与发现功能
@EnableDiscoveryClient
@SpringBootApplication
public class ServiceConsumerApplication {
    public static void main(String[] args) {
        SpringApplication.run(ServiceConsumerApplication.class,args);
    }
}
```

④ RestTemplate 提供了一些通用的方法，这些方法可以简便的实现 HTTP 接口的调用。但是 SpringBoot 框架里面没有主动注入 RestTemplate 对象，所以需要创建配置类 ConsumerConfig，在该配置类中创建 RestTemplate 对象，后面通过该对象调用 service-provider 微服务。代码如下所示。

```
package cn.js.ccit.config;

import org.springframework.cloud.client.loadbalancer.LoadBalanced;
import org.springframework.context.annotation.Bean;
import org.springframework.context.annotation.Configuration;
import org.springframework.web.client.RestTemplate;
@Configuration
public class ConsumerConfig {
    // RestTemplate
    //开启负载均衡功能
    @LoadBalanced
    @Bean
    public RestTemplate restTemplate(){
        return new RestTemplate();
    }
}
```

⑤ 创建 ConsumerController 类，在该类上追加@RestController 注解。在该类中，首先注入 RestTemplate 类型的对象，然后使用@Value 注解注入 serverURL，接着定义一个 hello()方法，使用 restTemplate 调用 service-provider 微服务。代码如下所示。

```
package cn.js.ccit.controller;

import org.springframework.beans.factory.annotation.Value;
import org.springframework.web.bind.annotation.GetMapping;
import org.springframework.web.bind.annotation.RestController;
import org.springframework.web.client.RestTemplate;

import javax.annotation.Resource;

@RestController
public class ConsumerController {
    @Resource
    private RestTemplate restTemplate;

    @Value("${service-url.nacos-user-service}")
    private String serverURL;

    @GetMapping("/consumer/hello")
    public String hello()
    {   // 发起调用
        return restTemplate.getForObject(serverURL+"/provider/hello/",
                                       String.class);
    }
}
```

以单机模式启动 Nacos，在 IDEA 工具中启动两个微服务：service-provider 和 service-consumer。访问 http://localhost:8848/nacos，查看服务管理下的服务列表，可发现 service-provider 和 service-consumer 微服务实例，说明微服务已成功注册到 Nacos 注册中心，如图 2-5 所示。

图 2-5　Nacos 服务列表

访问 http://localhost:8001/consumer/hello，页面如图 2-6 所示。页面中显示了“hello nacos, serverPort: 9001”，说明 service-consumer 服务成功发现了 service-provider 服务。

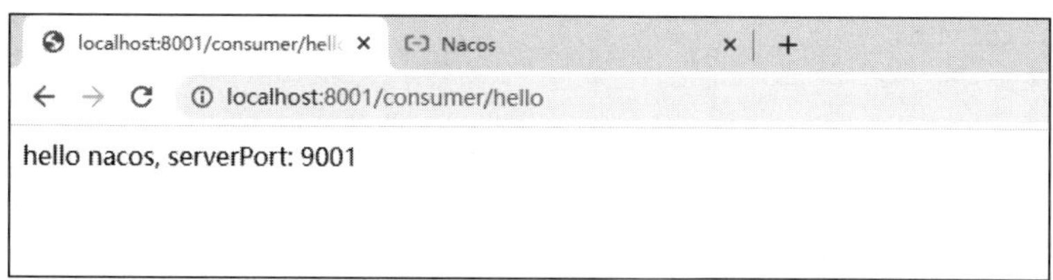

图 2-6　访问页面

【**课堂实践**】编写一个简单的微服务并注入 Nacos。

4. Nginx+Nacos 集群

Nacos 注册中心需要接收服务的心跳来检测服务是否可用，而且每个服务会定期去 Naco 注册中心申请服务列表的信息。当服务实例很多时，Nacos 注册中心的负载就变得很大，因此需要多节点集群部署。下面将实现 Nginx+Nacos 集群的搭建，其部署如图 2-7 所示。

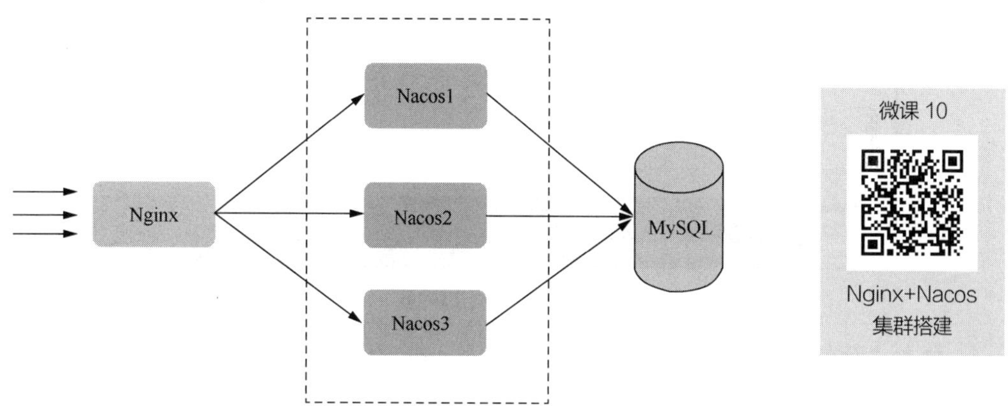

图 2-7　Nginx+Nacos 集群部署

（1）Nacos 持久化配置

默认情况下，Nacos 使用嵌入式数据库 Derby 实现数据的存储。当启动多个默认配置下的 Nacos 节点时，数据存储可能会存在一致性问题。为了解决这个问题，Nacos 采用集中式存储的方式来支持集群化部署。因此，在搭建 Nginx+Nacos 集群之前，需要将 Nacos 的数据持久化配置为 MySQL 存储。

Nacos 持久化配置步骤如下。

① 初始化数据库。打开 Navicat，创建 nacos_config 数据库，执行 Nacos 的数据库脚本文件（nacos-mysql.sql）。该脚本文件在 nacos-server-1.4.2.zip 解压后的 nacos\conf 目录下。执行该脚本文件后，创建如图 2-8 所示的数据表。

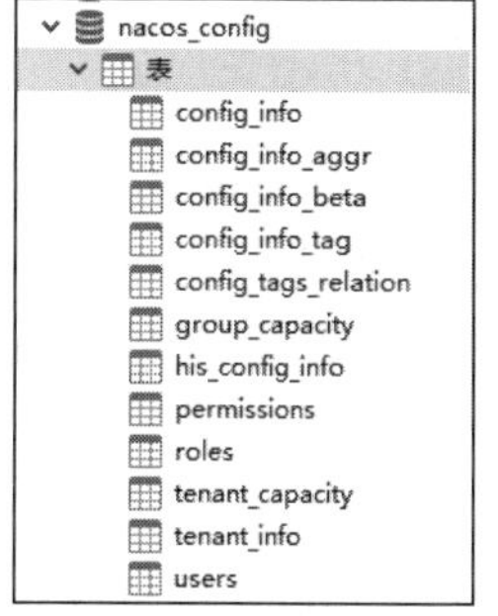

图 2-8　nacos_config 数据库中的表

② 修改 Nacos 配置文件。打开 nacos-server-1.4.2.zip 解压后的 nacos\conf 目录下的 application.properties 文件，添加数据库连接信息，代码如下所示。

```
#*************** Config Module Related Configurations ***************#
### If use MySQL as datasource:
 spring.datasource.platform=mysql
```

```
### Count of DB:
db.num=1

### Connect URL of DB:
db.url.0=jdbc:mysql://127.0.0.1:3306/nacos_config?characterEncoding=utf8&\
connectTimeout=1000&socketTimeout=3000&autoReconnect=true&useUnicode=true&\
 useSSL=false&serverTimezone=UTC
db.user.0=root
db.password.0=123
```

MySQL 的连接信息如上，请读者配置自己的数据库连接地址、用户名和密码。

③ 验证 Nacos 的数据是否持久化到数据库。启动 Nacos Server，进入 Nacos 控制台。在“配置管理”下的“配置列表”中新建配置，配置内容如图 2-9 所示。

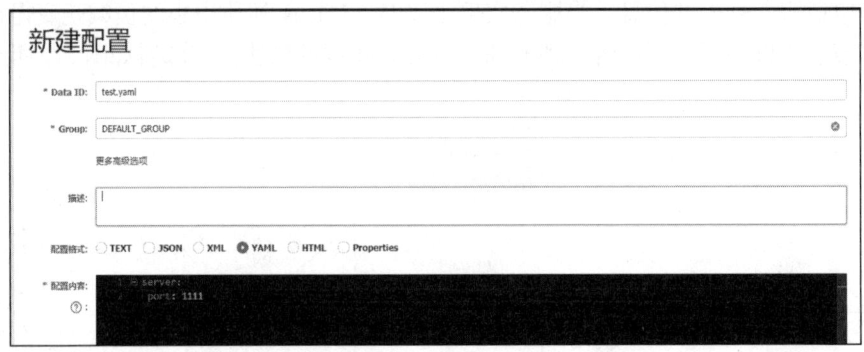

图 2-9　配置内容

单击“发布”按钮后，打开数据库 nacos_config 中的表 config_info，发现其中多了一条记录，如图 2-10 所示。

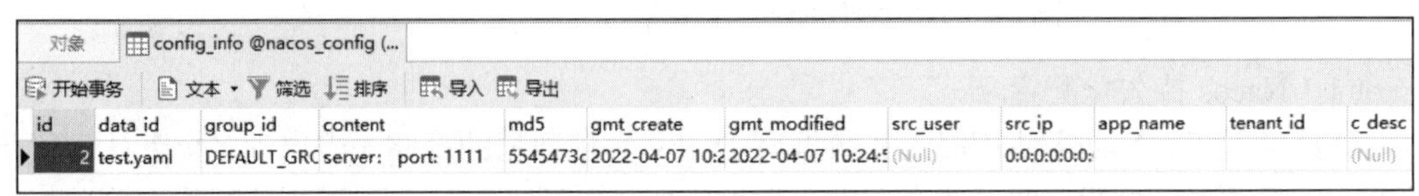

id	data_id	group_id	content	md5	gmt_create	gmt_modified	src_user	src_ip	app_name	tenant_id	c_desc
2	test.yaml	DEFAULT_GRC	server: port: 1111	5545473c	2022-04-07 10:2	2022-04-07 10:24:5	(Null)	0:0:0:0:0:0:			(Null)

图 2-10　config_info 表中的记录

至此，Nacos 的数据持久化成功配置为 MySQL 存储。

（2）Nginx+Nacos 集群搭建

接下来部署 3 个 Nacos 节点，并使用 Nginx 进行负载均衡，步骤如下。

① 将之前解压的 nacos-server-1.4.2.zip 安装包复制两份，将 3 个安装包分别命名为 nacos1、nacos2 和 nacos3，得到 3 个 Nacos 实例，如图 2-11 所示。

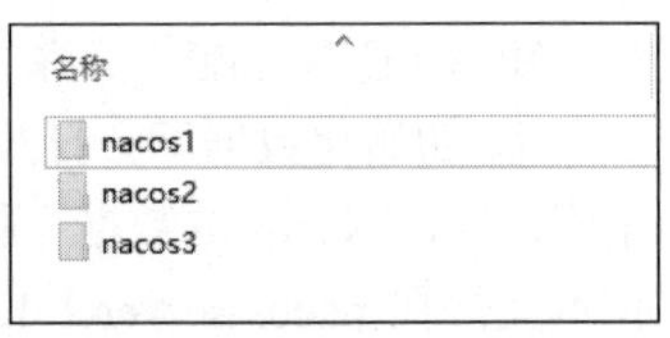

图 2-11　3 个 Nacos 实例

② 修改 nacos1、nacos2 和 nacos3 中 conf 目录下的配置文件 application.properties，将服务端口号分别改为 8841、8842 和 8843，代码如下所示。

```
//nacos1 实例的 application.properties 配置文件
#*************** Spring Boot Related Configurations ***************#
### Default web server port:
server.port=8841
```

```
//nacos2 实例的 application.properties 配置文件
#*************** Spring Boot Related Configurations ***************#
### Default web server port:
server.port=8842
//nacos3 实例的 application.properties 配置文件
#*************** Spring Boot Related Configurations ***************#
### Default web server port:
server.port=8843
```

③ 将 nacos1\conf 目录下的 cluster.conf.example 文件重命名为 cluster.conf。打开 cluster.conf 文件，配置 3 个集群，代码如下所示。

```
127.0.0.1:8841
127.0.0.1:8842
127.0.0.1:8843
```

④ 将 cluster.conf 文件复制到 nacos2\conf 和 nacos3\conf 目录下。

⑤ 修改 Nginx 安装目录（nginx-1.20.0\conf）下的 nginx.conf 配置文件，在 http 节点内追加以下配置。

```
#配置需要轮询的服务器地址和端口号
upstream nacos {
    server 127.0.0.1:8841;
    server 127.0.0.1:8842;
    server 127.0.0.1:8843;
}

server {
   # 监听端口
    listen  80;
    server_name localhost;
    location /nacos {
      # 将所有请求“/nacos/”全部转发到 upstream 中定义的目标服务器上
       proxy_pass http://nacos/nacos;
    }
}
```

⑥ 启动 3 个 Nacos 节点和 Nginx。在浏览器中访问 http://localhost/nacos，输入用户名和密码后即可登录 Nacos 控制台。在“集群管理”下的节点列表中，可查看 Nacos 集群信息，如图 2-12 所示。

图 2-12　Nacos 控制台中的集群信息

至此完成了 Nginx+Nacos 集群的搭建。

【课堂实践】修改 service-provider 和 service-consumer 微服务的配置，使其注册到 Nginx+Nacos 集群中。

微课 11

任务 2.1 分析与实现

任务实现

在 SweetFlower 商城项目中，订单微服务基于 OpenFeign、Dubbo 调用了金币微服务，本书第三单元进行了详细描述，这里不再赘述。为了让订单微服务发现金币微服务，需要将订单微服务和金币微服务整合到 Nacos 中，具体步骤如下。

1. 金币微服务

① 修改金币微服务的 pom.xml 文件，追加 Nacos 服务发现组件 spring-cloud-starter-alibaba-nacos-discovery，pom.xml 文件代码如下所示。

```
<?xml version="1.0" encoding="UTF-8"?>
<project xmlns="http://maven.apache.org/POM/4.0.0"
         xmlns:xsi="http://www.w3.org/2001/XMLSchema-instance"
         xsi:schemaLocation="http://maven.apache.org/POM/4.0.0
          http://maven.apache.org/xsd/maven-4.0.0.xsd">
    <parent>
    <artifactId>flowersmall</artifactId>
    <groupId>cn.js.ccit</groupId>
    <version>1.0-SNAPSHOT</version>
</parent>
<modelVersion>4.0.0</modelVersion>

<artifactId>flowersmall-goldcoin</artifactId>

<dependencies>
    <!--nacos-discovery-->
    <dependency>
        <groupId>com.alibaba.cloud</groupId>
        <artifactId>
            spring-cloud-starter-alibaba-nacos-discovery
        </artifactId>
    </dependency>
</project>
```

② 在 application.yml 文件中追加 Nacos 注册中心地址“localhost:8848”，代码如下所示。

```
server:
  port: 8003
spring:
  application:
    name: goldCoin
  cloud:
    nacos:
      discovery:
        server-addr: localhost:8848
```

③ 在启动类上追加@EnableDiscoveryClient 注解，开启服务注册与发现功能，代码如下所示。

```
package cn.js.ccit.flowersmall.goldCoin;
```

```
import org.mybatis.spring.annotation.MapperScan;
import org.springframework.boot.SpringApplication;
import org.springframework.boot.autoconfigure.SpringBootApplication;
import org.springframework.cloud.client.discovery.EnableDiscoveryClient;

// 开启服务注册与发现功能
@EnableDiscoveryClient
@MapperScan("cn.js.ccit.flowersmall.goldCoin.mapper")
@SpringBootApplication
public class FlowersmallGoldCoinApplication {
    public static void main(String[] args) {
SpringApplication.run(FlowersmallGoldCoinApplication.class,args);
    }
}
```

2. 订单微服务

① 修改订单微服务的 pom.xml 文件，追加 Nacos 服务发现组件 spring-cloud-starter-alibaba-nacos-discovery，pom.xml 文件代码如下所示。

```
<?xml version="1.0" encoding="UTF-8"?>
<project xmlns="http://maven.apache.org/POM/4.0.0"
         xmlns:xsi="http://www.w3.org/2001/XMLSchema-instance"
         xsi:schemaLocation="http://maven.apache.org/POM/4.0.0
          http://maven.apache.org/xsd/maven-4.0.0.xsd">
    <parent>
    <artifactId>flowersmall</artifactId>
    <groupId>cn.js.ccit</groupId>
    <version>1.0-SNAPSHOT</version>
</parent>
<modelVersion>4.0.0</modelVersion>

<artifactId>flowersmall-order</artifactId>

<dependencies>
    <!--nacos-discovery-->
    <dependency>
        <groupId>com.alibaba.cloud</groupId>
        <artifactId>
            spring-cloud-starter-alibaba-nacos-discovery
        </artifactId>
    </dependency>
</project>
```

② 在 application.yml 文件中追加 Nacos 注册中心地址“localhost:8848”，代码如下所示。

```
server:
  port: 8002
spring:
  application:
    name: order
  cloud:
    nacos:
      discovery:
        server-addr: localhost:8848
```

③ 在启动类上追加@EnableDiscoveryClient 注解，开启服务注册与发现功能，代码如下所示。

```
    package cn.js.ccit.flowersmall.order;

import org.mybatis.spring.annotation.MapperScan;
import org.springframework.boot.SpringApplication;
import org.springframework.boot.autoconfigure.SpringBootApplication;
import org.springframework.cloud.client.discovery.EnableDiscoveryClient;

    // 开启服务注册与发现功能
@EnableDiscoveryClient
@MapperScan("cn.js.ccit.flowersmall.order.mapper")
@SpringBootApplication
public class FlowersmallOrderApplication {
    public static void main(String[] args) {
        SpringApplication.run(FlowersmallOrderApplication.class,args);
    }
```

在 IDEA 工具中启动金币微服务和订单微服务。打开浏览器访问 http://localhost:8848/nacos，查看服务管理下的服务列表，可发现金币和订单微服务实例，说明微服务都已成功注册到了 Nacos 注册中心，如图 2-13 所示。

图 2-13　Nacos 服务列表

任务 2.2　SweetFlower 商城的配置管理

任务描述

SweetFlower 商城项目涉及多个微服务，有商品微服务、用户微服务、订单微服务、金币微服务等，而且每个微服务都有相应的配置。为了方便项目上线后配置的动态更新和集中式管理，需要对项目中的所有微服务进行统一配置管理。请实现 SweetFlower 商城项目中商品微服务的统一配置管理。

技术分析

本任务的统一配置管理指的是把 SweetFlower 商城项目的商品微服务配置放在一个配置中心上进行统一维护。配置中心的开源解决方案有很多，例如 ZooKeeper、Config、Nacos

等。其中 Nacos 是一个不错的选择。

根据之前介绍的 Nacos 特性，我们知道 Nacos 的一个关键特性就是动态配置服务。Nacos 提供了一个简洁易用的 UI 来帮助开发者管理所有应用的配置，并且提供了包括配置版本跟踪、一键回滚配置等一系列开箱即用的配置管理特性，帮助开发者安全地在生产环境中管理配置变更和降低配置变更带来的风险。因此，选用 Nacos 作为 SweetFlower 商城项目的配置中心，将各微服务的配置放在 Nacos 中进行统一管理。

支撑知识

1. 基本配置

微课 12

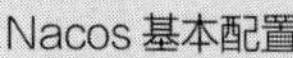

Nacos 基本配置

Nacos 除了作为注册中心使用外，还可以作为配置中心使用，可以将微服务配置放到 Nacos 中统一管理。当配置文件更改后，Nacos 能够及时自动更新配置。

下面通过一个案例介绍 Nacos 作为配置中心的基本使用方法。

【案例 2-2】 创建一个微服务并读取其在 Nacos 配置中心的 service.config 属性，步骤如下。

（1）父工程

创建父工程 unit2Demo2-nacos-basicConfig 统一管理 Spring Boot、Spring Cloud 和 Spring Cloud Alibaba。pom.xml 文件代码如下所示。

```
<?xml version="1.0" encoding="UTF-8"?>

<project xmlns="http://maven.apache.org/POM/4.0.0"
        xmlns:xsi="http://www.w3.org/2001/XMLSchema-instance"
  xsi:schemaLocation="http://maven.apache.org/POM/4.0.0
  http://maven.apache.org/xsd/maven-4.0.0.xsd">
  <modelVersion>4.0.0</modelVersion>

  <groupId>cn.js.ccit</groupId>
  <artifactId>unit2Demo2-nacos-basicConfig</artifactId>
  <packaging>pom</packaging>
  <version>1.0-SNAPSHOT</version>
  <modules>
    <module>service-config</module>
  </modules>

  <!-- 统一管理 JAR 包版本 -->
  <properties>
    <project.build.sourceEncoding>UTF-8</project.build.sourceEncoding>
    <maven.compiler.source>1.8</maven.compiler.source>
    <maven.compiler.target>1.8</maven.compiler.target>
  </properties>

  <dependencyManagement>
    <dependencies>
      <!--Spring Boot 2.6.3-->
      <dependency>
        <groupId>org.springframework.boot</groupId>
```

```
            <artifactId>spring-boot-dependencies</artifactId>
            <version>2.6.3</version>
            <type>pom</type>
            <scope>import</scope>
          </dependency>
          <!--Spring Cloud 2021.0.1-->
          <dependency>
            <groupId>org.springframework.cloud</groupId>
            <artifactId>spring-cloud-dependencies</artifactId>
            <version>2021.0.1</version>
            <type>pom</type>
            <scope>import</scope>
          </dependency>
          <!--Spring Cloud Alibaba 2021.0.1.0-->
          <dependency>
            <groupId>com.alibaba.cloud</groupId>
            <artifactId>spring-cloud-alibaba-dependencies</artifactId>
            <version>2021.0.1.0</version>
            <type>pom</type>
            <scope>import</scope>
          </dependency>
        </dependencies>
      </dependencyManagement>

    </project>
```

（2）微服务

在父工程下创建微服务 service-config。步骤如下。

① 修改 pom.xml 文件，追加 Nacos 服务配置 spring-cloud-starter-alibaba-nacos-config 和服务发现组件 spring-cloud-starter-alibaba-nacos-discovery，修改后的 pom.xml 文件代码如下。

```
<?xml version="1.0" encoding="UTF-8"?>
<project xmlns="http://maven.apache.org/POM/4.0.0"
         xmlns:xsi="http://www.w3.org/2001/XMLSchema-instance"
         xsi:schemaLocation="http://maven.apache.org/POM/4.0.0
          http://maven.apache.org/xsd/maven-4.0.0.xsd">
    <parent>
        <artifactId>unit2Demo2-nacos-basicConfig</artifactId>
        <groupId>cn.js.ccit</groupId>
        <version>1.0-SNAPSHOT</version>
    </parent>
    <modelVersion>4.0.0</modelVersion>

    <artifactId>service-config</artifactId>

   <dependencies>
        <!--nacos-config-->
        <dependency>
            <groupId>com.alibaba.cloud</groupId>
            <artifactId>
                spring-cloud-starter-alibaba-nacos-config
            </artifactId>
        </dependency>
```

```
        <!--nacos-discovery-->
        <dependency>
            <groupId>com.alibaba.cloud</groupId>
            <artifactId>
                spring-cloud-starter-alibaba-nacos-discovery
            </artifactId>
        </dependency>
       <dependency>
            <groupId>org.springframework.boot</groupId>
            <artifactId>spring-boot-starter-web</artifactId>
       </dependency>
        <dependency>
            <groupId>org.springframework.cloud</groupId>
            <artifactId>spring-cloud-starter-bootstrap</artifactId>
        </dependency>
</dependencies>
</project>
```

② 在service-config微服务的src\main\resources\下创建bootstrap.yaml和application.yaml。Nacos配置中心的配置如Nacos配置中心地址、配置扩展名等，必须放到bootstrap.yaml文件中，不能放到application.yaml文件和Nacos配置中心中，以保证先读取配置再启动。bootstrap.yaml文件中的代码如下所示。

```
server:
 port: 8001

spring:
 application:
  name: service-config
 cloud:
  nacos:
   discovery:
    server-addr: localhost:8848 #Nacos 注册中心地址
   config:
    server-addr: localhost:8848 #Nacos 作为配置中心的地址
    file-extension: yaml #指定.yaml 格式的配置文件
```

在application.yaml文件中添加以下配置，代码如下所示。

```
spring:
 profiles:
  active: dev # 开发环境
```

③ 按照Spring Boot规范创建项目启动类，在该启动类上追加@EnableDiscoveryClient注解，代码如下所示。

```
package cn.js.ccit;

import org.springframework.boot.SpringApplication;
import org.springframework.boot.autoconfigure.SpringBootApplication;
import org.springframework.cloud.client.discovery.EnableDiscoveryClient;

@EnableDiscoveryClient
@SpringBootApplication
public class ServiceConfigApplication {
```

```
    public static void main(String[] args) {
        SpringApplication.run(ServiceConfigApplication.class,args);
    }
}
```

④ 在该微服务下创建 ServiceConfigController 类，通过@Value 注解注入 service.config 属性的值，并自定义 getConfig()方法输出该值，其代码如下所示。

```
package cn.js.ccit.controller;

import org.springframework.beans.factory.annotation.Value;
import org.springframework.cloud.context.config.annotation.RefreshScope;
import org.springframework.web.bind.annotation.GetMapping;
import org.springframework.web.bind.annotation.RestController;

@RefreshScope //支持配置自动更新
@RestController
public class ServiceConfigController {
    @Value("${service.config}")
    private String ServiceConfig;

    @GetMapping("/service/config")
    public String getConfig() {
        return ServiceConfig;
    }
}
```

【注意】@RefreshScope 注解支持配置自动更新，也就是说，当 Nacos 配置中心修改配置的值之后，程序能够感知值的变化。

（3）Nacos 配置中心

在 Nacos 配置中心的配置列表中设置 Data ID 为“service-config-dev.yaml”，添加配置内容“service.config=config for dev，v1”，如图 2-14 所示。

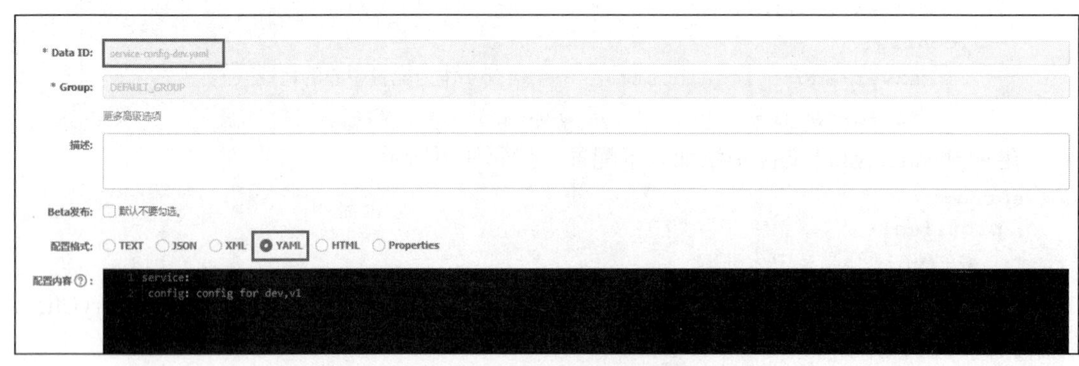

图 2-14　设置 Data ID 和配置内容等

【注意】Data ID 的名字是“service-config-dev.yaml”，不能随意定义。根据 Nacos 官网，Data ID 的命名规则为“${prefix}-${spring.profiles.active}.${file-extension}”，其中的参数说明如下。

- prefix 默认为 spring.application.name 的值，也可以通过配置项 spring.cloud.nacos.config.prefix 来配置。

- spring.profiles.active 为当前使用环境，详情可以参考 Spring Boot 文档。注意，当 spring.profiles.active 为空时，对应的连接符 “-” 也将不存在，Data ID 的命名规则变成 “${prefix}.${file-extension}”。
- file-exetension 为配置内容的数据格式，可以通过配置项 spring.cloud.nacos.config.file-extension 来配置。目前只支持.properties 和.yaml 类型。

因此 service-config 微服务在 Nacos 配置中心对应的 Data ID 名字是“service-config-dev.yaml”，其与 spring. application.name、spring.profiles.active 和 spring.cloud.nacos.config.file-exetension 属性值的对应关系如图 2-15 所示。

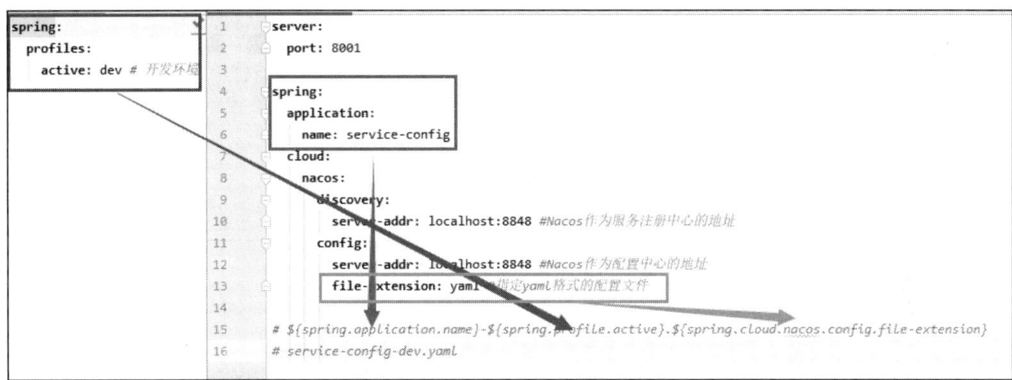

图 2-15　Data ID 的对应关系

启动微服务，访问 http://localhost:8001/service/config，结果如图 2-16 所示。

图 2-16 基本配置测试结果

在 Nacos 配置中心修改 service.config 的值为 “config for dev,v2” 并发布，访问 http://localhost:8001/service/config，结果如图 2-17 所示。

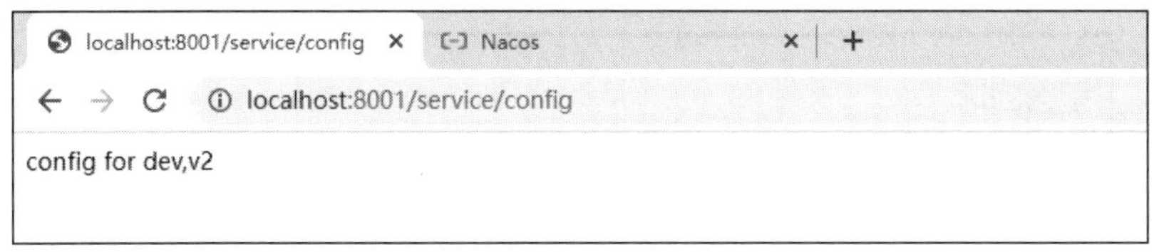

图 2-17　配置更新后测试结果

从图 2-17 的结果可知自动配置更新成功。Nacos 不仅支持配置自动更新，还支持历史版本回滚。Nacos 配置文件的历史版本默认保留 30 天。此外 Nacos 还有一键回滚功能，回滚操作将会触发配置更新。Nacos 配置文件的历史版本回滚步骤如下。

① 在 Nacos 配置中心修改 service.config 的值为 “config for dev,v3” 并发布，访问 http://localhost:8001/service/config，结果如图 2-18 所示。

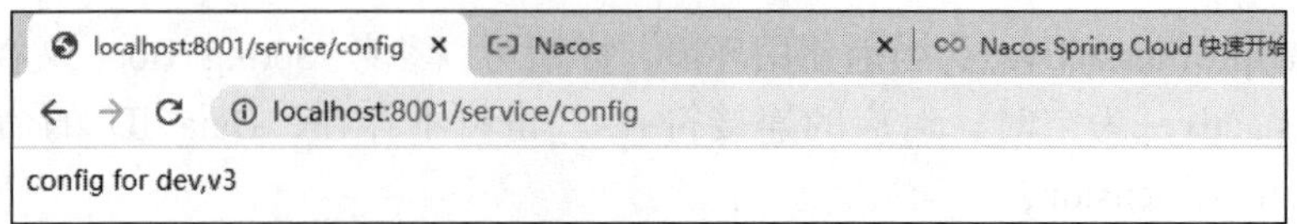

图 2-18　配置第二次更新后的测试结果

② 选择 Nacos 的“配置管理”下的“配置列表”中的 Data ID（官网中对 ID 大小写并未限制），即 service-config-dev.yaml，选择其“更多”下拉列表中的“历史版本”选项，如图 2-19 所示。

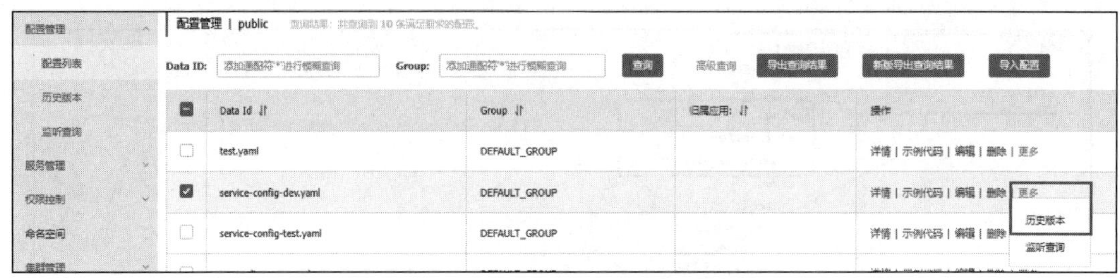

图 2-19　Data ID 更多操作

③ service-config-dev.yaml 的历史版本如图 2-20 所示。

图 2-20　Data ID 历史版本

④ 单击图 2-20 所示页面第一条记录右侧的“回滚”按钮，跳到配置回滚页面，如图 2-21 所示。

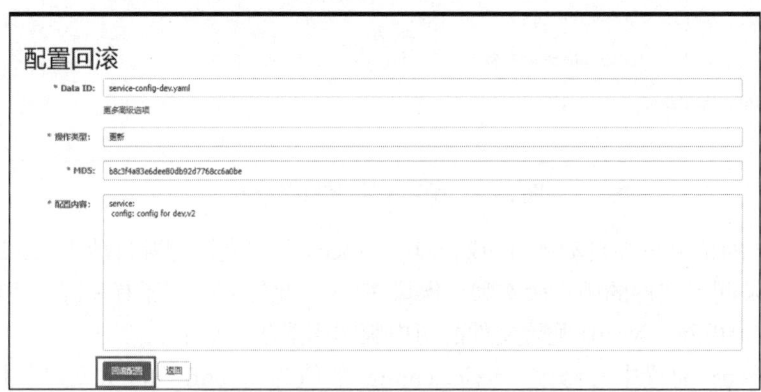

图 2-21　配置回滚页面

⑤ 在配置回滚页面单击“回滚配置”按钮，提示回滚成功后，访问 http://localhost:8001/service/config，结果如图 2-22 所示。

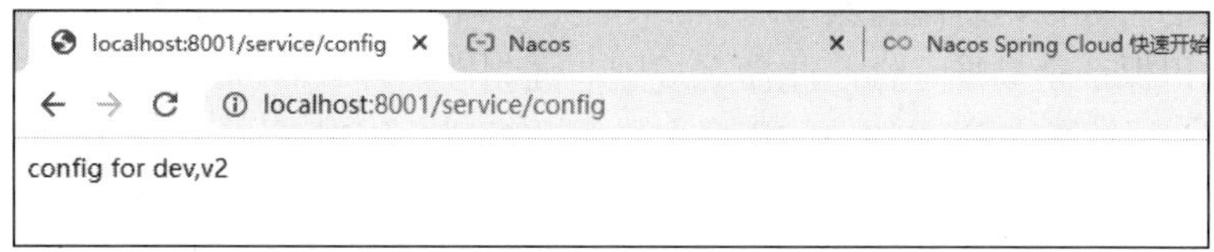

图 2-22　配置回滚后测试结果

由图 2-22 可知，回滚操作触发了配置更新，配置回滚成功。

【课堂实践】创建一个微服务并读取其在 Nacos 配置中心的属性及属性值 useLocalCache=true。

2. 隔离配置

在实际开发过程中，一个系统通常会有开发环境、测试环境、正式环境等。并且一个大型分布式微服务有很多子项目，每个子项目对应不同的环境，有不一样的配置。在多环境多微服务下，如何进行配置的隔离，让不同的微服务在不同的环境下加载正确的配置呢?

使用 Nacos 可以很方便地解决上面的问题，这需要了解一下 Nacos 数据模型，如图 2-23 所示。

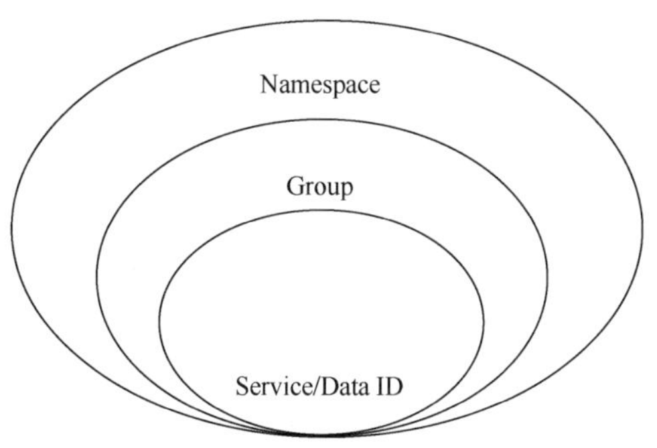

图 2-23　Nacos 数据模型

Nacos 数据模型由三元组唯一确定，Namespace（命名空间）默认是空串，表示公共命名空间，Group（配置分组）默认是 DEFAULT_GROUP；Service/Data ID（微服务/配置集 ID）用于区分不同的服务或配置。

命名空间用于进行粗粒度的配置隔离。在不同的命名空间下，可以存在相同的配置分组或 Data ID 的配置。命名空间常用于不同环境的配置的区分隔离，例如开发环境、测试环境和生产环境的资源（如配置、服务）隔离等。

配置分组是 Nacos 中的一组配置集，是组织配置的维度之一。其通过一个有意义的字符串（如 Buy 或 Trade）对配置集进行分组，从而区分 Data ID 相同的配置集。在 Nacos 上创建一个配置时，如果未填写配置分组的名称，则配置分组的名称默认采用 DEFAULT_GROUP。配置分组的常用场景：不同的应用或组件使用了相同的配置类型，如 database_url 配置和 MQ_topic 配置。

微服务是项目中的某个微服务。

配置集 ID 是 Nacos 中的某个配置集的 ID，是组织划分配置的维度之一。配置集 ID 通常用于组织划分系统的配置集。一个系统或者应用可以包含多个配置集，每个配置集都可以被一个有意义的名称标识。配置集 ID 通常采用类 Java 包（如 com.taobao.tc.refund.log.level）的命名规则，以保证全局唯一性。此命名规则非强制性。

接下来通过一个案例说明如何使用命名空间和配置分组对 service.config 配置进行隔离。

【案例 2-3】使用命名空间和配置分组对 service.config 配置进行隔离，基本步骤如下。

（1）Nacos 配置中心

① 在 Nacos 的“命名空间”列表中创建 dev 和 test 命名空间，针对不同的命令空间，Nacos 会产生随机且不重复的命名空间 ID，如图 2-24 所示。

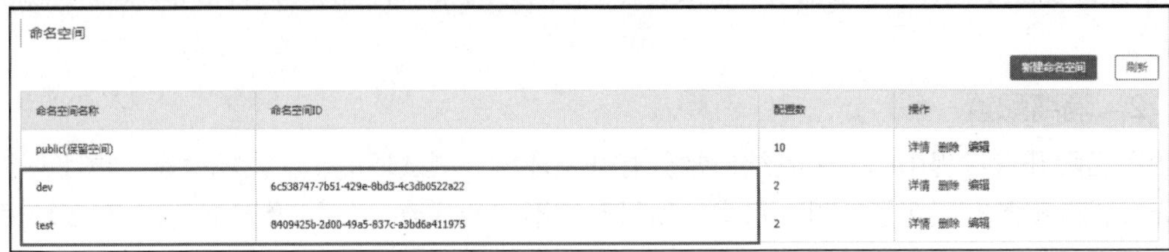

图 2-24 dev、test 命名空间

② 在 dev 命名空间下创建两个配置文件 service-config-dev.yaml，其中一个属于默认组 DEFAULT_GROUP，另外一个属于 MY_GROUP，同时对其配置内容进行区分，如图 2-25 所示。

图 2-25 dev 命名空间下的两个配置文件

③ 在 test 命名空间下创建两个配置文件 service-config-test.yaml，其中一个属于默认组 DEFAULT_GROUP，另外一个属于 MY_GROUP，同时对其配置内容进行区分，如图 2-26 所示。

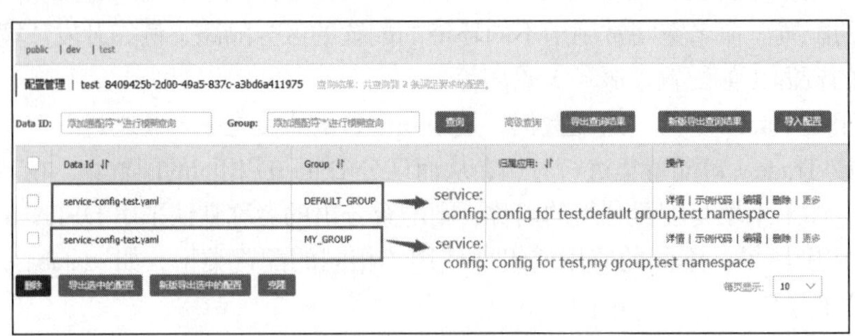

图 2-26 test 命名空间下的两个配置文件

（2）父工程和微服务

① 新建父工程 unit2Demo3-nacos-classifyConfig。将案例 2-2 的源代码复制过来，修改父工程 pom.xml 文件中的 artifactId 为"unit2Demo3-nacos-classifyConfig"，修改微服务 service-config 的 pom.xml 文件中 parent 的 artifactId 为"unit2Demo3-nacos-classifyConfig"，代码如下所示。

```
<!--父工程的 pom.xml 文件-->
<groupId>cn.js.ccit</groupId>
<artifactId>unit2Demo3-nacos-classifyConfig</artifactId>
<version>1.0-SNAPSHOT</version>
<!--子项目 service-config 的 pom.xml 文件-->
<parent>
    <artifactId>unit2Demo3-nacos-classifyConfig</artifactId>
    <groupId>cn.js.ccit</groupId>
    <version>1.0-SNAPSHOT</version>
</parent>
```

② 在 application.yaml 文件中，通过属性 spring. profiles. Active 指定要读取的 Data ID 的名字，代码如下所示。

```
spring:
   profiles:
    active: dev # 开发环境
    #active: test # 测试环境
```

③ 在 bootstrap.yaml 文件中，通过 spring.cloud.nacos.config.namespace 和 spring.cloud.nacos.config.group 属性指定读取 dev 命名空间下 MY_GROUP 配置分组下的配置，bootstrap.yaml 文件代码如下所示。

```
server:
  port: 8001

spring:
  application:
    name: service-config
  cloud:
    nacos:
      discovery:
        server-addr: localhost:8848 #Nacos 注册中心地址
      config:
        server-addr: localhost:8848 #Nacos 作为配置中心的地址
        file-extension: yaml #指定.yaml 格式的配置文件
        namespace: 6c538747-7b51-429e-8bd3-4c3db0522a22
        group: MY_GROUP
```

启动微服务，访问 http://localhost:8001/service/config，结果如图 2-27 所示，其中显示了 dev 命名空间下 MY_GROUP 配置分组下的配置。

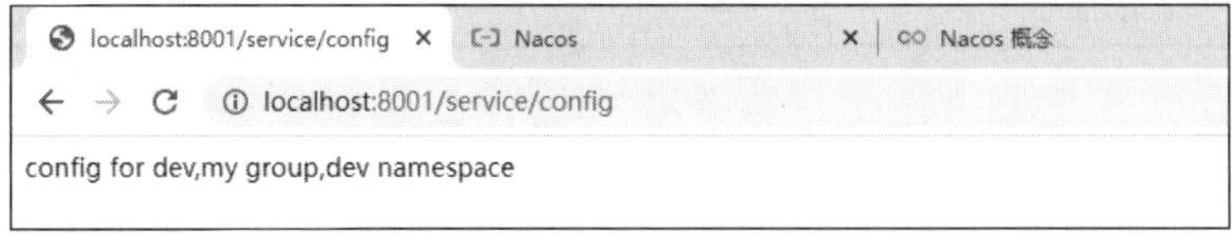

图 2-27 配置隔离测试结果

由图 2-27 可知，使用命名空间和配置分组成功对 service.config 配置进行了隔离。

【课堂实践】在案例 2-3 的基础上，读取命名空间为 test、配置分组为 MY_GROUP 的 service.config 配置。

微课 14

Nacos 共享配置

3. 共享配置

在实际开发中，随着微服务数量的增加，配置文件也会相应地增加，多个配置文件中可能会存在相同的配置。这时可以把相同的配置抽取出来，作为项目中各个服务的共享配置，每个服务都可以通过 Nacos 进行共享配置的读取。

下面以任务 2.1 中的案例 2-1 为例，介绍微服务间如何共享配置。案例 2-1 的配置文件如图 2-28 所示。

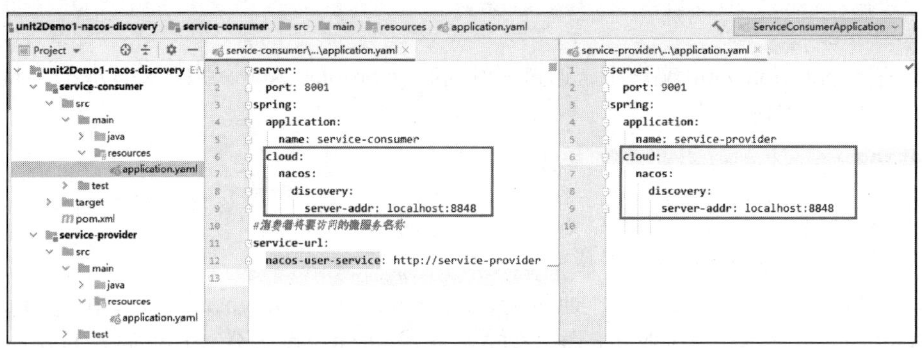

图 2-28　案例 2-1 的配置文件

分析图 2-28 中 service-provider（服务提供者）和 service-consumer（服务消费者）的 application.yaml 文件中的配置，可发现 Nacos 注册中心地址的配置为重复配置。可以将其作为共享配置抽取到 Nacos 配置列表中 Data ID 为 nacos-discovery.yaml 的配置集中。

【案例 2-4】实现案例 2-1 中 service-provider 和 service-consumer 微服务共享 Nacos 注册中心地址的配置，基本步骤如下。

（1）Nacos 配置中心

在 Nacos 配置中心新建 Data ID 为 nacos-discovery.yaml、service-provider.yaml 和 service-consumer.yaml 的配置集，如图 2-29 所示。

public | dev | test

配置管理 | public

Data ID: 添加通配符'*'进行模糊查询　Group: 添加通配符'*'进行模糊查询　查询　高级查询　导出查询结果　新版导出查询结果　导入配置

	Data Id	Group	归属应用:	操作
☐	test.yaml	DEFAULT_GROUP		详情 | 示例代码 | 编辑 | 删除 | 更多
☐	service-config-dev.yaml	DEFAULT_GROUP		详情 | 示例代码 | 编辑 | 删除 | 更多
☐	service-config-test.yaml	DEFAULT_GROUP		详情 | 示例代码 | 编辑 | 删除 | 更多
☐	nacos-discovery.yaml	DEFAULT_GROUP		详情 | 示例代码 | 编辑 | 删除 | 更多
☐	service-consumer.yaml	DEFAULT_GROUP		详情 | 示例代码 | 编辑 | 删除 | 更多
☐	service-provider.yaml	DEFAULT_GROUP		详情 | 示例代码 | 编辑 | 删除 | 更多

图 2-29　在 Nacos 配置中心新建 Data ID

Data ID 为 nacos-discovery.yaml 的配置集中配置了微服务共享的配置，即 Nacos 注册中心地址，具体配置如图 2-30 所示。

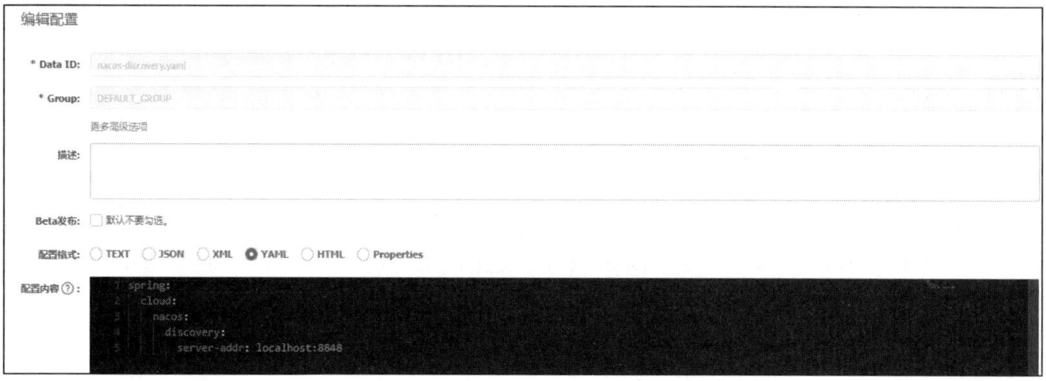

编辑配置

* Data ID: nacos-discovery.yaml

* Group: DEFAULT_GROUP

更多高级选项

描述:

Beta发布: 默认不要勾选。

配置格式: TEXT JSON XML YAML HTML Properties

配置内容 ⑦:

```yaml
spring:
  cloud:
    nacos:
      discovery:
        server-addr: localhost:8848
```

图 2-30　nacos-discovery.yaml Data ID 的配置

Data ID 为 service-provider.yaml 的配置集中配置了 service-provider 微服务的端口号，具体配置如图 2-31 所示。

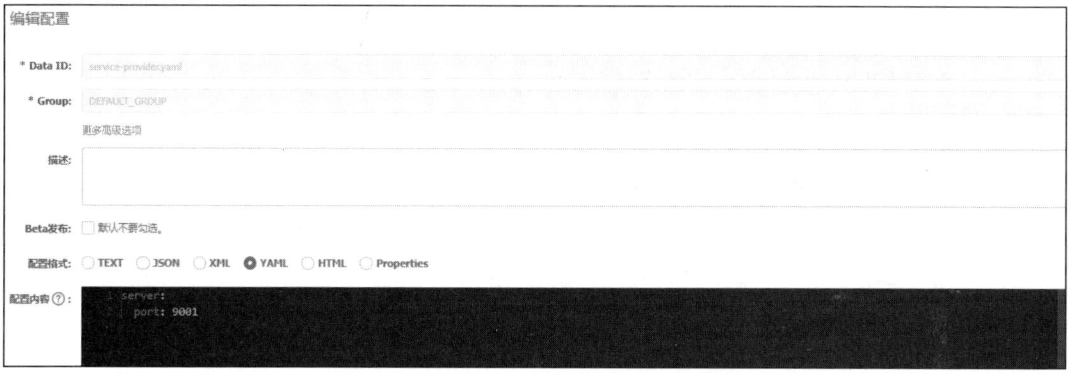

编辑配置

* Data ID: service-provider.yaml

* Group: DEFAULT_GROUP

更多高级选项

描述:

Beta发布: 默认不要勾选。

配置格式: TEXT JSON XML YAML HTML Properties

配置内容 ⑦:

```yaml
server:
  port: 9001
```

图 2-31　service-provider.yaml Data ID 的配置

Data ID 为 service-consumer.yaml 的配置集中配置了 service-consumer 微服务的端口号和要访问的微服务名称，具体配置如图 2-32 所示。

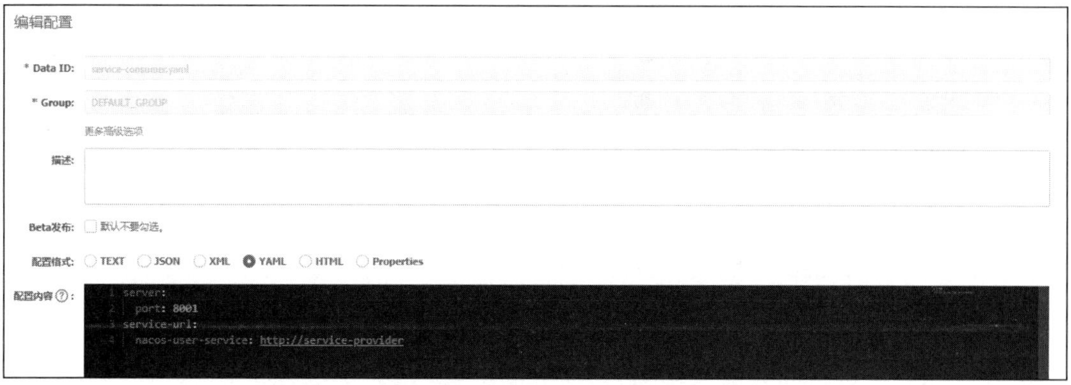

编辑配置

* Data ID: service-consumer.yaml

* Group: DEFAULT_GROUP

更多高级选项

描述:

Beta发布: 默认不要勾选。

配置格式: TEXT JSON XML YAML HTML Properties

配置内容 ⑦:

```yaml
server:
  port: 8001
service-url:
  nacos-user-service: http://service-provider
```

图 2-32　service-consumer.yaml Data ID 的配置

（2）父工程和微服务

① 新建父工程 unit2Demo4-nacos-sharedConfig。将案例 2-1 的源代码复制过来，修改父工程 pom.xml 文件中的 artifactId 为“unit2Demo4-nacos-sharedConfig”，修改微服务 service-provider 和 service-consumer 的 pom.xml 文件中 parent 的 artifactId 为“unit2Demo4-nacos-sharedConfig”，代码如下所示。

```
<!--父工程的 pom.xml 文件-->
<groupId>cn.js.ccit</groupId>
<artifactId>unit2Demo4-nacos-sharedConfig</artifactId>
<version>1.0-SNAPSHOT</version>
<!--子项目 service-provider 的 pom.xml 文件-->
<parent>
    <artifactId>unit2Demo4-nacos-sharedConfig</artifactId>
    <groupId>cn.js.ccit</groupId>
    <version>1.0-SNAPSHOT</version>
</parent>

<!--子项目 service-consumer 的 pom.xml 文件-->
<parent>
    <artifactId>unit2Demo4-nacos-sharedConfig</artifactId>
    <groupId>cn.js.ccit</groupId>
    <version>1.0-SNAPSHOT</version>
</parent>
```

② 修改微服务 service-provider 和 service-consumer 的 pom.xml 文件，分别追加 spring-cloud-starter-alibaba-nacos-config 和 spring-cloud-starter-bootstrap 依赖，代码如下所示。

```
<!--nacos-config-->
<dependency>
    <groupId>com.alibaba.cloud</groupId>
    <artifactId>spring-cloud-starter-alibaba-nacos-config</artifactId>
</dependency>

<dependency>
    <groupId>org.springframework.cloud</groupId>
    <artifactId>spring-cloud-starter-bootstrap</artifactId>
</dependency>
```

③ 在微服务 service-provider 的 src/main/resources 目录下新建 bootstrap.yml 文件，通过 spring.cloud.nacos.config.shared-configs 引用公共配置 nacos-discovery.yaml，代码如下所示。

```
spring:
  application:
    name: service-provider
  cloud:
    nacos:
      config:
        server-addr: localhost:8848
        file-extension: yaml
        shared-configs[0]:
          dataId: nacos-discovery.yaml
          refresh: true # 支持动态配置刷新
```

④ 由于在 Nacos 配置中心的 nacos-discovery.yaml 和 service-provider.yaml Data ID 中配置

了 Nacos 注册中心地址和微服务端口号，因此删除微服务 service-provider 的 src/main/resources 目录下的 application.yaml 文件或将该文件重命名为 application.yaml.bak。

⑤ 在微服务 service-consumer 的 src/main/resources 目录下新建 bootstrap.yml 文件，通过 spring.cloud.nacos.config.extension-configs 引用公共配置 nacos-discovery.yaml，代码如下所示。

```
spring:
  application:
    name: service-consumer
  cloud:
    nacos:
      config:
        server-addr: localhost:8848
        file-extension: yaml
        extension-configs[0]:
          dataId: nacos-discovery.yaml
          refresh: true #支持动态配置刷新
```

spring.cloud.nacos.config.shared-configs[n]和 spring.cloud.nacos.config.extension-configs[n]都可用来读取共享配置，其配置属性的功能一致，其中 n 的值越大，优先级越高。

⑥ 由于在 Nacos 配置中心 Data ID 为 nacos-discovery.yaml 和 service-provider.yaml 的配置集中配置了 Nacos 注册中心地址、微服务端口号和要访问的微服务名称，因此删除微服务 service-consumer 的 src/main/resources 目录下的 application.yaml 文件或将该文件重命名为 application.yaml.bak。

以单机模式启动 Nacos，在 IDEA 工具中启动 service-provider 和 service-consumer 微服务，控制台中输出以下内容。

```
                    <!--service-provider 微服务控制台输出-->
    Located property source:
    [BootstrapPropertySource
{name='bootstrapProperties-service-provider.yaml,DEFAULT_GROUP'},
BootstrapPropertySource
{name='bootstrapProperties-nacos-discovery.yaml,DEFAULT_GROUP'}]
                    <!--service-consumer 微服务控制台输出-->
    Located property source:
     [BootstrapPropertySource
{name='bootstrapProperties-service-consumer.yaml,DEFAULT_GROUP'},
BootstrapPropertySource
{name='bootstrapProperties-nacos-discovery.yaml,DEFAULT_GROUP'}]
```

由以上输出内容可知，service-provider 微服务读取了 service-provider.yaml 和 nacos-discovery.yaml 配置文件。service-consumer 微服务读取了 service-consumer.yaml 和 nacos-discovery.yaml 配置文件。至此 service-provider 和 service-consumer 微服务共享了 Nacos 中 Data ID 为 nacos-discovery.yaml 的配置集。

【课堂实践】创建一个微服务，使用 spring.cloud.nacos.config.extension-configs 和 spring.cloud.nacos.config.shared-configs 读取案例 2-4 中定义的共享配置（nacos-discovery.yaml）。

微课 15

配置优先级

4．配置优先级

到目前为止，本书已经介绍了微服务的多种配置，基本可分为本地配置和 Nacos 远程配置。Nacos 远程配置又可分为远程默认配置、远程特定环境配置、spring.cloud.nacos.config.extension-configs 引用的配置和 spring.cloud.nacos.config.shared-configs 引用的配置。那么各种配置方式的优先级是怎样的呢？下面将对比各配置方式的优先级。

【注意】 这里的优先级高，指的是以最终结果为导向。若最终结果是 A 的配置方式，则 A 的配置方式优先级高。

【案例 2-5】 自定义一个微服务，对 priority.test 属性以多种方式进行配置，定义一个接口输出此属性的值，从而得出各种配置方式的优先级，步骤如下。

（1）父工程

创建父工程 unit2demo5-nacos-configPriority 统一管理 Spring Boot、Spring Cloud 和 Spring Cloud Alibaba。pom.xml 文件代码如下所示。

```
<?xml version="1.0" encoding="UTF-8"?>
<project xmlns="http://maven.apache.org/POM/4.0.0"
xmlns:xsi="http://www.w3.org/2001/XMLSchema-instance"
  xsi:schemaLocation="http://maven.apache.org/POM/4.0.0
http://maven.apache.org/xsd/maven-4.0.0.xsd">
  <modelVersion>4.0.0</modelVersion>

  <groupId>cn.js.ccit</groupId>
  <artifactId>unit2demo5-nacos-configPriority</artifactId>
  <version>1.0-SNAPSHOT</version>
  <modules>
    <module>config-priority</module>
  </modules>
  <packaging>pom</packaging>

  <!-- 统一管理 JAR 包版本 -->
  <properties>
    <project.build.sourceEncoding>UTF-8</project.build.sourceEncoding>
    <maven.compiler.source>1.8</maven.compiler.source>
    <maven.compiler.target>1.8</maven.compiler.target>
  </properties>

  <dependencyManagement>
    <dependencies>
      <!--Spring Boot 2.6.3-->
      <dependency>
        <groupId>org.springframework.boot</groupId>
        <artifactId>spring-boot-dependencies</artifactId>
        <version>2.6.3</version>
        <type>pom</type>
        <scope>import</scope>
      </dependency>
      <!--Spring Cloud 2021.0.1-->
      <dependency>
        <groupId>org.springframework.cloud</groupId>
        <artifactId>spring-cloud-dependencies</artifactId>
        <version>2021.0.1</version>
        <type>pom</type>
        <scope>import</scope>
```

```
      </dependency>
      <!--Spring Cloud Alibaba 2021.0.1.0-->
      <dependency>
        <groupId>com.alibaba.cloud</groupId>
        <artifactId>spring-cloud-alibaba-dependencies</artifactId>
        <version>2021.0.1.0</version>
        <type>pom</type>
        <scope>import</scope>
      </dependency>
    </dependencies>
  </dependencyManagement>
</project>
```

（2）微服务

在父工程下，创建微服务 config-priority，步骤如下。

① 修改 pom.xml 文件，追加 Nacos 服务配置 spring-cloud-starter-alibaba-nacos-config 和服务发现组件 spring-cloud-starter-alibaba-nacos-discovery，修改后的 pom.xml 文件代码如下所示。

```
<?xml version="1.0" encoding="UTF-8"?>
<project xmlns="http://maven.apache.org/POM/4.0.0"
         xmlns:xsi="http://www.w3.org/2001/XMLSchema-instance"
         xsi:schemaLocation="http://maven.apache.org/POM/4.0.0
         http://maven.apache.org/xsd/maven-4.0.0.xsd">
    <parent>
        <artifactId>unit2demo5-nacos-configPriority</artifactId>
        <groupId>cn.js.ccit</groupId>
        <version>1.0-SNAPSHOT</version>
    </parent>
    <modelVersion>4.0.0</modelVersion>

    <artifactId>config-priority</artifactId>

    <dependencies>
        <!--nacos-config-->
        <dependency>
            <groupId>com.alibaba.cloud</groupId>
            <artifactId>spring-cloud-starter-alibaba-nacos-config</artifactId>
        </dependency>
        <!--nacos-discovery-->
        <dependency>
            <groupId>com.alibaba.cloud</groupId>
            <artifactId>spring-cloud-starter-alibaba-nacos-discovery</artifactId>
        </dependency>
        <dependency>
            <groupId>org.springframework.boot</groupId>
            <artifactId>spring-boot-starter-web</artifactId>
        </dependency>
        <dependency>
            <groupId>org.springframework.cloud</groupId>
            <artifactId>spring-cloud-starter-bootstrap</artifactId>
        </dependency>
    </dependencies>
</project>
```

② 在 config-priority 微服务的 src\main\resources\下创建 bootstrap.yaml 和 application.yaml。bootstrap.yaml 文件中通过 spring.cloud.nacos.config.shared-configs 加载 Nacos 配置中心的 common-shared.yaml 配置。通过 spring.cloud.nacos.config.extension-configs 加载 Nacos 配置中心的 common-ext.yaml 配置，并追加 priority.test= local config。bootstrap.yaml 文件中的代码如下所示。

```
server:
 port: 8001

spring:
 application:
  name: config-priority
 cloud:
  nacos:
   discovery:
    server-addr: localhost:8848 #Nacos 注册中心地址
   config:
      server-addr: localhost:8848 #Nacos 作为配置中心的地址
   file-extension: yaml #指定.yaml 格式的配置文件
   shared-configs[0]:
      dataId: common-shared.yaml
      refresh: true
      extension-configs[0]:
      dataId: common-ext.yaml
      refresh: true
priority:
 test: local config
```

在 application.yaml 文件中添加以下配置，代码如下所示。

```
spring:
 profiles:
  active: dev # 开发环境
```

③ 按照 Spring Boot 规范创建项目启动类，在该启动类上追加@EnableDiscoveryClient 注解，代码如下所示。

```
package cn.js.ccit;

import org.springframework.boot.SpringApplication;
import org.springframework.boot.autoconfigure.SpringBootApplication;
import org.springframework.cloud.client.discovery.EnableDiscoveryClient;

@EnableDiscoveryClient
@SpringBootApplication
public class ConfigPriorityApplication {
   public static void main(String[] args) {
      SpringApplication.run(ConfigPriorityApplication.class,args);
   }
}
```

④ 创建 PriorityTestController 类，通过@Value 注解注入 priority.test 属性的值，并自定义 test 接口输出该值，其代码如下所示。

```
package cn.js.ccit.controller;
```

```java
import org.springframework.beans.factory.annotation.Value;
import org.springframework.cloud.context.config.annotation.RefreshScope;
import org.springframework.web.bind.annotation.GetMapping;
import org.springframework.web.bind.annotation.RestController;
@RefreshScope
@RestController
public class PriorityTestController {

    @Value("${priority.test}")
    private String priority;

    @GetMapping("/test")
    public String test(){
        return priority;
    }
}
```

（3）Nacos 配置中心

① 在 Nacos 配置中心的配置列表中新建配置集，Data ID 为“config-priority.yaml”，添加属性及其值“priority.test = nacos default config”，如图 2-33 所示。

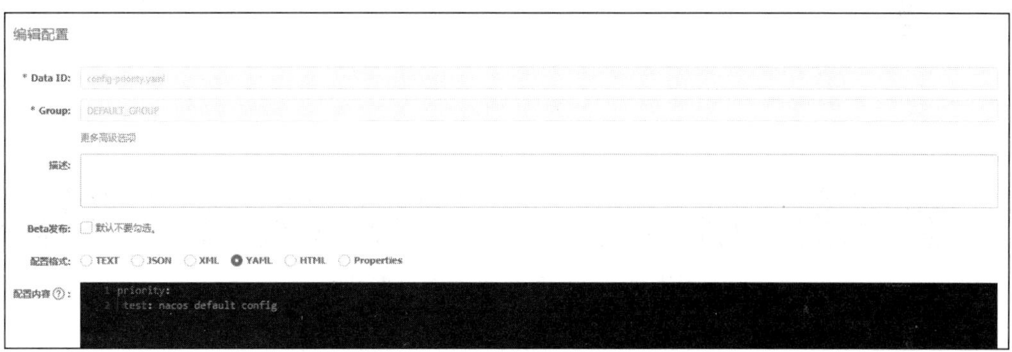

图 2-33　config-priority.yaml Data ID

② 在 Nacos 配置中心的配置列表中新建配置集，Data ID 为“config-priority-dev.yaml”，添加属性及其值“priority.test = nacos dev config”，如图 2-34 所示。

编辑配置
* Data ID:
* Group:
更多高级选项
描述:
Beta发布: 默认不要勾选。
配置格式: TEXT JSON XML YAML HTML Properties
配置内容:
priority:
test: nacos dev config

图 2-34　config-priority-dev.yaml Data ID

③ 在 Nacos 配置中心的配置列表中新建配置集，Data ID 为“common-shared.yaml”，添加属性及其值“priority.test = shared config”，如图 2-35 所示。

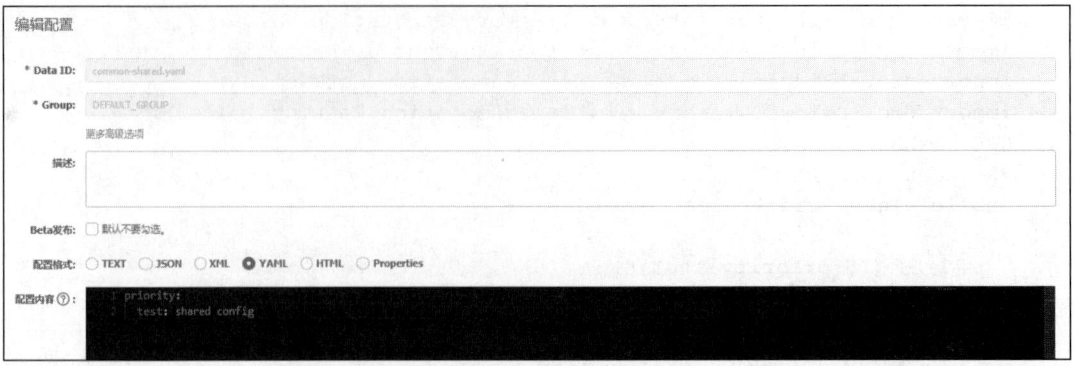

```
编辑配置
* Data ID: common-shared.yaml
* Group: DEFAULT_GROUP
更多高级选项
描述:
Beta发布: 默认不要勾选。
配置格式: TEXT JSON XML YAML HTML Properties
配置内容 ⓘ:
1 priority:
2   test: shared config
```

图 2-35 common-shared.yaml Data ID

④ 在 Nacos 配置中心的配置列表中新建 Data ID，名为“common-ext.yaml”，添加属性及其值“priority.test = ext config”，如图 2-36 所示。

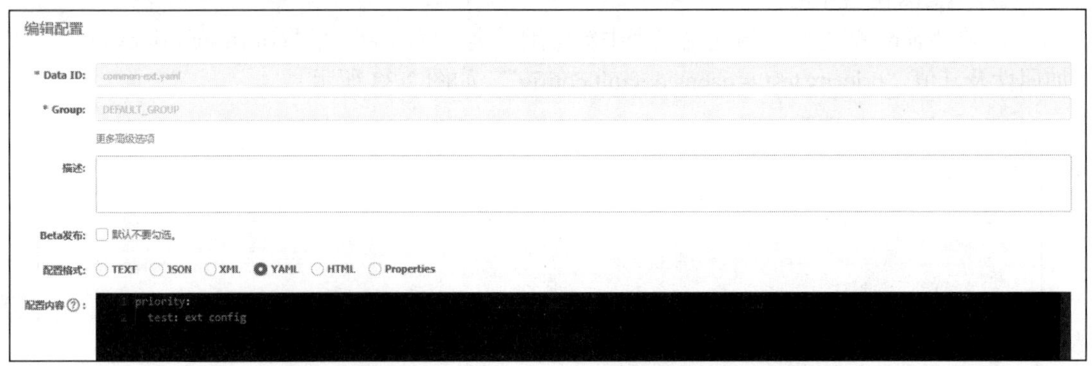

图 2-36 common-ext.yaml Data ID

启动微服务，访问 http://localhost:8001/test，结果如图 2-37 所示，显示“nacos dev config”。

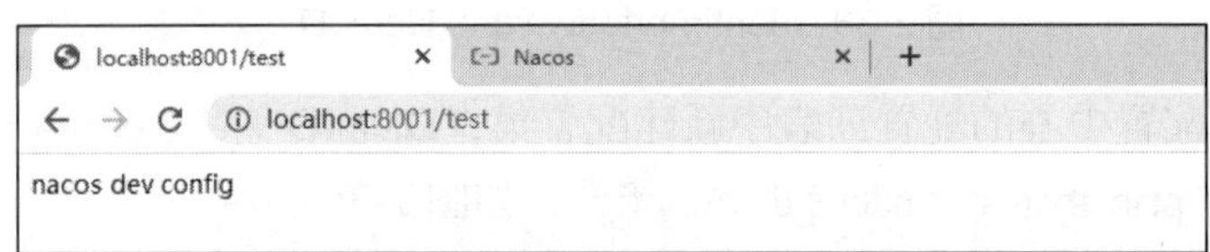

图 2-37 配置优先级测试结果 1

将 Data ID 为 config-priority-dev.yaml 配置集中的属性注释掉，重新访问 http://localhost:8001/test，结果如图 2-38 所示，显示“nacos default config”。

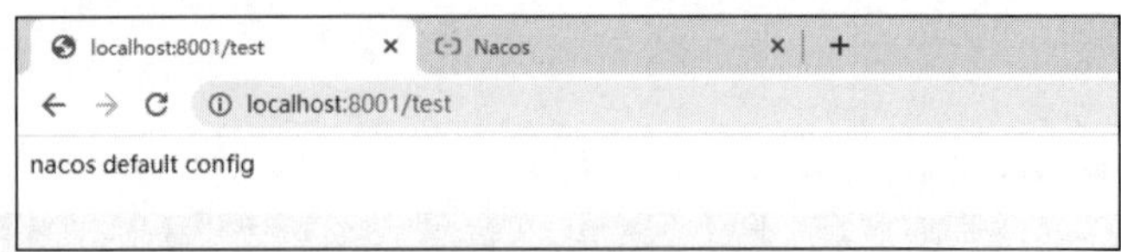

图 2-38 配置优先级测试结果 2

将 Data ID 为 config-priority.yaml 配置集中的属性注释掉，重新访问 http://localhost:8001/test，结果如图 2-39 所示，显示“ext config”。

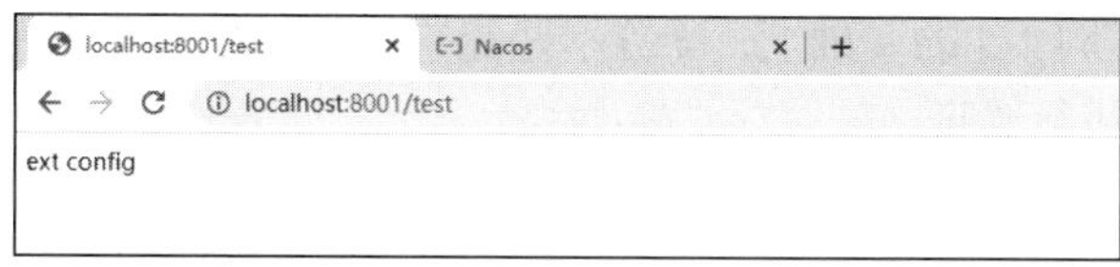

图 2-39　配置优先级测试结果 3

将 Data ID 为 common-ext.yaml 配置集中的属性注释掉，重新访问 http://localhost:8001/test，结果如图 2-40 所示，显示“shared config”。

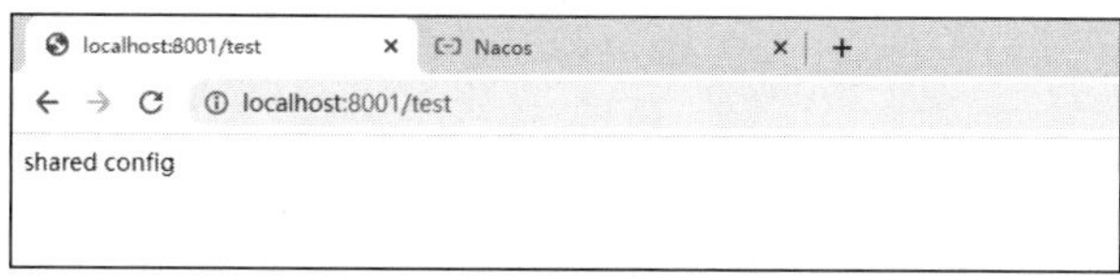

图 2-40　配置优先级测试结果 4

将 Data ID 为 common-shared.yaml 配置集中的属性注释掉，重新访问 http://localhost:8001/test，结果如图 2-41 所示，显示“local config”。

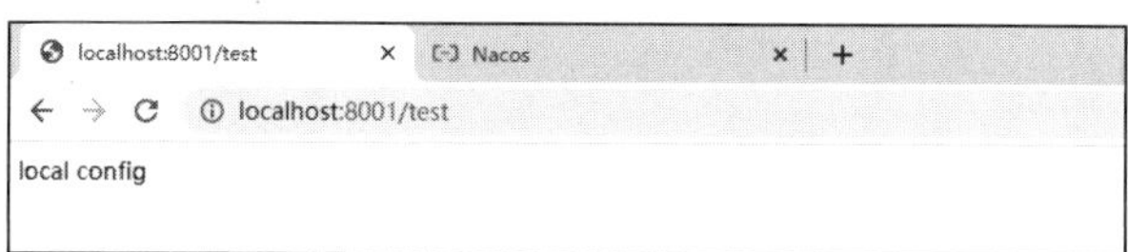

图 2-41　配置优先级测试结果 5

由此得到了以上配置方式的优先级，如表 2-1 所示。

表 2-1　配置方式及其优先级

优先级	配置方式
1	远程特定环境配置
2	远程默认配置
3	spring.cloud.nacos.config.extension-configs 引用配置
4	spring.cloud.nacos.config.shared-configs 引用配置
5	本地配置（优先级可调整）

若想要本地配置优先级高于 Nacos 远程配置优先级，则要在 Nacos **远程配置**中追加以下配置。

```
spring:
  cloud:
    config:
      # 外部源配置是否可被覆盖
      override-none: true
      # 外部源配置是否不覆盖任何源
      allow-override: true
      # 外部源配置是否可覆盖系统属性；注意本地配置文件不是系统属性
      override-system-properties: false
```

【课堂实践】在案例 2-5 的基础上，配置本地配置优先级高于远程特定环境配置优先级，并进行验证。

微课 16

任务 2.2 分析与实现

任务实现

在商品微服务的配置文件 application.yaml 中，配置服务端口号、服务名、数据库连接信息、Nacos 注册中心地址、MyBatis 配置，并开启监控端口，代码如下所示。

```
server:
  port: 8001
spring:
  application:
    name: product
  datasource:
    driver-class-name: com.mysql.cj.jdbc.Driver
    jdbc-url:
jdbc:mysql://serverIP:3306/mall_product?useUnicode=true&characterEncoding=utf
-8&useSSL=false&serverTimezone=UTC
    username: root
    password: 123
    hikari:
      minimum-idle: 5
      idle-timeout: 600000
      maximum-pool-size: 10
      auto-commit: true
      pool-name: HikariCP-product
      max-lifetime: 1800000
      connection-timeout: 30000
      connection-test-query: SELECT 1
  cloud:
    nacos:
      discovery:
        server-addr: serverIP:8848
mybatis:
  mapperLocations: classpath:mapper/product/*.xml
  type-aliases-package: cn.js.ccit.flowersmall.product.entity
# 开启监控端口
management:
  endpoints:
    web:
      exposure:
        include: "*"
  endpoint:
    health:
      show-details: always
```

其中 Nacos 注册中心地址和开启监控端口的配置，在 SweetFlower 商城项目的所有微服务中都进行了配置，可以将其抽取出来作为共享配置。

1. Nacos 配置中心

① 在 Nacos 配置中心新建 Data ID 为 nacos-discovery.yaml 的配置集对 Nacos 注册中心地

址进行配置，具体配置如图 2-42 所示。

配置详情

* Data ID: nacos-discovery.yaml

* Group: DEFAULT_GROUP

更多高级选项

描述:

* MD5: 90a73ad90e71a3060a987f992621b935

* 配置内容:

```
spring:
  cloud:
    nacos:
      discovery:
        server-addr: serverIP:8848
```

图 2-42　nacos-discovery.yaml Data ID 的配置

② 在 Nacos 配置中心新建 Data ID 为 actuator-endpoint.yaml 的配置集，对开启监控端口进行配置，具体配置如图 2-43 所示。

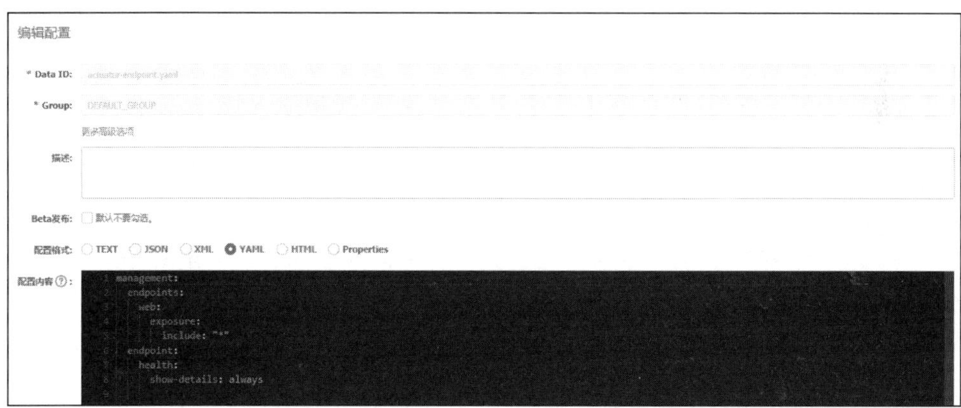

图 2-43　actuator-endpoint.yaml Data ID 的配置

③ 在 Nacos 配置中心新建 Data ID 为 product.yaml 的配置集，对服务端口号、数据库连接信息和 MyBatis 配置进行配置，具体配置如图 2-44 所示。

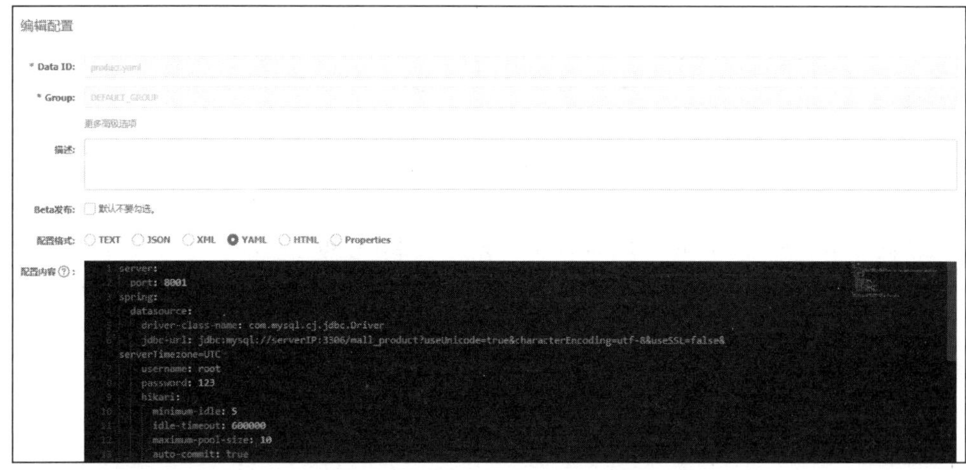

图 2-44　product.yaml Data ID 的配置

2. 商品微服务

① 修改pom.xml文件,追加Nacos服务配置组件spring-cloud-starter-alibaba-nacos-config,修改后的pom.xml文件代码如下所示。

```
<?xml version="1.0" encoding="UTF-8"?>
<project xmlns="http://maven.apache.org/POM/4.0.0"
        xmlns:xsi="http://www.w3.org/2001/XMLSchema-instance"
        xsi:schemaLocation="http://maven.apache.org/POM/4.0.0
         http://maven.apache.org/xsd/maven-4.0.0.xsd">
    <parent>
        <artifactId>flowersmall</artifactId>
        <groupId>cn.js.ccit</groupId>
        <version>1.0-SNAPSHOT</version>
    </parent>
    <modelVersion>4.0.0</modelVersion>

    <artifactId>flowersmall-product</artifactId>
    <dependencies>
        <!-- actuator-->
        <dependency>
            <groupId>org.springframework.boot</groupId>
            <artifactId>spring-boot-starter-actuator</artifactId>
        </dependency>
        <!-- nacos-config-->
        <dependency>
            <groupId>com.alibaba.cloud</groupId>
            <artifactId>
                spring-cloud-starter-alibaba-nacos-config
            </artifactId>
        </dependency>
        <dependency>
            <groupId>org.springframework.cloud</groupId>
            <artifactId>spring-cloud-starter-bootstrap</artifactId>
        </dependency>
        <!-- nacos-discovery-->
        <dependency>
            <groupId>com.alibaba.cloud</groupId>
            <artifactId>
                spring-cloud-starter-alibaba-nacos-discovery
            </artifactId>
        </dependency>
    </dependencies>
</project>
```

② 在商品微服务的src/main/resources目录下新建bootstrap.yml文件，通过spring.cloud.nacos.config.extension-configs引用公共配置nacos-discovery.yaml和actuator-endpoint.yaml，代码如下所示。

```
spring:
  application:
    name: product
  cloud:
    nacos:
```

```
        config:
          server-addr: serverIP:8848
          file-extension: yaml
          extension-configs:
            - dataId: nacos-discovery.yaml
            - dataId: actuator-endpoint.yaml
```

③ 删除商品微服务 src/main/resources 目录下的 application.yaml 文件或将该文件重命名为 application.yaml.bak。

在 IDEA 工具中启动商品微服务，控制台中输出以下内容。

```
Located property source: [BootstrapPropertySource
{name='bootstrapProperties-product.yaml,DEFAULT_GROUP'},
BootstrapPropertySource {name='bootstrapProperties-actuator-
endpoint.yaml,DEFAULT_GROUP'}, BootstrapPropertySource
{name='bootstrapProperties-nacos-discovery.yaml,DEFAULT_GROUP'}]
```

由以上输出内容可知，商品微服务读取了 product.yaml 配置和共享配置（actuator-endpoint.yaml 和 nacos-discovery.yaml）。至此实现了将商品微服务配置放到 Nacos 中进行统一管理。

拓展实践

实践任务	SweetFlower 商城项目中用户微服务的注册与发现
任务描述	为了便于订单微服务和金币微服务发现用户微服务，请将其整合到 Nacos 注册中心
主要思路及步骤	1. 修改用户微服务的 pom.xml 文件，追加 Nacos 服务发现组件 2. 在用户微服务的 application.yml 文件中追加 Nacos 注册中心地址 3. 在其启动类上追加@EnableDiscoveryClient 注解，开启服务注册与发现
任务总结	

单元小结

本单元主要介绍了 Nacos 的特性和优势，Nacos 的安装及以单机模式启动的方式，基于 Nacos 的服务注册与发现的实现步骤，Nginx+Nacos 集群的搭建，基于 Nacos 的基本配置、隔离配置、共享配置和几种配置方式的优先级；并通过实现 SweetFlower 商城项目中订单微服务和金币微服务的注册、商品微服务的配置管理，详细描述了实际项目开发过程中基于 Nacos 的服务注册和配置管理的实现步骤。

单元习题

一、单选题

1. 以下不是 Nacos 的关键特性的是（　　）。

   A. 服务发现和服务健康监测　　B. 动态配置服务

   C. 动态 DNS 服务　　D. 事务管理

2. 以下不是 Nacos 的优势的是（　　）。

   A. 简单易用　　B. 安全性高　　C. 超高性能　　D. 特性丰富

3. 以下说法错误的是（　　）。

   A. Nacos 默认端口号：8848

   B. Nacos 是面向服务的，几乎支持所有类型的服务，如 Kubernates 服务、gRPC 和 Dubbo RPC 服务、Spring Cloud RESTful 服务

   C. 远程特定环境配置优先级最高

   D. Nacos 默认使用嵌入式的数据库 Derby

4. Nacos 的数据模型不包含（　　）。

   A. 命名空间　　B. 配置分组　　C. 配置文件　　D. 配置集 ID

5. 以下不能实现微服务注册的组件是（　　）。

   A. Nacos　　B. Ribbon　　C. Eureka　　D. Consul

6. 默认情况下，以下优先级最高的是（　　）。

   A. 远程特定环境配置

   B. 远程默认配置

   C. spring.cloud.nacos.config.extension-configs 引用配置

   D. spring.cloud.nacos.config.shared-configs 引用配置

二、填空题

1. Nacos 是________________的一个开源组件。
2. Nacos 实现的功能有________________和________________。
3. 在搭建 Nginx+Nacos 集群之前，需要先修改 Nacos 的数据持久化配置为__________存储。
4. ____________是组织划分配置的维度之一。

单元3 服务接口调用

在使用 Spring Cloud 开发微服务应用时，可使用 RestTemplate+Ribbon 的方式实现服务接口的远程调用，但这种方式需要填写远程地址，并配置相关参数，那么有没有更简单的方式呢？还可以使用 OpenFeign 或 Dubbo 来实现服务接口的远程调用。OpenFeign 是一个声明式的 HTTP 客户端，可以在程序中像调用本地方法一样调用服务接口，并且支持负载均衡。Dubbo 基于 TCP 来调用服务接口，相对于基于 HTTP 来说，更轻量，传输速度也更快。

本单元以 SweetFlower 商城的金币微服务调用为例，分别介绍 OpenFeign 的特性、超时配置、日志设置，使用 Dubbo 整合 Nacos 服务发现、配置管理等相关知识。

单元目标

【知识目标】

- 熟悉 OpenFeign 的特性
- 掌握 OpenFeign 的超时配置
- 熟悉 Dubbo 的主要特性

【能力目标】

- 能使用 OpenFeign 实现服务调用
- 能使用 Dubbo 实现服务调用
- 能实现 OpenFeign 的超时配置
- 会设置并查看 OpenFeign 日志
- 能实现 Dubbo 整合 Nacos 服务发现，配置管理

【素质目标】

- 培养规范、标准的代码编写能力
- 培养团队精神和协作能力
- 培养复用化、模块化的思维能力

任务 3.1 基于 OpenFeign 的金币微服务接口调用

任务描述

在 SweetFlower 商城中，用户下单后生成订单，与此同时，可以得到相应数量的金币。用户在个人中心可以通过金币兑换礼品，兑换礼品后，金币数量会减少。此任务涉及订单微服务和金币微服务，将这两个微服务整合到 Nacos 注册中心后，使用 OpenFeign 来实现金币微服务接口的调用。

技术分析

在单元 2 中，我们已将订单微服务和金币微服务整合到 Nacos 注册中心，订单微服务可以发现金币微服务。接下来，需要实现订单微服务调用金币微服务。在开发微服务应用时，各个服务提供者都以 HTTP 接口的形式对外提供服务，因此在服务消费者调用服务提供者时，底层通过 HTTP 客户端的方法访问所需服务。本任务使用 OpenFeign 快捷地访问 HTTP 请求并调用远程方法，实现订单微服务对金币微服务的调用。

微课 17

OpenFeign 简介

支撑知识

1. OpenFeign 简介

要介绍 OpenFeign，就不得不提到 Feign。Feign 是 Spring Cloud 组件中的一个轻量级 RESTful HTTP 客户端，其内置 Ribbon，用来实现客户端负载均衡，调用注册中心的服务。Spring Cloud 对 Feign 进行了增强，使 Feign 支持 Spring MVC 的注解，并整合了 Ribbon 等，从而让 Feign 的使用更加方便。

参照官方说明，OpenFeign 是一个声明式的 Web Service 客户端，其设计宗旨是简化 Java HTTP 客户端的开发，使编写 Web Service 客户端变得更简单。使用 OpenFeign 时只需定义服务接口，然后在其上添加注解。OpenFeign 也支持编码器和解码器。在 Spring Cloud 中使用 OpenFeign 时，可以做到使用 HTTP 请求访问远程服务就像调用本地方法一样，非常便捷。

2. OpenFeign 特性

OpenFeign 具有以下关键特性。

（1）OpenFeign 集成了 Ribbon，可利用 Ribbon 维护服务列表，并且通过 Ribbon 实现客户端的负载均衡。与 Ribbon 不同的是，OpenFeign 只需要定义服务绑定接口且以声明式的方法优雅而简单地实现服务调用。在 OpenFeign 的协助下，开发者只需创建一个接口并使用注解的方式进行配置，即可完成对服务提供者的接口绑定。

（2）OpenFeign 整合 Hystrix 实现熔断处理，包括超时和异常熔断。其中针对超时熔断，OpenFeign 提供了两个参数：connectTimeout 和 readTimeout。

- connectTimeout：防止由于服务器处理时间过长而阻塞调用者。
- readTimeout：从建立连接时开始应用，并在返回响应时间过长时触发。

3. OpenFeign 调用服务

在单元 2 中，我们创建了一个服务提供者和一个服务消费者，将它们整合到 Nacos 注册中心，并使用 RestTemplate 实现服务调用。但是在实际开发中，很少使用这种方式实现服务接口的远程调用，因为要为 RestTemplate 配置多项参数，操作较麻烦。使用 OpenFeign 服务调用方法更简单，其过程如图 3-1 所示。

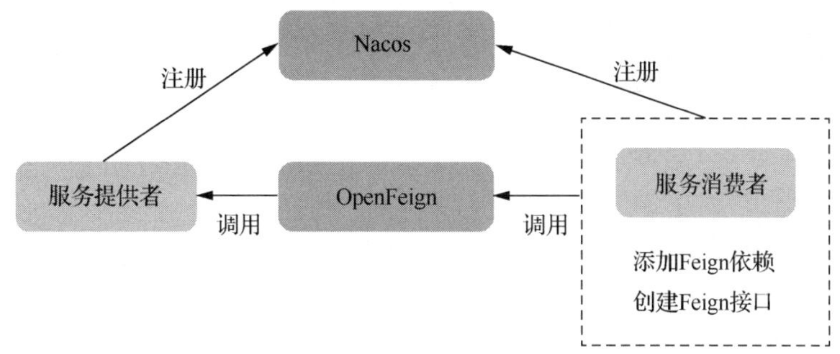

图 3-1　OpenFeign 服务调用过程

将服务提供者和服务消费者整合到 Nacos 注册中心之后，给服务消费者添加 Feign 依赖，并创建 Feign 接口，服务消费者使用 Feign 接口来调用服务提供者。下面以一个简单的案例说明如何使用 OpenFeign 实现服务调用。

【**案例 3-1**】分别创建一个简单的微服务模拟服务提供者和服务消费者，并将其整合到 Nacos 注册中心，然后通过 OpenFeign 实现服务调用。其基本步骤如下。

（1）父工程

创建父工程 unit3Demo1-OpenFeign 统一管理 Spring Boot、Spring Cloud 和 Spring Cloud Alibaba。父工程统一管理子模块依赖的版本号，pom.xml 文件代码如下所示。

```
<?xml version="1.0" encoding="UTF-8"?>

<project xmlns="http://maven.apache.org/POM/4.0.0"
        xmlns:xsi="http://www.w3.org/2001/XMLSchema-instance"
  xsi:schemaLocation="http://maven.apache.org/POM/4.0.0
  http://maven.apache.org/xsd/maven-4.0.0.xsd">
  <modelVersion>4.0.0</modelVersion>

  <groupId>cn.js.ccit</groupId>
  <artifactId>unit3Demo1-OpenFeign</artifactId>
  <version>1.0-SNAPSHOT</version>
  <modules>
    <module>service-provider</module>
    <module>service-consumer</module>
  </modules>

  <packaging>pom</packaging>

  <!-- 统一管理 JAR 包版本 -->
  <properties>
    <project.build.sourceEncoding>UTF-8
    </project.build.sourceEncoding>
    <maven.compiler.source>1.8</maven.compiler.source>
    <maven.compiler.target>1.8</maven.compiler.target>
  </properties>
```

```
  <dependencyManagement>
    <dependencies>
      <!--Spring Boot 2.6.3-->
      <dependency>
        <groupId>org.springframework.boot</groupId>
        <artifactId>spring-boot-dependencies</artifactId>
        <version>2.6.3</version>
        <type>pom</type>
        <scope>import</scope>
      </dependency>
      <!--Spring Cloud 2021.0.1-->
      <dependency>
        <groupId>org.springframework.cloud</groupId>
        <artifactId>spring-cloud-dependencies</artifactId>
        <version>2021.0.1</version>
        <type>pom</type>
        <scope>import</scope>
      </dependency>
      <!--Spring Cloud Alibaba 2021.0.1.0-->
      <dependency>
        <groupId>com.alibaba.cloud</groupId>
        <artifactId>spring-cloud-alibaba-dependencies</artifactId>
        <version>2021.0.1.0</version>
        <type>pom</type>
        <scope>import</scope>
      </dependency>
    </dependencies>
  </dependencyManagement>
</project>
```

（2）service-provider 微服务——服务提供者

① 在父工程中创建 service-provider 微服务来模拟服务提供者。修改 service-provider 微服务中的 pom.xml 文件，代码如下所示。

```
<?xml version="1.0" encoding="UTF-8"?>
<project xmlns="http://maven.apache.org/POM/4.0.0"
         xmlns:xsi="http://www.w3.org/2001/XMLSchema-instance"
         xsi:schemaLocation="http://maven.apache.org/POM/4.0.0
          http://maven.apache.org/xsd/maven-4.0.0.xsd">
    <parent>
        <artifactId>unit3Demo1-OpenFeign</artifactId>
        <groupId>cn.js.ccit</groupId>
        <version>1.0-SNAPSHOT</version>
    </parent>
    <modelVersion>4.0.0</modelVersion>

    <artifactId>service-provider</artifactId>
<dependencies>
    <!--nacos-discovery-->
    <dependency>
        <groupId>com.alibaba.cloud</groupId>
        <artifactId>spring-cloud-starter-alibaba-nacos-discovery</artifactId>
    </dependency>
```

```
    <dependency>
        <groupId>org.springframework.boot</groupId>
        <artifactId>spring-boot-starter-web</artifactId>
    </dependency>
</dependencies>
</project>
```

② 在 resources 目录下创建 application.yaml 文件，配置服务端口号为 9001、微服务名为“service-provider”、Nacos 注册中心地址为“localhost:8848”，代码如下所示。

```
server:
  port: 9001
spring:
  application:
    name: service-provider
  cloud:
    nacos:
      discovery:
        server-addr: localhost:8848
```

③ 创建项目启动类 ServiceProviderApplication，在该启动类上追加@EnableDiscoveryClient 注解，开启服务注册与发现功能，代码如下所示。

```
package cn.js.ccit;

import org.springframework.boot.SpringApplication;
import org.springframework.boot.autoconfigure.SpringBootApplication;
import org.springframework.cloud.client.discovery.EnableDiscoveryClient;
// 开启服务注册与发现功能
@EnableDiscoveryClient
@SpringBootApplication
public class ServiceProviderApplication {
    public static void main(String[] args) {
        SpringApplication.run(ServiceProviderApplication.class,args);
    }
}
```

④ 创建 ProviderController 类，在该类上追加@RestController 注解，在该类中定义一个 hello()方法，返回“hello nacos,serverPort:”以及当前微服务的端口号。

```
package cn.js.ccit.controller;

import org.springframework.beans.factory.annotation.Value;
import org.springframework.web.bind.annotation.GetMapping;
import org.springframework.web.bind.annotation.RestController;

@RestController
public class ProviderController {
    @Value("${server.port}")
    private String serverPort;

    @GetMapping(value = "/provider/hello")
    public String hello()
    {
        return "hello nacos, serverPort: "+ serverPort;
    }
}
```

（3）service-consumer 微服务——服务消费者

在父工程中创建 service-consumer 微服务来模拟服务消费者。

① 修改 pom.xml 文件，在 <dependencies> </dependencies> 标签中添加 OpenFeign 依赖 spring-cloud-starter-openfeign，代码如下所示。

```
<?xml version="1.0" encoding="UTF-8"?>
<project xmlns="http://maven.apache.org/POM/4.0.0"
        xmlns:xsi="http://www.w3.org/2001/XMLSchema-instance"
        xsi:schemaLocation="http://maven.apache.org/POM/4.0.0
http://maven.apache.org/xsd/maven-4.0.0.xsd">
    <parent>
        <artifactId>unit3Demo1-OpenFeign</artifactId>
        <groupId>cn.js.ccit</groupId>
        <version>1.0-SNAPSHOT</version>
    </parent>
    <modelVersion>4.0.0</modelVersion>

    <artifactId>service-consumer</artifactId>
    <dependencies>
        <!--nacos-discovery-->
        <dependency>
            <groupId>com.alibaba.cloud</groupId>
            <artifactId>
            spring-cloud-starter-alibaba-nacos-discovery
          </artifactId>
        </dependency>

        <dependency>
            <groupId>org.springframework.boot</groupId>
            <artifactId>spring-boot-starter-web</artifactId>
        </dependency>
        <!-- 负载均衡依赖-->
        <dependency>
            <groupId>org.springframework.cloud</groupId>
            <artifactId>spring-cloud-loadbalancer</artifactId>
        </dependency>
        <!--OpenFeign 依赖-->
        <dependency>
            <groupId>org.springframework.cloud</groupId>
            <artifactId>spring-cloud-starter-openfeign</artifactId>
        </dependency>
    </dependencies>
</project>
```

② 在 resources 目录下创建 application.yaml 文件，配置服务端口号为 8080、微服务名为“service-consumer”、Nacos 注册中心地址为“localhost:8848”，代码如下所示。

```
server:
  port: 8080
spring:
  application:
    name: service-consumer
  cloud:
    nacos:
```

```
      discovery:
        server-addr: localhost:8848
```

③ 创建项目启动类 ServiceConsumerApplication，在该启动类上追加@EnableDiscoveryClient 注解和@EnableFeignClients 注解，代码如下所示。

```
package cn.js.ccit;

import org.springframework.boot.SpringApplication;
import org.springframework.boot.autoconfigure.SpringBootApplication;
import org.springframework.cloud.client.discovery.EnableDiscoveryClient;
import org.springframework.cloud.openfeign.EnableFeignClients;


@EnableDiscoveryClient
@SpringBootApplication
// 添加 OpenFeign 注解
@EnableFeignClients
public class ServiceConsumerApplication {
    public static void main(String[] args) {
        SpringApplication.run(ServiceConsumerApplication.class,args);
    }
}
```

④ 创建 Feign 接口 HIService，使用@FeignClient 注解声明要调用的服务"service-provider"，使用@GetMapping 注解声明要调用的接口"/provider/hello"，代码如下所示。

```
package cn.js.ccit;

import org.springframework.cloud.openfeign.FeignClient;
import org.springframework.web.bind.annotation.GetMapping;
import org.springframework.web.bind.annotation.RequestParam;

@FeignClient(name="service-provider")
public interface HIService {
    @GetMapping("/provider/hello")
    public String hello();
}
```

⑤ 创建 ConsumerController 类，在该类上追加@RestController 注解，在该类中注入 HIService 接口，然后调用该接口，代码如下所示。

```
package cn.js.ccit.controller;

import cn.js.ccit.HIService;
import org.springframework.beans.factory.annotation.Autowired;
import org.springframework.beans.factory.annotation.Value;
import org.springframework.web.bind.annotation.GetMapping;
import org.springframework.web.bind.annotation.RestController;

@RestController
public class ConsumerController {

    @Autowired
    HIService hiService;
```

```
    @Value("${service-url.nacos-user-service}")
    private String serverURL;

    @GetMapping("/consumer/hello")
    public String hello(){
        return hiService.hello();
    }
}
```

在 IDEA 工具中启动两个微服务：service-provider 和 service-consumer。启动 Nacos，访问 http://localhost:8848/nacos，查看“服务管理”下的“服务列表”，可发现 service-provider 和 service-consumer 微服务实例，如图 3-2 所示。

图 3-2　Nacos 的“服务列表”

访问 http://localhost:8080/consumer/hello，页面如图 3-3 所示，其中显示了“hello nacos, serverPort: 9001”，说明通过 OpenFeign，service-consumer 微服务成功调用了 service-provider 微服务。

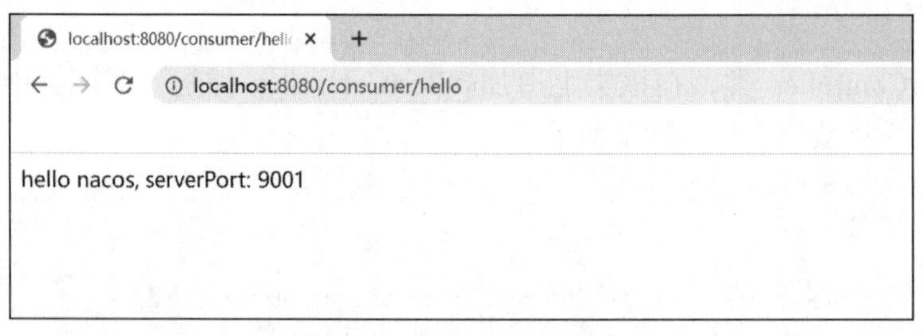

图 3-3　访问结果页面

4. OpenFeign 日志管理

在使用 OpenFeign 调用服务时，可能会出现一些预期之外的问题，当出现问题时，我们该如何定位问题呢？在本地开发环境中，把 OpenFeign 远程调用接口的日志详情输出，更容易找到问题。

OpenFeign 日志有 4 种级别，具体如表 3-1 所示。

表 3-1 OpenFeign 日志级别

级别	说明
NONE	默认，无记录
BASIC	只记录请求方法、URL、响应状态码、执行时间等基本日志信息
HEADERS	在 BASIC 的基础上，记录请求和响应的头文件
FULL	记录最全的日志信息，包括正文和元数据

接下来通过一个案例说明如何配置 OpenFeign 日志。

【案例 3-2】使用代码的方法配置 OpenFeign 局部日志，基本步骤如下。

（1）父工程和微服务

① 仿照案例 3-1 新建父工程 unit3Demo2-OpenFeign-Log，将案例 3-1 的源代码复制过来，修改父工程 pom.xml 文件中的 artifactId 为"unit3Demo2-OpenFeign-Log"，修改微服务 service-provider 和 service-consumer 中的 pom.xml 文件中 parent 的 artifactId 为"unit3Demo2-OpenFeign-Log"，代码如下所示。

```
<!--父工程的 pom.xml 文件-->
<groupId>cn.js.ccit</groupId>
<artifactId>unit3Demo2-OpenFeign-Log</artifactId>
<version>1.0-SNAPSHOT</version>
<!—微服务 service-provider 的 pom.xml 文件-->
<parent>
    <artifactId> unit3Demo2-OpenFeign-Log</artifactId>
    <groupId>cn.js.ccit</groupId>
    <version>1.0-SNAPSHOT</version>
</parent>
<!—微服务 service-consumer 的 pom.xml 文件-->
<parent>
    <artifactId> unit3Demo2-OpenFeign-Log</artifactId>
    <groupId>cn.js.ccit</groupId>
    <version>1.0-SNAPSHOT</version>
</parent>
```

② 定位到 service-consumer 微服务的 application.yaml 文件，对 Feign 接口开启 FULL 级别的日志，新增配置项 logging.level，声明接口的包名，代码如下所示。

```
server:
  port: 8080
spring:
  application:
    name: service-consumer
  cloud:
    nacos:
      discovery:
        server-addr: localhost:8848
logging:
  level:
    cn.js.ccit : debug
```

③ 在包下创建日志配置类 OpenFeignLoggerConfig，新增 OpenFeign 日志级别的配置，代码如下所示。

```
package cn.js.ccit;

import feign.Logger;
import org.springframework.context.annotation.Bean;

public class OpenFeignLoggerConfig {
    @Bean
    public Logger.Level level(){
        //FULL 日志级别
        return Logger.Level.FULL;
    }
}
```

④ 在 HIService 接口的@FeignClient 注解中追加 configuraton 属性，其值为 OpenFeign LoggerConfig.class，代码如下所示。

```
package cn.js.ccit;

import org.springframework.cloud.openfeign.FeignClient;
import org.springframework.web.bind.annotation.GetMapping;
import org.springframework.web.bind.annotation.RequestParam;

@FeignClient(name="service-provider",configuration = OpenFeignLoggerConfig.
class)
public interface HIService {
    @GetMapping("/provider/hello")
    public String hello();
}
```

⑤ 访问地址 http://localhost:8080/consumer/hello，页面显示“hello nacos, serverPort: 9001”，说明访问成功。返回 IDEA 控制台，可以看到 Feign 接口名、请求的服务地址、调用的方法名等内容，如图 3-4 所示。

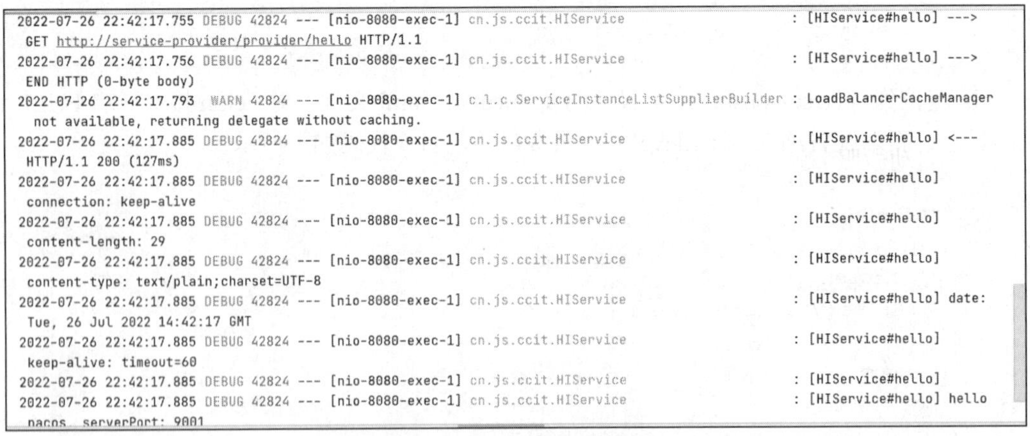

```
2022-07-26 22:42:17.755 DEBUG 42824 --- [nio-8080-exec-1] cn.js.ccit.HIService                     : [HIService#hello] --->
 GET http://service-provider/provider/hello HTTP/1.1
2022-07-26 22:42:17.756 DEBUG 42824 --- [nio-8080-exec-1] cn.js.ccit.HIService                     : [HIService#hello] --->
 END HTTP (0-byte body)
2022-07-26 22:42:17.793  WARN 42824 --- [nio-8080-exec-1] c.l.c.ServiceInstanceListSupplierBuilder : LoadBalancerCacheManager
 not available, returning delegate without caching.
2022-07-26 22:42:17.885 DEBUG 42824 --- [nio-8080-exec-1] cn.js.ccit.HIService                     : [HIService#hello] <---
 HTTP/1.1 200 (127ms)
2022-07-26 22:42:17.885 DEBUG 42824 --- [nio-8080-exec-1] cn.js.ccit.HIService                     : [HIService#hello]
 connection: keep-alive
2022-07-26 22:42:17.885 DEBUG 42824 --- [nio-8080-exec-1] cn.js.ccit.HIService                     : [HIService#hello]
 content-length: 29
2022-07-26 22:42:17.885 DEBUG 42824 --- [nio-8080-exec-1] cn.js.ccit.HIService                     : [HIService#hello]
 content-type: text/plain;charset=UTF-8
2022-07-26 22:42:17.885 DEBUG 42824 --- [nio-8080-exec-1] cn.js.ccit.HIService                     : [HIService#hello] date:
 Tue, 26 Jul 2022 14:42:17 GMT
2022-07-26 22:42:17.885 DEBUG 42824 --- [nio-8080-exec-1] cn.js.ccit.HIService                     : [HIService#hello]
 keep-alive: timeout=60
2022-07-26 22:42:17.885 DEBUG 42824 --- [nio-8080-exec-1] cn.js.ccit.HIService                     : [HIService#hello]
2022-07-26 22:42:17.885 DEBUG 42824 --- [nio-8080-exec-1] cn.js.ccit.HIService                     : [HIService#hello] hello
 nacos, serverPort: 9001
```

图 3-4　IDEA 控制台输出结果

【课堂实践】编写一个简单的微服务，为其添加日志配置。

5. OpenFeign 超时控制

OpenFeign 默认等待返回接口的数据时间是 1s，超过 1s 就会报错。这种情况下大部分接口没有问题，但是不能排除部分接口耗时较长，在执行过程中用时超过 1s。若直接返回报错信息并不是最合理的选择。OpenFeign 提供了超时设置，下面通过一个示例说明 OpenFeign 如何实现超时控制。

【案例 3-3】 增加 OpenFeign 超时配置，实现超时控制，步骤如下。

父工程和微服务

① 仿照案例 3-2 新建父工程 unit3Demo3-OpenFeign-TimeOut，将案例 3-1 的源代码复制过来，修改父工程 pom.xml 文件中的 artifactId 为 "unit3Demo3-OpenFeign-TimeOut"，修改微服务 service-provider 和 service-consumer 中的 pom.xml 文件中 parent 的 artifactId 为 "unit3Demo3-OpenFeign-TimeOut"。

② 修改服务提供者的控制模块，增加休眠时间 1min。代码如下所示。

```
package cn.js.ccit.controller;

import org.springframework.beans.factory.annotation.Value;
import org.springframework.web.bind.annotation.GetMapping;
import org.springframework.web.bind.annotation.RestController;

@RestController
public class ProviderController {
    @Value("${server.port}")
    private String serverPort;

    @GetMapping(value = "/provider/hello")
    public String hello()
    {
        try {
            Thread.sleep(60000);
        } catch (InterruptedException e) {
            e.printStackTrace();
        }
        return "hello nacos, serverPort: "+ serverPort;
    }
}
```

③ 启动微服务，在浏览器中访问地址 http://localhost:8080/consumer/hello，页面中显示服务超时的信息，如图 3-5 所示。

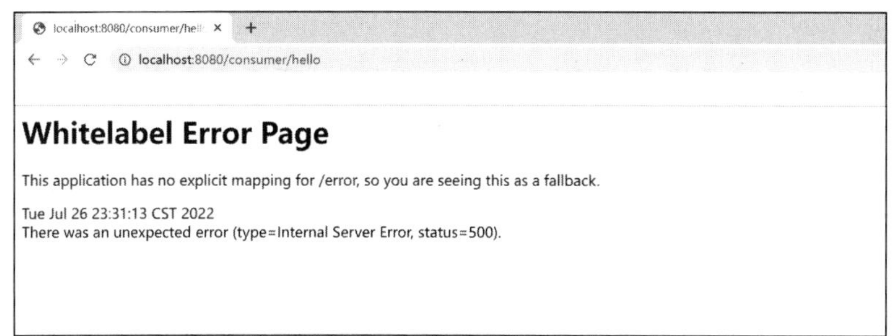

图 3-5　超时访问结果页面

④ 定位到 service-consumer 微服务的配置文件 application.yaml 中，在其中增加超时配置，新增配置项 feign.client.config.default.connectTimeout 和 feign.client.config.default.readTimeout，代码如下所示。

```
server:
  port: 8080
spring:
  application:
    name: service-consumer
  cloud:
    nacos:
      discovery:
        server-addr: localhost:8848
logging:
  level:
    cn.js.ccit : debug
feign:
  client:
    config:
        default:
        # 连接超时时间，默认 2s，单位为毫秒（ms）
          connectTimeout: 90000
        # 请求处理超时时间，默认 5s，单位为 ms
          readTimeout: 90000
```

⑤ 重启微服务并访问 http://localhost:8080/consumer/hello，页面如图 3-6 所示，其中的内容说明通过 OpenFeign 的超时配置，可以返回接口的真实结果，虽然速度比较慢，但是没有出现报错信息。

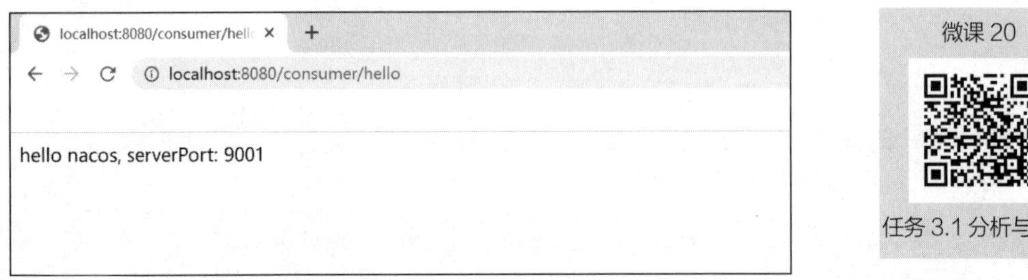

微课 20

任务 3.1 分析与实现

图 3-6　访问结果页面

【课堂实践】编写一个简单的微服务，为其添加超时配置。

任务实现

在 SweetFlower 商城项目中，用户可以使用获得的金币兑换礼品。为了实现该功能，用户兑换礼品后，订单微服务需基于 OpenFeign 调用金币微服务扣除金币，具体步骤如下。

1. 金币微服务

① 创建 flowersmall-goldCoin 金币微服务，在 cn.js.ccit.flowersmall.goldCoin.mapper 包中创建 GLDUserMapper 接口，并在该接口中编写更新用户金币数量的方法，然后在 resources\mapper\goldCoin 目录下创建一个与接口同名的映射文件，代码如下所示。

```
package cn.js.ccit.flowersmall.goldCoin.mapper;

import cn.js.ccit.flowersmall.goldCoin.entity.GLDDetailEntity;
import cn.js.ccit.flowersmall.goldCoin.entity.GLDUserEntity;
import org.apache.ibatis.annotations.Param;

public interface GLDUserMapper {
    int updateGoldCoin(GLDDetailEntity GLDDetail);
}

------------------------GLDUserMapper.xml 文件-----------------------
<?xml version="1.0" encoding="UTF-8" ?>
<!DOCTYPE mapper PUBLIC "-//mybatis.org//DTD Mapper 3.0//EN"
"http://mybatis.org/dtd/mybatis-3-mapper.dtd" >

<mapper namespace="cn.js.ccit.flowersmall.goldCoin.mapper.GLDUserMapper">
    <update id="updateGoldCoin"
parameterType="cn.js.ccit.flowersmall.goldCoin.entity.GLDDetailEntity">
        update goldCoin_user
        <if test="goldCoin gte 0">set goldCoin=goldCoin+#{goldCoin}</if>
        <if test="goldCoin lt 0">set goldCoin=goldCoin#{goldCoin}</if>
         where userName=#{userName}
    </update>
</mapper>
```

② 在 flowersmall-goldCoin 金币微服务的 cn.js.ccit.flowersmall.goldCoin.mapper 包中创建 GLDDetailMapper 接口，并在该接口中编写追加金币扣除明细的方法，然后在 resources\mapper\goldCoin 目录下创建一个与接口同名的映射文件，代码如下所示。

```
package cn.js.ccit.flowersmall.goldCoin.mapper;


import cn.js.ccit.flowersmall.goldCoin.entity.GLDDetailEntity;

import java.util.List;

public interface GLDDetailMapper {

    public int addGoldCoin(GLDDetailEntity GLDDetail);
}

------------------------ GLDDetailMapper.xml 文件--------------------

<?xml version="1.0" encoding="UTF-8" ?>
<!DOCTYPE mapper PUBLIC "-//mybatis.org//DTD Mapper 3.0//EN"
"http://mybatis.org/dtd/mybatis-3-mapper.dtd" >

<mapper
 namespace="cn.js.ccit.flowersmall.goldCoin.mapper.GLDDetailMapper">

    <insert id="addGoldCoin" useGeneratedKeys="true" keyProperty = "id"
parameterType="cn.js.ccit.flowersmall.goldCoin.entity.GLDDetailEntity">
        insert into goldCoin_detail (userId, userName, goldCoin, orderNo,
```

```
createTime) values
            (#{userId}, #{userName}, #{goldCoin}, #{orderNo}, #{createTime,
jdbcType=TIMESTAMP})
        </insert>
    </mapper>
```

③ 在 flowersmall-goldCoin 金币微服务的 cn.js.ccit.flowersmall.goldCoin.service.impl 包下创建 GiftGoldCoinService 类,实现 GiftGoldCoinService 接口,并实现接口中的 updateGoldCoin()方法。该方法首先创建金币详细对象，然后扣除用户金币，最后追加用户金币扣除明细。代码如下所示。

```
    package cn.js.ccit.flowersmall.goldCoin.service.impl;

    import cn.js.ccit.flowersmall.goldCoin.entity.GLDDetailEntity;
    import cn.js.ccit.flowersmall.goldCoin.mapper.GLDDetailMapper;
    import cn.js.ccit.flowersmall.goldCoin.mapper.GLDUserMapper;
    import org.springframework.stereotype.Service;

    import javax.annotation.Resource;
    import java.sql.Date;

    /**
     * 礼品兑换后被调用的微服务
     */
    @Service
    public class GiftGoldCoinService {
        @Resource
        GLDDetailMapper detailMapper;
        @Resource
        GLDUserMapper userMapper;

        public void updateGoldCoin(String userName, Integer goldCoin, String
orderNo) {
            GLDDetailEntity entity = new GLDDetailEntity();
            entity.setUserName(userName);
            entity.setGoldCoin(goldCoin);
            entity.setOrderNo(orderNo);

            //扣除用户金币
            userMapper.updateGoldCoin(entity);
           // }
            entity.setCreateTime(new Date(System.currentTimeMillis()));
            //添加用户金币扣除明细
            detailMapper.addGoldCoin(entity);
        }
    }
```

④ 在 flowersmall-goldCoin 金币微服务的 cn.js.ccit.flowersmall.goldCoin.controller 包下创建 GoldCoinController 类。在该类中，首先声明 giftService 属性，并通过@Autowired 注解将该属性注入本类中，然后定义 updateGoldCoin()方法来更新用户金币数量。代码如下所示。

```
    @Slf4j
    @RestController
```

```
public class GoldCoinController {

    @Autowired
    GiftGoldCoinService giftService;

    @PostMapping("/updateGoldCoin")
    public void updateGoldCoin(String userName, Integer goldCoin, String
    orderNo){
        giftService.updateGoldCoin(userName,goldCoin,orderNo);
    }

}
```

2. 订单微服务

① 创建 flowersmall-order 订单微服务，修改订单微服务的 pom.xml 文件，追加 OpenFeign 依赖 spring-cloud-starter-openfeign，其代码如下所示。

```
<?xml version="1.0" encoding="UTF-8"?>
<project xmlns="http://maven.apache.org/POM/4.0.0"
        xmlns:xsi="http://www.w3.org/2001/XMLSchema-instance"
        xsi:schemaLocation="http://maven.apache.org/POM/4.0.0
        http://maven.apache.org/xsd/maven-4.0.0.xsd">
    <parent>
        <artifactId>flowersmall</artifactId>
        <groupId>cn.js.ccit</groupId>
        <version>1.0-SNAPSHOT</version>
    </parent>
    <modelVersion>4.0.0</modelVersion>

    <artifactId>flowersmall-order</artifactId>

    <dependencies>
        <!-- openfeign-->
     <dependency>
         <groupId>org.springframework.cloud</groupId>
         <artifactId>spring-cloud-starter-openfeign</artifactId>
     </dependency>
        <dependency>
            <groupId>org.springframework.cloud</groupId>
            <artifactId>spring-cloud-loadbalancer</artifactId>
        </dependency>
</project>
```

② 创建启动类 FlowersmallorderApplication 并在该启动类上追加@EnableFeignClients 注解，代码如下所示。

```
@EnableFeignClients
@EnableDiscoveryClient
@SpringBootApplication
public class FlowersmallOrderApplication {
    public static void main(String[] args) {
        SpringApplication.run(FlowersmallOrderApplication.class,args);
    }
}
```

③ 在 cn.js.ccit.flowersmall.order.service 包下创建 GiftGoldCoinService 接口，为其追加@FeignClient 注解，并定义更新用户金币数量的 updateGoldCoin()方法，代码如下所示。

```
package cn.js.ccit.flowersmall.order.service;

import org.springframework.cloud.openfeign.FeignClient;
import org.springframework.web.bind.annotation.PostMapping;
import org.springframework.web.bind.annotation.RequestParam;

@FeignClient(name="goldCoin")
public interface GiftGoldCoinService {
    @PostMapping("/updateGoldCoin")
    public void updateGoldCoin(@RequestParam("userName")String userName,
                               @RequestParam("goldCoin")Integer goldCoin,
                               @RequestParam("orderNo")String orderNo);
}
```

④ 在 flowersmall-order 订单微服务的 cn.js.ccit.flowersmall.order.controller 包下创建 OrderController 类。该类中首先声明 giftGoldCoinService 属性，并通过@Autowired 注解将该属性注入本类中，然后定义 giftOrder ()方法来创建订单并更新用户金币数量。代码如下所示。

```
package cn.js.ccit.flowersmall.order.controller;

import cn.js.ccit.common.dubbo.GoldCoinService;
import cn.js.ccit.flowersmall.order.entity.GiftOrderEntity;
import cn.js.ccit.flowersmall.order.entity.OrderEntity;
import cn.js.ccit.flowersmall.order.service.GiftGoldCoinService;
import cn.js.ccit.flowersmall.order.service.OrderService;
import io.seata.spring.annotation.GlobalTransactional;
import org.apache.dubbo.config.annotation.DubboReference;
import org.springframework.beans.factory.annotation.Autowired;
import org.springframework.security.core.context.SecurityContextHolder;
import org.springframework.security.core.userdetails.UserDetails;
import org.springframework.web.bind.annotation.GetMapping;
import org.springframework.web.bind.annotation.PostMapping;
import org.springframework.web.bind.annotation.RequestBody;
import org.springframework.web.bind.annotation.RestController;

import javax.servlet.http.HttpServletRequest;
import java.sql.Date;
import java.util.List;

@RestController
public class OrderController {
    @Autowired
    GiftGoldCoinService giftGoldCoinService;


    @PostMapping("/gift/order")
    public String giftOrder(HttpServletRequest request, @RequestBody
    GiftOrderEntity order) {
        String username = "";
        Object principal = SecurityContextHolder.getContext().
                            getAuthentication().getPrincipal();
```

```
            if (principal instanceof UserDetails) {
                username = ((UserDetails) principal).getUsername();
            } else {
                username = principal.toString();
            }
            order.setUserName(username);
            //order.setOrderNo(Long.toString(System.currentTimeMillis()));
            order.setCreateTime(new Date(System.currentTimeMillis()));
            System.out.println(order);
            orderService.addGiftOrder(order);

            // 调用更新用户金币的方法
            giftGoldCoinService.updateGoldCoin(username,-order.getGoldCoin(),
             order.getOrderNo());
            return "ok";
        }
    }
```

首先启动 Nacos，然后在 IDEA 中启动所有微服务，最后启动 SweetFlower 商城项目前端。打开浏览器访问 SweetFlower 商城首页（本项目为前后端分离实现，网页搭建部分此处不赘述），使用“zhangsan”账户登录 SweetFlower 商城，选择“用户中心”→“我的金币”，页面如图 3-7 所示，当前账户“zhangsan”现有金币数量为 206。

图 3-7　SweetFlower 商城中“我的金币”

单击“花艺剪刀”→“立即购买”→“购买”，使用 20 金币兑换礼品，如图 3-8 所示。

兑换后，用户金币数量变为 186，说明兑换成功，如图 3-9 所示。

至此账户“zhangsan”使用金币兑换礼品成功，说明项目中订单微服务基于 OpenFeign 调用金币微服务扣除金币成功。

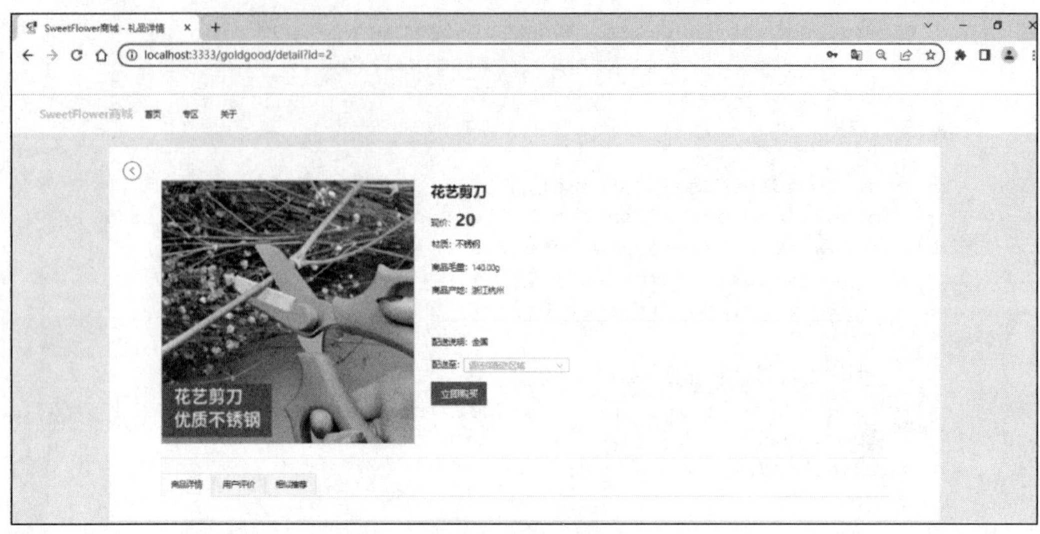

图 3-8　使用金币兑换“花艺剪刀”礼品

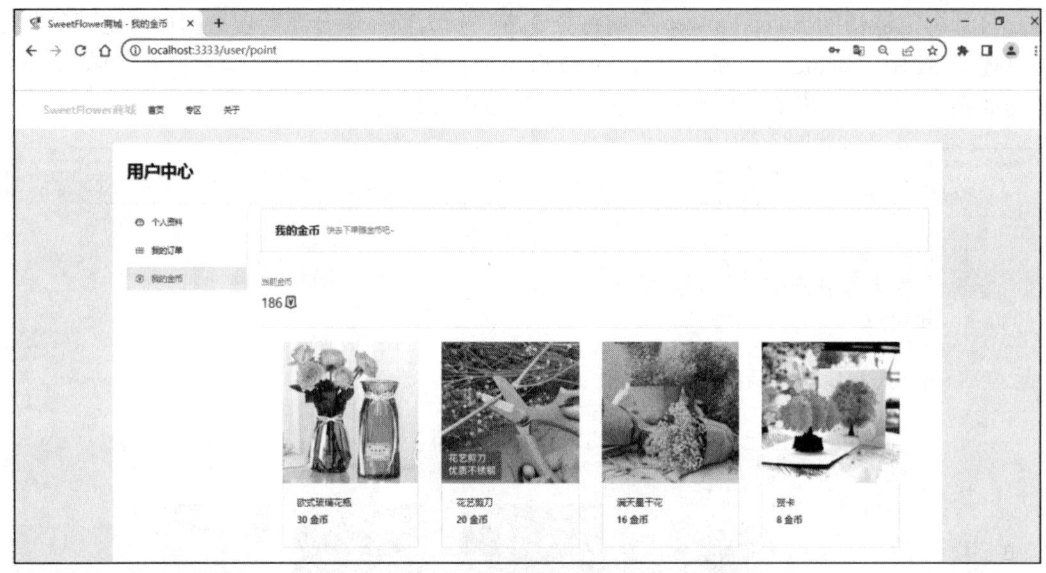

图 3-9　兑换后金币数量减少

任务 3.2　基于 Apache Dubbo 的金币微服务接口调用

任务描述

SweetFlower 商城为了回馈顾客，顾客购买鲜花后会得到相应数量的金币，金币可用来兑换礼品。比如顾客购买 500 元的鲜花，则可以获得 50 金币，用以兑换礼品。

顾客下单后，后端系统首先调用订单微服务创建订单，然后订单微服务调用金币微服务更新顾客的金币数量。任务 3.1 基于 OpenFeign 实现兑换礼品的过程中，订单微服务对金币微服务进行了调用，本任务利用另一种强大工具——Apache Dubbo（以下简称 Dubbo）来实现服务接口的调用。

技术分析

实现服务间通信的方式有很多，比如之前使用的 RestTemplate+Ribbon、OpenFeign 都是不错的选择，那么为什么又要学习 Dubbo 方式的通信呢？因为 RestTemplate+Ribbon、OpenFeign 都是 HTTP 形式调用，而 Dubbo 是 RPC（TCP/IP）形式调用，其传输形式为二进制，传输性能更强。选用 Dubbo 实现 SweetFlower 商城项目的服务接口调用，可明显提升项目运行效率。

微课 21

Dubbo 简介

支撑知识

1. Dubbo 简介

Dubbo 在国内拥有庞大的用户群体，Spring Cloud Alibaba 规范了 Nacos 注册中心，提供了 Dubbo 和 Spring Cloud 整合的高性能 RPC 解决方案。

在微服务架构中，通常服务实例数量巨大，同时服务间的调用也极其频繁，所以网络通信的消耗是影响项目性能的关键因素。TCP 位于网络协议的第 4 层——传输层，而 HTTP 位于网络协议的顶层——应用层，基于 HTTP 传输的是文本，采用短连接形式，而基于 TCP 传输的是二进制的数据，采用长连接形式。

Dubbo 的主要特性如下。

（1）支持多种注册中心，可实现服务的自动注册与发现。

（2）提供面向接口的高性能 RPC 调用，使用 TCP 轻量级协议。

（3）易扩展，遵循“微内核+插件”的设计原则，其核心 Protocol（远程调用层）、Transport（网络传输层）、Serialization（序列化层）均为扩展点。

（4）内置多种负载均衡策略，可实现智能负载均衡。

（5）包含多种服务治理、服务运维工具，可实现便捷的服务治理与运维。

2. Dubbo 整合 Nacos 服务发现

Dubbo 的开发流程如图 3-10 所示。Dubbo API 为定义的服务接口，服务提供者和服务消费者均使用此接口作为通信的标准。服务消费者从 Nacos 获取服务提供者的地址后，在内部发起 RPC 请求。

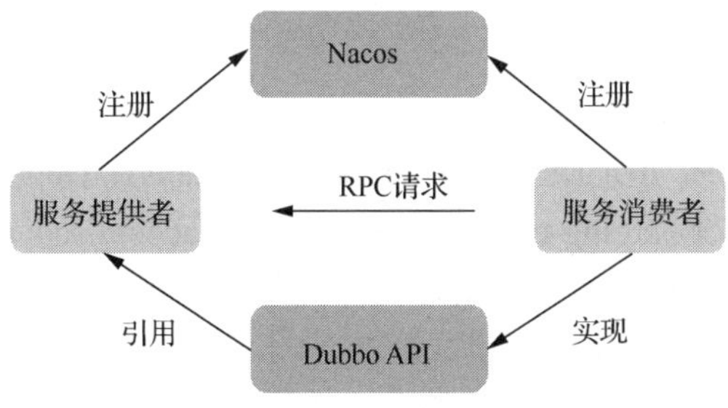

图 3-10　Dubbo 的开发流程

下面通过一个案例来说明如何使用 Dubbo 整合 Nacos 服务发现，其基本流程如图 3-11 所示。

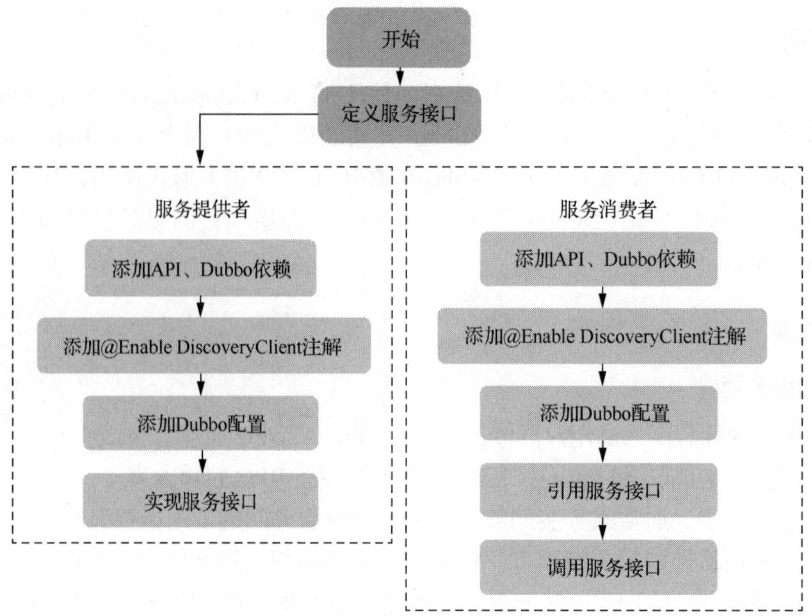

图 3-11　Dubbo 整合 Nacos 服务发现的基本流程

【案例 3-4】基于 Dubbo 整合 Nacos 服务发现，实现微服务间的调用。

（1）定义 Dubbo 服务接口

① 创建父工程 unit3Demo4-Dubbo 统一管理 Spring Boot、Spring Cloud 和 Spring Cloud Alibaba。创建 service-dubbo 模块用于定义 Dubbo 服务接口，创建 service-provider 微服务来模拟服务提供者，创建 service-consumer 微服务来模拟服务消费者。Dubbo 工程架构如图 3-12 所示。

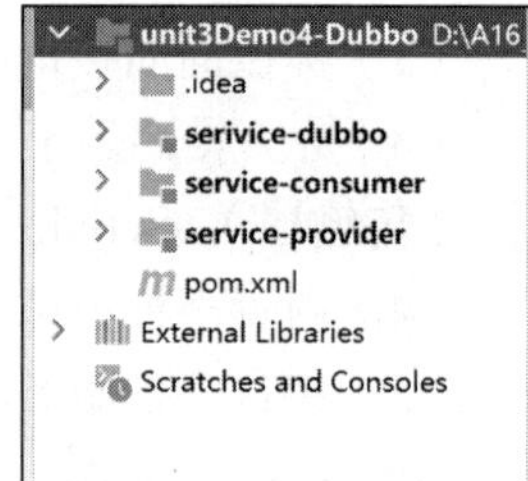

图 3-12　Dubbo 工程架构

② 在 service-dubbo 模块中定义服务接口 HelloService，在该接口中定义一个简单的 hello()方法，代码如下所示。

```
package cn.js.ccit.dubboapi;

public interface HelloService {
    String hello(String name);
}
```

（2）service-provider 微服务

① 修改 pom.xml 文件，追加服务接口依赖 serivice-dubbo、Dubbo 依赖 spring-cloud-starter-dubbo、Nacos 服务发现依赖 spring-cloud-starter-alibaba-nacos-discovery、Dubbo-Nacos 注册依赖 dubbo-registry-nacos，修改后的 pom.xml 文件代码如下所示。

```
<?xml version="1.0" encoding="UTF-8"?>
<project xmlns="http://maven.apache.org/POM/4.0.0"
         xmlns:xsi="http://www.w3.org/2001/XMLSchema-instance"
         xsi:schemaLocation="http://maven.apache.org/POM/4.0.0
          http://maven.apache.org/xsd/maven-4.0.0.xsd">
    <parent>
        <artifactId>unit3Demo4-Dubbo</artifactId>
        <groupId>cn.js.ccit</groupId>
```

```
        <version>1.0-SNAPSHOT</version>
    </parent>
    <modelVersion>4.0.0</modelVersion>

    <artifactId>service-provider</artifactId>
<dependencies>
    <!--nacos-discovery-->
    <dependency>
        <groupId>com.alibaba.cloud</groupId>
        <artifactId>spring-cloud-starter-alibaba-nacos-discovery</artifactId>
    </dependency>

    <!--serivice-dubbo-->
    <dependency>
        <groupId>cn.js.ccit</groupId>
        <artifactId>serivice-dubbo</artifactId>
        <version>1.0-SNAPSHOT</version>
    </dependency>
    <!--dubbo-->
    <dependency>
        <groupId>com.alibaba.cloud</groupId>
        <artifactId>spring-cloud-starter-dubbo</artifactId>
    </dependency>
    <!--dubbo-registry-nacos-->
    <dependency>
        <groupId>org.apache.dubbo</groupId>
        <artifactId>dubbo-registry-nacos</artifactId>
        <version>2.7.15</version>
    </dependency>

    <dependency>
        <groupId>org.springframework.boot</groupId>
        <artifactId>spring-boot-starter-web</artifactId>
    </dependency>
</dependencies>

</project>
```

② 创建项目启动类 ServiceProviderApplication，在该启动类上追加@EnableDiscoveryClient 注解，代码如下所示。

```
package cn.js.ccit;

import org.springframework.boot.SpringApplication;
import org.springframework.boot.autoconfigure.SpringBootApplication;
import org.springframework.cloud.client.discovery.EnableDiscoveryClient;
// 开启服务注册与发现功能
@EnableDiscoveryClient
@SpringBootApplication
public class ServiceProviderApplication {
    public static void main(String[] args) {
        SpringApplication.run(ServiceProviderApplication.class,args);
    }
}
```

③ 在 serivice-provider 微服务下创建 HelloServiceImpl 类，添加@DubboService 注解，并实现 HelloService 接口和 hello()方法，代码如下所示。

```
package cn.js.ccit.dubboimpl;

import cn.js.ccit.dubboapi.HelloService;
import org.apache.dubbo.config.annotation.DubboService;

@DubboService
public class HelloServiceImpl implements HelloService {

    @Override
    public String hello(String name) {
        return "Hello," + name + "正在使用 Dubbo 服务调用";
    }
}
```

④ 修改 application.yaml 文件，追加 Dubbo 相关配置。通过 dubbo.registry.address 属性配置 Dubbo 注册中心，将 spring.main.allow-circular-references 属性设置为 true，代码如下所示。

```
server:
  port: 9001
spring:
  application:
    name: service-provider
  cloud:
    nacos:
      discovery:
        server-addr: localhost:8848
  main:
    allow-circular-references: true
dubbo:
  registry:
    address: spring-cloud://localhost
//扫描 Dubbo 相关的服务，指定包名
  scan:
    base-packages: cn.js.ccit.dubboimpl
  protocol:
    name: dubbo
//端口设置为-1，即自动设置端口号
    port: -1
```

（3）service-consumer 微服务

① 类比 service-provider 微服务，修改 pom.xml 文件，添加 serivice-dubbo、dubbo 等依赖。代码如下所示。

```
<?xml version="1.0" encoding="UTF-8"?>
<project xmlns="http://maven.apache.org/POM/4.0.0"
         xmlns:xsi="http://www.w3.org/2001/XMLSchema-instance"
         xsi:schemaLocation="http://maven.apache.org/POM/4.0.0
         http://maven.apache.org/xsd/maven-4.0.0.xsd">
    <parent>
        <artifactId>unit3Demo4-Dubbo</artifactId>
```

```
        <groupId>cn.js.ccit</groupId>
        <version>1.0-SNAPSHOT</version>
    </parent>
    <modelVersion>4.0.0</modelVersion>

    <artifactId>service-consumer</artifactId>
    <dependencies>
        <dependency>
            <groupId>com.alibaba.cloud</groupId>
<artifactId>spring-cloud-starter-alibaba-nacos-discovery</artifactId>
        </dependency>

        <dependency>
            <groupId>cn.js.ccit</groupId>
            <artifactId>service-dubbo</artifactId>
            <version>1.0-SNAPSHOT</version>
        </dependency>

        <dependency>
            <groupId>com.alibaba.cloud</groupId>
            <artifactId>spring-cloud-starter-dubbo</artifactId>
        </dependency>

        <dependency>
            <groupId>org.apache.dubbo</groupId>
            <artifactId>dubbo-registry-nacos</artifactId>
            <version>2.7.15</version>
        </dependency>

        <dependency>
            <groupId>org.springframework.boot</groupId>
            <artifactId>spring-boot-starter-web</artifactId>
        </dependency>
    </dependencies>
</project>
```

② 创建项目启动类 ServiceConsumerApplication，在该启动类上添加@EnableDiscoveryClient 注解，开启服务注册与发现功能，代码如下所示。

```
package cn.js.ccit;

import org.springframework.boot.SpringApplication;
import org.springframework.boot.autoconfigure.SpringBootApplication;
import org.springframework.cloud.client.discovery.EnableDiscoveryClient;

// 开启服务注册与发现功能
@EnableDiscoveryClient
@SpringBootApplication
public class ServiceConsumerApplication {
    public static void main(String[] args) {
        SpringApplication.run(ServiceConsumerApplication.class,args);
    }
}
```

③ 修改 application.yaml 配置文件，添加 Dubbo 相关依赖，代码如下所示。

```
server:
  port: 8001
spring:
  application:
    name: service-consumer
  cloud:
    nacos:
      discovery:
        server-addr: localhost:8848
  main:
    allow-circular-references: true
//新增 Dubbo 相关配置
dubbo:
  registry:
    address: spring-cloud://localhost
  protocol:
    name: dubbo
    port: -1
```

④ 在 service-consumer 微服务中调用服务接口，使用 Dubbo 的@DubboReference 注解，设置其 check 属性为 false，防止 service-consumer 微服务在 service-provider 微服务之前启动时报错。hello()方法通过 helloService.hello(name)调用服务接口，代码如下所示。

```
package cn.js.ccit.controller;

import cn.js.ccit.dubboapi.HelloService;
import org.apache.dubbo.config.annotation.DubboReference;
import org.springframework.beans.factory.annotation.Value;
import org.springframework.web.bind.annotation.GetMapping;
import org.springframework.web.bind.annotation.RestController;

@RestController
public class ConsumerController {

    @DubboReference(check = false)
    HelloService helloService;


    @GetMapping("/consumer/hello")
    public String hello(String name)
    {  // 发起调用

        String result = "";
        result = helloService.hello(name);
        return result;
    }
}
```

启动微服务，查看 Nacos 注册中心，可发现微服务 service-consumer 和 service-provider 成功注册到 Nacos。访问 http://localhost:8001/consumer/hello?name=张三，结果如图 3-13 所示。

图 3-13 访问结果页面

至此我们实现了使用 Dubbo 整合 Nacos 服务发现，完成了微服务之间的调用。

3. Dubbo 整合 Nacos 配置

微课 22

Dubbo 整合 Nacos 配置

前面我们使用 Dubbo 整合了 Nacos 服务发现，使用配置文件 application.yaml 配置了 Dubbo 属性，那么 Dubbo 支持 Nacos 配置中心统一配置吗？答案是支持。Dubbo 支持外部配置，同时兼容 Nacos Config。

下面通过一个案例介绍 Dubbo 整合 Nacos 配置的基本操作。

【案例 3-5】创建微服务实现 Dubbo 整合 Nacos 配置，基本流程如图 3-14 所示。

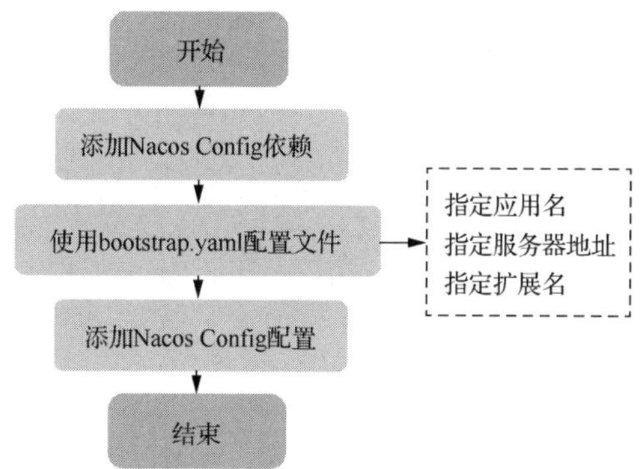

图 3-14 Dubbo 整合 Nacos 配置的基本流程

（1）父工程和微服务

创建父工程 unit3Demo5-Dubbo-Config 统一管理 Spring Boot、Spring Cloud 和 Spring Cloud Alibaba。将 unit3Demo4-Dubbo 项目中的源代码复制过来，修改 pom.xml 文件中的对应项目名称，这里不再展示代码。

（2）service-provider 微服务

① 修改 pom.xml 文件，追加 Nacos Config 依赖 spring-cloud-starter-alibaba-nacos-config，修改后的 pom.xml 文件代码如下。

```
<?xml version="1.0" encoding="UTF-8"?>
<project xmlns="http://maven.apache.org/POM/4.0.0"
         xmlns:xsi="http://www.w3.org/2001/XMLSchema-instance"
         xsi:schemaLocation="http://maven.apache.org/POM/4.0.0
          http://maven.apache.org/xsd/maven-4.0.0.xsd">
    <parent>
        <artifactId>unit3Demo5-Dubbo-Config</artifactId>
```

```
        <groupId>cn.js.ccit</groupId>
        <version>1.0-SNAPSHOT</version>
    </parent>
    <modelVersion>4.0.0</modelVersion>

    <artifactId>service-provider</artifactId>
<dependencies>
    <!--nacos-discovery-->
    <dependency>
        <groupId>com.alibaba.cloud</groupId>
        <artifactId>
         spring-cloud-starter-alibaba-nacos-discovery
        </artifactId>
    </dependency>

    <!--Nacos 服务配置-->
    <dependency>
        <groupId>com.alibaba.cloud</groupId>
        <artifactId>spring-cloud-alibaba-nacos-config</artifactId>
    </dependency>

    <dependency>
        <groupId>cn.js.ccit</groupId>
        <artifactId>serivice-dubbo</artifactId>
        <version>1.0-SNAPSHOT</version>
    </dependency>

    <dependency>
        <groupId>com.alibaba.cloud</groupId>
        <artifactId>spring-cloud-starter-dubbo</artifactId>
    </dependency>

    <dependency>
        <groupId>org.apache.dubbo</groupId>
        <artifactId>dubbo-registry-nacos</artifactId>
        <version>2.7.15</version>
    </dependency>

    <dependency>
        <groupId>org.springframework.boot</groupId>
        <artifactId>spring-boot-starter-web</artifactId>
    </dependency>

    <dependency>
    <groupId>org.springframework.cloud</groupId>
    <artifactId>spring-cloud-starter-bootstrap</artifactId>
</dependency>

</dependencies>

</project>
```

② 在 resources 目录下创建 bootstrap.yaml，在其中添加微服务名和 spring.cloud.nacos.config 配置等，代码如下。并为 application.yaml 文件加上.bak 扩展名。

```
spring:
  application:
    name: service-provider
  main:
    allow-circular-references: true
  cloud:
    nacos:
      config:
        server-addr: localhost:8848
        file-extension: yaml #指定.yaml格式的配置文件
```

（3）Nacos 配置中心

进入 Nacos 配置中心，单击“新建配置”，新建 Data ID，名为“service-provider.yaml”，配置格式选择“YAML”，将 application.yaml 文件的内容复制到“配置内容”部分，如图 3-15 所示。

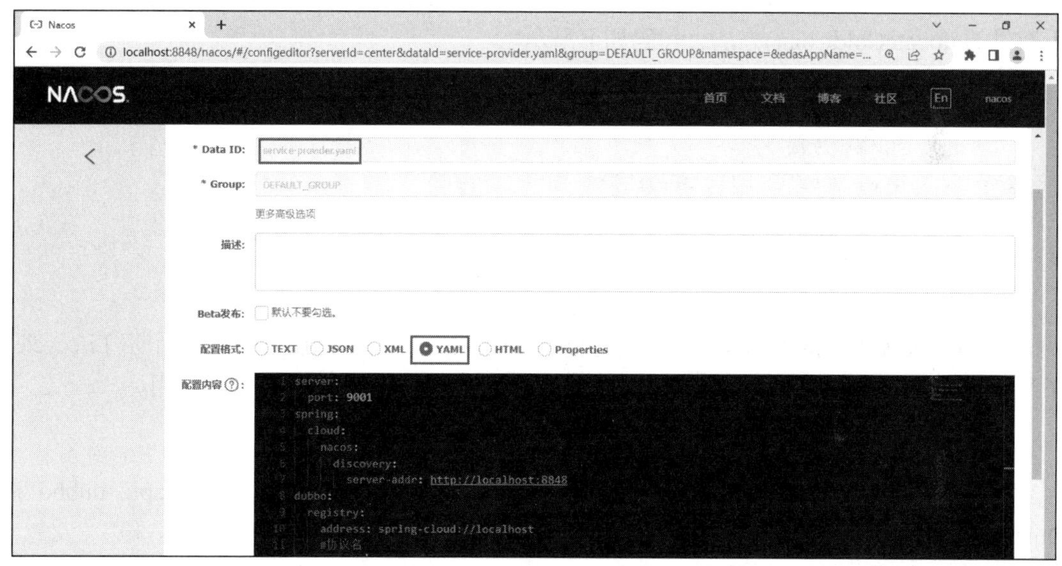

图 3-15 设置 Nacos 配置

设置完成后，发布该配置。重启 ServiceProviderApplication 服务，若服务启动成功，说明服务发现和 Nacos 配置均设置成功。启动 ServiceConsumerApplication 服务，访问 http://localhost:8001/consumer/hello?name=李四，结果如图 3-16 所示。ServiceProviderApplication 服务和 ServiceConsumerApplication 服务为项目自带的启动程序。

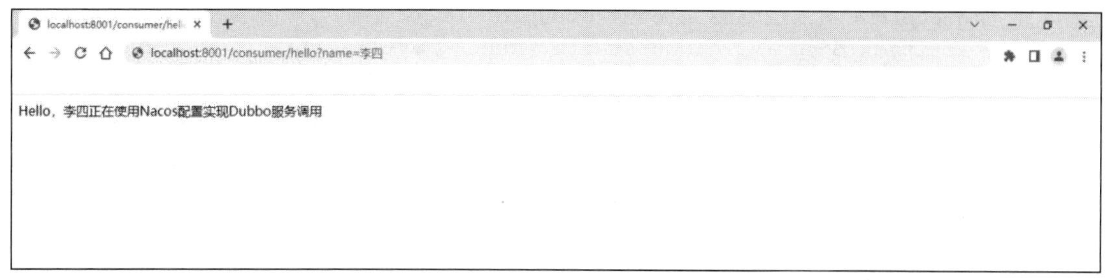

图 3-16 访问结果页面

通过以上操作，验证了 Dubbo 可以使用 Nacos 注册中心实现外部配置管理。当项目复杂、微服务数量较多的时候，将微服务配置放在一个配置中心中进行统一维护，然后使用 Dubbo 进行微服务间的相互调用，这不失为一个很好的选择。

【课堂实践】在案例 3-5 的基础上，将 service-consumer 配置更改到 Nacos 中，并进行验证。

任务实现

微课 23

任务 3.2 分析与实现

在 SweetFlower 商城项目中，用户下单后，系统首先调用订单微服务生成订单，然后订单微服务基于 Dubbo 调用金币微服务，更新用户金币数量。其具体步骤如下。

1. flowersmall-commom 微服务

① 新增 flowersmall-commom 微服务，在 cn.js.ccit.common.dubbo 包中定义金币微服务接口 GoldCoinService，使 Dubbo 服务接口代码独立于业务微服务，该接口中定义了用于更新金币数量的 updateGoldCoin()方法，代码如下所示。

```
package cn.js.ccit.common.dubbo;

//  定义金币微服务接口
public interface GoldCoinService {
    //更新金币数量
    public void updateGoldCoin(String userName, Integer goldCoin, String
    orderNo);
}
```

② 在 IDEA 工具的 Maven 窗口中单击 flowersmall-commom 微服务下生命周期（Lifecycle）子节点的安装（install）命令，将该微服务打包到本地仓库，方便其他微服务调用。

2. 金币微服务

① 修改 flowersmall-goldCoin 金币微服务的 pom.xml 文件，追加 dubbo-api、dubbo 和 Dubbo 注册依赖，代码如下所示。

```
<!-- Dubbo-api -->
 <dependency>
     <groupId>cn.js.ccit</groupId>
     <artifactId>flowersmall-commom</artifactId>
     <version>1.0-SNAPSHOT</version>
 </dependency>
<!-- Dubbo -->
 <dependency>
     <groupId>com.alibaba.cloud</groupId>
     <artifactId>spring-cloud-starter-dubbo</artifactId>
 </dependency>
<!-- Dubbo 注册依赖 -->
 <dependency>
     <groupId>org.apache.dubbo</groupId>
     <artifactId>dubbo-registry-nacos</artifactId>
    <version>2.7.15</version>
 </dependency>
```

② 修改金币微服务的 application.yaml 配置文件，追加 Dubbo 相关的配置，代码如下所示。

```
dubbo:
  registry:
    address: spring-cloud://localhost
    #Dubbo 提供者只注册服务，不订阅服务
    subscribe: false
  protocol:
    port: -1
    name: dubbo
  scan:
    base-packages: cn.js.ccit.flowersmall.goldCoin.service
  application:
    name: goldCoin
```

③ 在金币微服务的 cn.js.ccit.flowersmall.goldCoin.mapper. GLDUserMapper 接口中追加查找当前用户的金币数量和增加用户金币数量的方法，然后在 resources\mapper\goldCoin 目录下的 GLDUserMapper.xml 文件中实现这两个方法，代码如下所示。

```
package cn.js.ccit.flowersmall.goldCoin.mapper;

import cn.js.ccit.flowersmall.goldCoin.entity.GLDDetailEntity;
import cn.js.ccit.flowersmall.goldCoin.entity.GLDUserEntity;
import org.apache.ibatis.annotations.Param;

public interface GLDUserMapper {
    GLDUserEntity getGLDByUserName(@Param(value = "userName") String userName);

int addGoldCoin(GLDDetailEntity GLDDetail);

}

-------------------------GLDUserMapper.xml 文件------------------------
<?xml version="1.0" encoding="UTF-8" ?>
<!DOCTYPE mapper PUBLIC "-//mybatis.org//DTD Mapper 3.0//EN"
"http://mybatis.org/dtd/mybatis-3-mapper.dtd" >

<mapper namespace="cn.js.ccit.flowersmall.goldCoin.mapper.GLDUserMapper">

<select id="getGLDByUserName" parameterType="string" resultType="cn.js.ccit.
flowersmall.goldCoin.entity.GLDUserEntity">
    select * from goldCoin_user where userName= #{userName}
</select>
<insert id="addGoldCoin" parameterType="cn.js.ccit.flowersmall.goldCoin.
entity.GLDDetailEntity">
    insert into goldCoin_user(userName, goldCoin) values(#{userName},
    #{goldCoin})
</insert>

</mapper>
```

④ 在 flowersmall-goldCoin 金币微服务的 cn.js.ccit.flowersmall.goldCoin.service.impl 包下创建 GoldCoinServiceImpl 类，实现 GoldCoinService 接口，并实现接口中定义的 updateGoldCoin() 方法。该方法中首先定义金币详细对象，然后根据用户名查找数据库的用户金币表中是否存在当前用户，若不存在则新增一条记录，否则更新该用户的金币数量，最后追加用户金币的更新明细。代码如下所示。

```
package cn.js.ccit.flowersmall.goldCoin.service.impl;

import cn.js.ccit.common.dubbo.GoldCoinService;
import cn.js.ccit.flowersmall.goldCoin.entity.GLDDetailEntity;
import cn.js.ccit.flowersmall.goldCoin.entity.GLDUserEntity;
import cn.js.ccit.flowersmall.goldCoin.mapper.GLDDetailMapper;
import cn.js.ccit.flowersmall.goldCoin.mapper.GLDUserMapper;
import org.apache.dubbo.config.annotation.DubboService;

import javax.annotation.Resource;
import java.sql.Date;

/**
 * 商品购买时调用的服务
 */
@DubboService
public class GoldCoinServiceImpl implements GoldCoinService {
    @Resource
    GLDDetailMapper detailMapper;
    @Resource
    GLDUserMapper userMapper;

    @Override
    public void updateGoldCoin(String userName, Integer goldCoin, String
    orderNo) {
        GLDDetailEntity entity = new GLDDetailEntity();
        entity.setUserName(userName);
        entity.setGoldCoin(goldCoin);
        entity.setOrderNo(orderNo);
        GLDUserEntity goldCoinuser = userMapper.getGLDByUserName(entity.
        getUserName());
        if (goldCoinuser==null){//没有找到当前用户
        userMapper.addGoldCoin(entity);
        }else {
            userMapper.updateGoldCoin(entity);
        }
        entity.setCreateTime(new Date(System.currentTimeMillis()));
        detailMapper.addGoldCoin(entity);
    }
}
```

3. 订单微服务

① 修改订单微服务的 pom.xml 文件，追加 dubbo-api 依赖 flowersmall-commom、dubbo 依赖 spring-cloud-starter-dubbo 和 dubbo-registry-nacos，代码如下所示。

```
<!-- dubbo-api、dubbo -->
 <dependency>
     <groupId>cn.js.ccit</groupId>
     <artifactId>flowersmall-commom</artifactId>
     <version>1.0-SNAPSHOT</version>
 </dependency>
 <dependency>
```

```
        <groupId>com.alibaba.cloud</groupId>
        <artifactId>spring-cloud-starter-dubbo</artifactId>
    </dependency>
    <dependency>
        <groupId>org.apache.dubbo</groupId>
        <artifactId>dubbo-registry-nacos</artifactId>
        <version>2.7.15</version>
    </dependency>
```

② 修改订单微服务的 application.yaml 配置文件，在其中追加 Dubbo 的相关配置，代码如下所示。

```
# Dubbo 配置
dubbo:
  registry:
    address: spring-cloud://localhost

    check: false #关闭注册中心启动时检查(注册订阅失败时报错)

  protocol:
    port: -1
    name: dubbo
  cloud:
    subscribed-services: goldCoin
  consumer:

    check: false #关闭所有服务的启动时检查(没有服务提供者时报错)，写在定义服务消费者一方
    timeout: 600000
```

③ 在 flowersmall-order 微服务的 cn.js.ccit.flowersmall.order.controller.OrderController 类中，首先通过@DubboReference 注解为本类注入 goldCoinService 对象，然后定义 order()方法处理用户下单业务。该方法首先通过 orderService 调用 addOrder()方法追加订单，然后调用 goldCoinService 的 updateGoldCoin()方法，更新用户金币数量，最后返回 “ok”。代码如下所示。

```
package cn.js.ccit.flowersmall.order.controller;

import cn.js.ccit.common.dubbo.GoldCoinService;
import cn.js.ccit.flowersmall.order.entity.OrderEntity;
import cn.js.ccit.flowersmall.order.service.OrderService;
import io.seata.spring.annotation.GlobalTransactional;
import org.apache.dubbo.config.annotation.DubboReference;
import org.springframework.beans.factory.annotation.Autowired;
import org.springframework.security.core.context.SecurityContextHolder;
import org.springframework.security.core.userdetails.UserDetails;
import org.springframework.web.bind.annotation.GetMapping;
import org.springframework.web.bind.annotation.PostMapping;
import org.springframework.web.bind.annotation.RequestBody;
import org.springframework.web.bind.annotation.RestController;

import javax.servlet.http.HttpServletRequest;
import java.sql.Date;
import java.util.List;

@RestController
```

```
public class OrderController {
    @Autowired
    OrderService orderService;

    @DubboReference(check = false)
    GoldCoinService goldCoinService;

  @GlobalTransactional
  @PostMapping("/order")
  public String order(HttpServletRequest request, @RequestBody OrderEntity
  order) {
      String username = "";
      Object principal = SecurityContextHolder.getContext().getAuthentication().
                        getPrincipal();
      if (principal instanceof UserDetails) {
          username = ((UserDetails) principal).getUsername();
      } else {
          username = principal.toString();
      }
      order.setUserName(username);
      order.setOrderNo(Long.toString(System.currentTimeMillis()));
      order.setCreateTime(new Date(System.currentTimeMillis()));
      //System.out.println(order);
      orderService.addOrder(order);

      // 调用 goldCoinService
      int goldCoinNums = (new Double(order.getAmount() / 10)).intValue();
      goldCoinService.updateGoldCoin(username, goldCoinNums, order.getOrderNo());

      return "ok";
  }
```

首先启动 Nacos，然后在 IDEA 中启动所有微服务，最后启动 SweetFlower 商城项目前端。打开浏览器访问 SweetFlower 商城首页，使用“zhangsan”账户登录 SweetFlower 商城，选择“用户中心”→“我的金币”，页面如图 3-17 所示，用户“zhangsan”现有金币数量为 164。

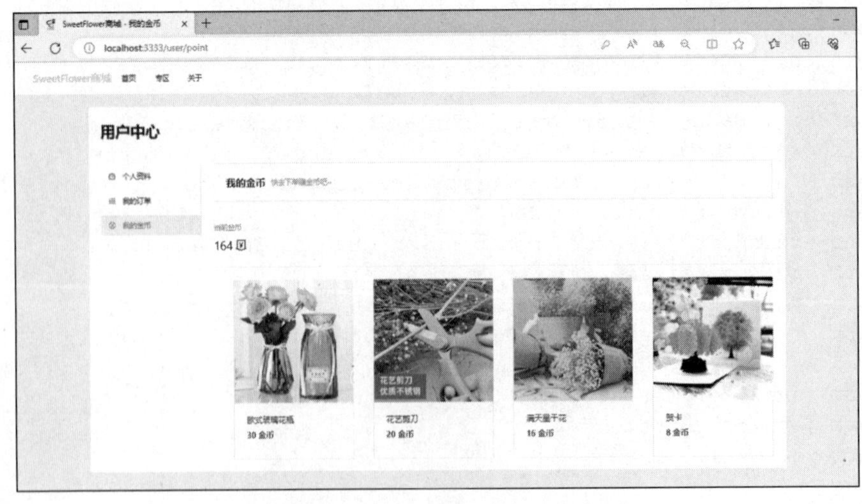

图 3-17　SweetFlower 商城的“我的金币”

进入“商品详情”页面，选购一份 428 元的鲜花商品，单击“立即购买”→“购买”，如图 3-18 所示。

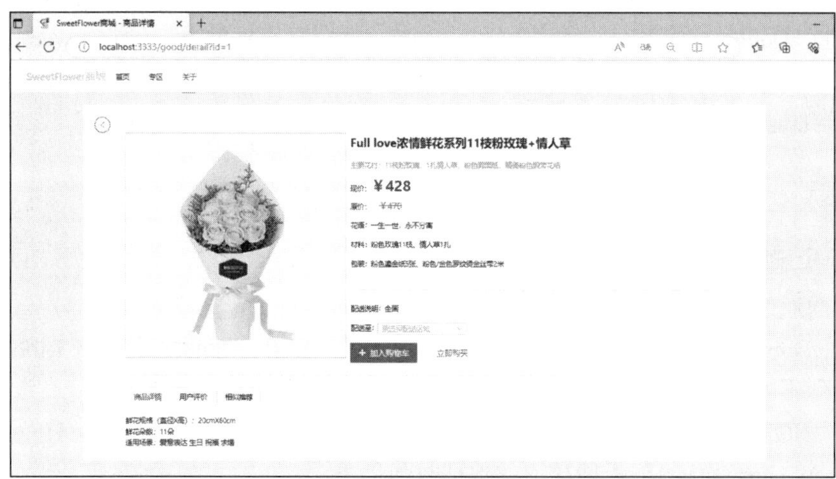

图 3-18 选购商品

用户选购商品后，进入“我的金币”，可以发现目前金币数量为 206，增加了 42，如图 3-19 所示。说明通过订单微服务调用金币微服务来更新用户金币数量成功。

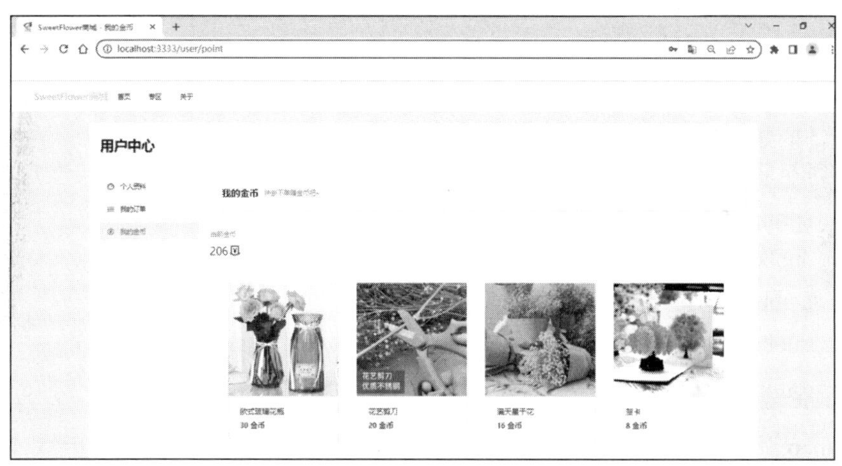

图 3-19 购买商品后金币数量增加

拓展实践

实践任务	基于 OpenFeign 的金币微服务接口调用
任务描述	基于 OpenFeign 实现 SweetFlower 商城中用户下单后金币数量的更新
主要思路及步骤	1. 在金币微服务的 cn.js.ccit.flowersmall.goldCoin.controller. GoldCoinController 类中追加更新用户金币数量的接口 2. 在订单微服务的 cn.js.ccit.flowersmall.order.service 包下创建 GoldCoinService 接口，为其追加@FeignClient 注解，并在其中定义更新用户金币数量的方法
任务总结	

单元小结

本单元主要介绍了 OpenFeign 的特性、OpenFeign 的超时配置、OpenFeign 的日志、Dubbo 的主要特性、Dubbo 整合 Nacos 服务发现、Dubbo 整合 Nacos 配置；通过 SweetFlower 商城项目，使用两种方式实现了订单微服务对金币微服务的调用，实现不同应用场景下金币数量的更新，详细地描述了 OpenFeign 和 Dubbo 这两种高效工具的使用方法。

单元习题

一、单选题

1. 下面通过 TCP 来调用接口的是（　　）。

   A. Dubbo　　B. OpenFeign　　C. RestTemplate　　D. Ribbon

2. 下列不属于 OpenFeign 日志级别的是（　　）。

   A. NONE　　B. BASIC　　C. ALL　　D. HEADERS

3. OpenFeign 默认等待返回接口的数据时间是（　　）s。

   A. 0　　B. 1　　C. 2　　D. 3

4. 以下不是 Dubbo 的主要特性的是（　　）。

   A. 内置负载均衡策略　　B. 易扩展

   C. 高性能 RPC 调用　　D. 不支持注册中心

5. 下列不是实现服务间通信方式的是（　　）。

   A. RestTemplate+Ribbon　　B. Gateway

   C. OpenFeign　　D. Dubbo

6. 下列不是 Dubbo 调用需要添加的依赖的是（　　）。

   A. spring-cloud-starter-dubbo

   B. dubbo-registry-nacos

   C. Dubbo 服务接口

   D. dubbo-config-annotation-dubboService

二、填空题

1. Dubbo 调用方式为________________。
2. OpenFeign 日志级别中包含最全的日志信息的是________________。
3. 声明 OpenFeign 调用的注解是________________。
4. Dubbo 基于________________协议。

单元4 Spring Cloud Gateway 服务网关

Spring Cloud Gateway（以下简称 Gateway）是 Spring Cloud 的一个全新的 API 网关项目，用于替换由 Zuul 开发的网关服务，基于 Spring 5.0+Spring Boot 2.0+WebFlux 等技术开发，提供了网关的基本功能，例如安全、监控、埋点和限流等。本单元以 SweetFlower 商城的网关为例，介绍 Gateway 的主要特性、核心工作流程、动态路由实现方案与配置规则、常见路由断言与过滤器的作用及应用等相关知识。

单元目标

【知识目标】

- 熟悉 Gateway 的主要特性
- 熟悉 Gateway 的核心工作流程
- 了解动态路由的概念及应用场景
- 理解路由断言的作用
- 理解过滤器的工作原理

【能力目标】

- 能掌握 Gateway 的实现方式
- 能掌握路由配置的分析思路
- 能实现动态路由的设计与开发
- 能掌握常用路由断言的用法
- 能掌握常用过滤器的作用与应用

【素质目标】

- 培养良好的沟通能力
- 培养自主思考与探索能力
- 培养良好的团队协作能力

任务　SweetFlower 商城 Gateway 服务网关

任务描述

实现 SweetFlower 商城微服务之后在某些层面会产生一定影响，例如客户端的多次请求增加了网络通信的成本及提高了客户端处理的复杂度，或者在后端的微服务架构中，不同的微服务可能采用不同的协议，客户如果需要调用多个服务，则需要对不同协议进行适配。那么如何解决这一系列问题呢？

技术分析

上述问题可以采用网关来解决，即在客户端与服务端之间增加一个 API 网关。形象地说，网关类似于一道关卡，所有外部请求都会先经过网关，以保护、增强和控制对于 API 服务的访问。网关可以把后端的多个服务进行整合，然后提供唯一的对外统一入口，客户端与网关沟通，网关与内部的各个服务沟通。

微课 24

Gateway 简介

支撑知识

1. Gateway 简介

Gateway 是在 Spring 生态系统之上构建的 API 网关服务，基于 Spring 5.0、Spring Boot 2、WebFlux 和 Project Reactor 等技术。Gateway 旨在提供一种简单有效的方式来对 API 进行路由，以及提供一些强大的过滤器功能。

（1）Gateway 概念解析

在云架构中运行着众多客户端和服务端，API 网关的存在提供了保护和路由消息、隐藏服务、限制负载等功能。Gateway 旨在为微服务架构提供一种简单有效且统一的 API 路由管理方式。

Geteway 作为 Spring Cloud 生态系统中的网关，目标是替代 Zuul。在 Spring Cloud 2.0 以上版本中，没有对 Zuul 2.0 以上最新高性能版本进行集成，仍然使用 Zuul 1.×非 Reactor 模式的老版本。为了提升网关性能，Gateway 基于 WebFlux 框架实现，WebFlux 框架底层则使用了高性能的 Reactor 模式通信框架 Netty。

Gateway 的目标是提供统一的路由方式，且基于过滤器链的方式提供了网关基本的功能，例如安全、监控、埋点和限流。

总体来说，Gateway 使用 WebFlux 中的 reactor-netty 响应式编程组件，底层使用 Netty 通信框架。

（2）Gateway 和 Zuul 的区别

在 Spring Cloud Finchley 正式版之前，Spring Cloud 使用的网关是由 Netflix 提供的 Zuul，Gateway 与 Zuul 之间的区别如下。

① Zuul 1.×是一个基于阻塞 I/O 的 API Gateway，而 Gateway 使用非阻塞 API。此外新发布的 Zuul 2.×基于 Netty，也是非阻塞的，支持长连接，但 Gateway 暂时还没有整合计划。

② 在内部实现方面，Gateway 比 Zuul 多依赖了 spring-webflux，因此 Gateway 功能更强大，内部实现了限流、负载均衡等，扩展性也更强，但同时也受到了限制，其仅适合于 Spring

Cloud 套件。而 Zuul 则可以扩展至其他微服务框架中，内部没有实现限流、负载均衡等。

③ 在同步、异步方面，Zuul 仅支持同步，而 Gateway 支持同步和异步，理论上 Gateway 更适合用于提高系统吞吐量。

④ 在性能方面，根据官方提供的测试，Gateway 的 RPS(每秒请求数)是 Zuul 的 1.6 倍。

⑤ 此外 Gateway 还支持 WebSocket，并且与 Spring 紧密集成，比 Zuul 拥有更好的开发体验。

（3）Gateway 特性

Gateway 具有以下主要特性：

① 基于 Spring 5.0、Project Reactor 和 Spring Boot 2.0 开发；

② 支持动态路由；

③ 路由断言和过滤器作用于特定路由；

④ 集成了 Hystrix 熔断器和 Spring Cloud 注册中心；

⑤ 易于编写的路由断言和过滤器；

⑥ 支持 Spring Cloud DiscoveryClient 配置路由，与服务注册与发现配合使用。

（4）Gateway 相关术语

① 路由（Route）：路由是网关的基本组件，Gateway 包含多个路由，每个路由包含唯一的 ID（路由编号）、目标 URI（即请求最终被转发到的目的地 URI）、路由断言集合和过滤器集合。

② 断言（Predicate）：实际上就是 Java 8 Function Predicate 的断言功能，即匹配条件，只有满足条件的请求才会被路由到目标 URI。输入类型是 Spring Framework ServerWebExchange。其允许开发人员自行匹配来自 HTTP 请求的任何内容，例如 HTTP 头或参数。

③ 过滤器（Filter）：作用类似于拦截加工，对于经过过滤器的请求和响应，都可以进行修改，例如 Spring Framework GatewayFilter 实例，可以在发送下游请求之前或之后修改请求和响应。

2. Gateway 工作流程

Gateway 的核心工作流程如图 4-1 所示，当 Gateway 客户端向 Gateway 服务端发送请求时，请求首先被 HttpWebHandlerAdapter 提取组装成网关上下文，然后网关上下文会传递到 DispatcherHandler 中。DispatcherHandler 是所有请求的分发处理器，主要负责分发请求对应的处理器，比如将请求分发到对应的 RoutePredicateHandlerMapping（路由断言处理映射器）。路由断言处理映射器主要用于路由查找，以及找到路由后返回对应的 FilterWebHandler。FilterWebHandler 主要负责组装过滤器链并调用过滤器执行一系列过滤处理，然后把请求转到后端对应的代理服务处理，处理完毕之后将反馈信息返回 Gateway 客户端。

微课 25

Gateway 快速开始

3. Gateway 快速开始

从前面的学习中我们了解到，网关是整个系统的入口，客户端都是通过网关来访问服务的，那么具体怎么访问呢？Gateway 为我们提供了一个非常方便的方法，根据服务名就可以自动转发请求至服务端。

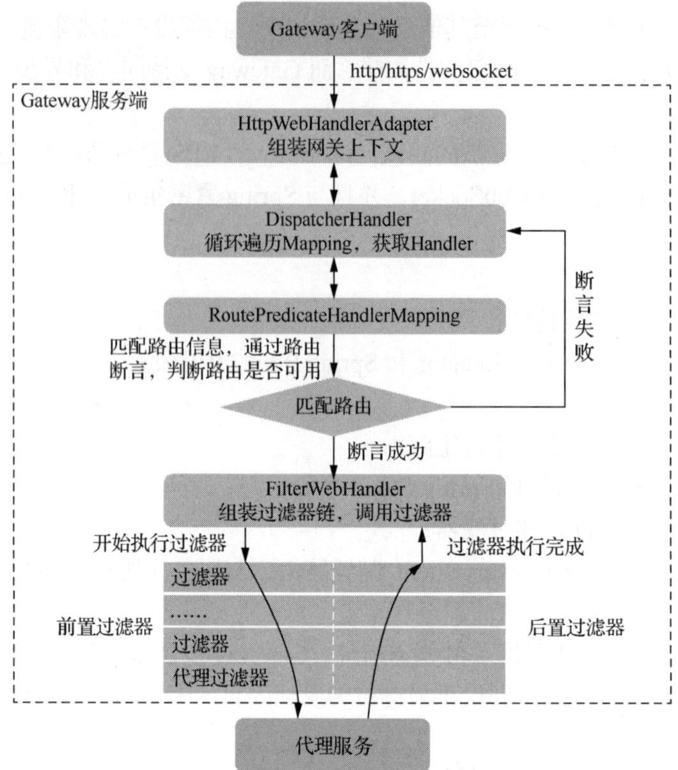

图 4-1　Gateway 的核心工作流程

下面通过一个简单的案例来说明如何使用 Gateway 实现客户端请求后端服务，服务消费者请求时在路径中指明服务名和接口，网关根据通信地址自动请求到相应的目标服务提供者。

【案例 4-1】创建两个简单的微服务模拟服务提供者和网关，基本步骤如下。

（1）父工程

创建父工程 unit4Demo1-Gateway-start 统一管理 Spring Boot、Spring Cloud 和 Spring Cloud Alibaba，pom.xml 文件代码如下所示。

```
<?xml version="1.0" encoding="UTF-8"?>

<project xmlns="http://maven.apache.org/POM/4.0.0"
        xmlns:xsi="http://www.w3.org/2001/XMLSchema-instance"
  xsi:schemaLocation="http://maven.apache.org/POM/4.0.0
  http://maven.apache.org/xsd/maven-4.0.0.xsd">
  <modelVersion>4.0.0</modelVersion>
  <groupId>cn.js.ccit</groupId>
  <artifactId>unit4Demo1-gateway-start</artifactId>
  <version>1.0-SNAPSHOT</version>
  <modules>
    <module>service-provider</module>
    <module>service-gateway</module>
  </modules>
  <packaging>pom</packaging>
  <!-- 统一管理 JAR 包版本 -->
```

```
    <properties>
      <project.build.sourceEncoding>UTF-8</project.build.sourceEncoding>
      <maven.compiler.source>1.8</maven.compiler.source>
      <maven.compiler.target>1.8</maven.compiler.target>
    </properties>

    <dependencyManagement>
      <dependencies>
        <!--Spring Boot 2.6.3-->
        <dependency>
          <groupId>org.springframework.boot</groupId>
          <artifactId>spring-boot-dependencies</artifactId>
          <version>2.6.3</version>
          <type>pom</type>
          <scope>import</scope>
        </dependency>
        <!--Spring Cloud 2021.0.1-->
        <dependency>
          <groupId>org.springframework.cloud</groupId>
          <artifactId>spring-cloud-dependencies</artifactId>
          <version>2021.0.1</version>
          <type>pom</type>
          <scope>import</scope>
        </dependency>
        <!--Spring Cloud Alibaba 2021.0.1.0-->
        <dependency>
          <groupId>com.alibaba.cloud</groupId>
          <artifactId>spring-cloud-alibaba-dependencies</artifactId>
          <version>2021.0.1.0</version>
          <type>pom</type>
          <scope>import</scope>
        </dependency>
      </dependencies>
    </dependencyManagement>
  </project>
```

（2）service-provider 微服务——服务提供者

在父工程中创建 service-provider 微服务，整合 Nacos 注册中心，并创建一个“/hello”接口来模拟服务提供者。

① 修改 pom.xml 文件，追加 Nacos 服务发现组件 spring-cloud-starter-alibaba-nacos-discovery，代码如下所示。

```
<?xml version="1.0" encoding="UTF-8"?>
<project xmlns="http://maven.apache.org/POM/4.0.0"
         xmlns:xsi="http://www.w3.org/2001/XMLSchema-instance"
         xsi:schemaLocation="http://maven.apache.org/POM/4.0.0
          http://maven.apache.org/xsd/maven-4.0.0.xsd">
    <parent>
        <artifactId>unit4Demo1-gateway-start</artifactId>
        <groupId>cn.js.ccit</groupId>
        <version>1.0-SNAPSHOT</version>
    </parent>
    <modelVersion>4.0.0</modelVersion>
```

```
    <artifactId>service-provider</artifactId>
<dependencies>
    <!--nacos-discovery-->
    <dependency>
        <groupId>com.alibaba.cloud</groupId>
        <artifactId>
         spring-cloud-starter-alibaba-nacos-discovery
      </artifactId>
    </dependency>
    <dependency>
        <groupId>org.springframework.boot</groupId>
        <artifactId>spring-boot-starter-web</artifactId>
    </dependency>
</dependencies>
</project>
```

② 在 service-provider 微服务的 src/main/resources 目录下创建 application.yml 文件，配置服务端口号为 9001、微服务名为“service-provider”、Nacos 注册中心地址为“localhost:8848”，代码如下所示。

```
server:
  port: 9001
spring:
  application:
    name: service-provider
  cloud:
    nacos:
      discovery:
        server-addr: localhost:8848
```

③ 按照 Spring Boot 规范创建项目启动类 ServiceProviderApplication，在该启动类上追加@EnableDiscoveryClient 注解（该注解表示向 Nacos 注册中心注册微服务），开启服务注册与发现功能，代码如下所示。

```
package cn.js.ccit;

import org.springframework.boot.SpringApplication;
import org.springframework.boot.autoconfigure.SpringBootApplication;
import org.springframework.cloud.client.discovery.EnableDiscoveryClient;

@SpringBootApplication
@EnableDiscoveryClient
public class ServiceProviderApplication {
    public static void main(String[] args) {
        SpringApplication.run(ServiceProviderApplication.class, args);
    }
}
```

④ 创建 ProviderController 类，在该类上追加@RestController 注解，在该类中定义一个 hello()方法，返回“hello”及传进来的实参 name。

```
package cn.js.ccit.controller;

import org.springframework.web.bind.annotation.GetMapping;
import org.springframework.web.bind.annotation.RequestParam;
import org.springframework.web.bind.annotation.RestController;
```

```
@RestController
public class ProviderController {
    @GetMapping("/hello")
    public String hello(@RequestParam String name) {
        return "hello " + name + "!";
    }
}
```

（3）service-gateway 微服务——网关

创建微服务 service-gateway，并整合到 Nacos 注册中心。

① 修改 pom.xml 文件，追加 Nacos 服务发现组件 spring-cloud-starter-alibaba-nacos-discovery 及 Gateway 依赖 spring-cloud-starter-gateway，修改后的 pom.xml 文件代码如下所示。

```
<?xml version="1.0" encoding="UTF-8"?>
<project xmlns="http://maven.apache.org/POM/4.0.0"
         xmlns:xsi="http://www.w3.org/2001/XMLSchema-instance"
         xsi:schemaLocation="http://maven.apache.org/POM/4.0.0
         http://maven.apache.org/xsd/maven-4.0.0.xsd">
    <parent>
        <artifactId>unit4Demo1-gateway-start</artifactId>
        <groupId>cn.js.ccit</groupId>
        <version>1.0-SNAPSHOT</version>
    </parent>
    <modelVersion>4.0.0</modelVersion>

    <artifactId>service-gateway</artifactId>
    <dependencies>
        <!--添加 Nacos 依赖-->
        <dependency>
            <groupId>com.alibaba.cloud</groupId>
            <artifactId>
                spring-cloud-starter-alibaba-nacos-discovery
          </artifactId>
        </dependency>
        <!--添加 Gateway 依赖-->
        <dependency>
            <groupId>org.springframework.cloud</groupId>
            <artifactId>spring-cloud-starter-gateway</artifactId>
        </dependency>
        <dependency>
            <groupId>org.springframework.cloud</groupId>
            <artifactId>spring-cloud-loadbalancer</artifactId>
        </dependency>
    </dependencies>
</project>
```

② 在 service-gateway 微服务的 src/main/resources 目录下创建 application.yml 文件，配置服务端口号为 8001、微服务名为“service-gateway、Nacos 注册中心地址为“localhost:8848”，spring.cloud.gateway.discovery.locator.enabled 为 true 开启 Gateway 服务发现，即 Gateway 将使用服务发现来动态路由请求，application.yml 代码如下所示。

```
server:
  port: 8001
```

```
spring:
  application:
    name: service-gateway
  cloud:
    nacos:
      discovery:
        server-addr: localhost:8848
    gateway:
      discovery:
        locator:
          enabled: true
```

③ 按照 Spring Boot 规范创建项目启动类 ServiceGatewayApplication，在该启动类上追加@EnableDiscoveryClient 注解，开启服务注册与发现功能，代码如下所示。

```
package cn.js.ccit;

import org.springframework.boot.SpringApplication;
import org.springframework.boot.autoconfigure.SpringBootApplication;
import org.springframework.cloud.client.discovery.EnableDiscoveryClient;

@SpringBootApplication
@EnableDiscoveryClient
public class ServiceGatewayApplication {
    public static void main(String[] args) {
        SpringApplication.run(ServiceGatewayApplication.class, args);
    }
}
```

（4）测试 Gateway 路由转发

在 IDEA 工具中启动两个微服务：service-provider 和 service-gateway。启动 Nacos，访问 http://localhost:8848/nacos，选择“服务管理”的“服务列表”，可发现 service-provider 和 service-gateway 微服务实例，说明微服务已成功注册到了 Nacos 注册中心，如图 4-2 所示。

图 4-2　Nacos 的“服务列表”

通过 Gateway 端口号 8001 及服务名“service-provider”访问服务接口，即访问 http://localhost:8001/service-provider/hello?name=gateway，页面如图 4-3 所示，其中显示了“hello gateway”。至此基于网关实现了路由转发。

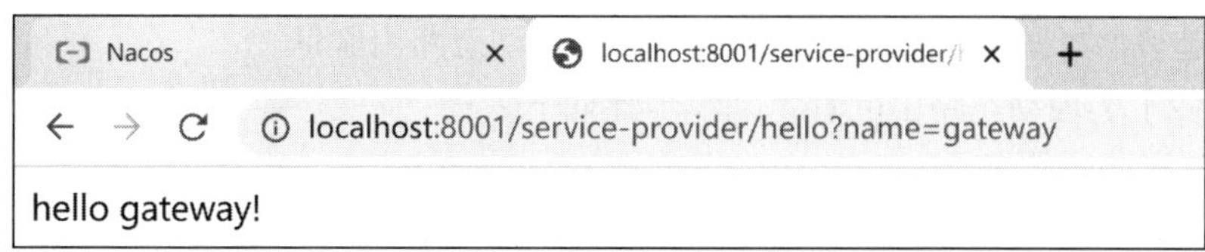

图 4-3 访问结果页面

【课堂实践】编写两个简单的 Gateway 和 provider 微服务注入 Nacos 注册中心，并通过 Gateway 端口访问 provider 微服务。

4. 通过微服务名实现动态路由

路由规则是网关的核心内容，配置在应用的属性配置文件中，服务启动的时候将路由规则加载到内存中，这属于静态路由方式。在高可靠架构中，网关服务都会部署多个实例，这时使用静态路由方式就会出现问题，例如更新路由规则需要重启所有的网关服务实例，会造成系统中断。为了解决这个问题，可采用 Nacos 实现动态路由，把路由更新规则保存在分布式配置中心 Nacos 中，通过 Nacos 的监听机制，动态更新每个实例的路由规则，如图 4-4 所示。

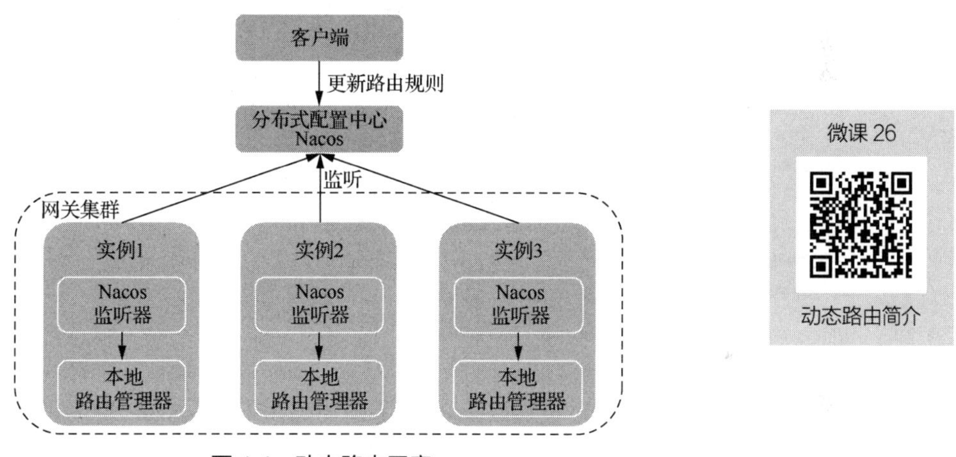

图 4-4 动态路由示意

微课 26

动态路由简介

Gateway 提供了修改路由的接口 RouteDefinitionWriter，只有通过这个接口才能修改动态路由。定义网关服务启动后的处理逻辑：首先将路由配置放到 Nacos 中，网关服务启动后连接 Nacos，初始化器读取 Nacos 上的路由配置，并将其添加至本地路由管理器中，同时为 Nacos 设置监听器，当监听到 Nacos 中的配置被修改后，即可及时调用 RouteDefinitionWriter 接口更新本地的路由配置。动态路由的实现流程如图 4-5 所示。

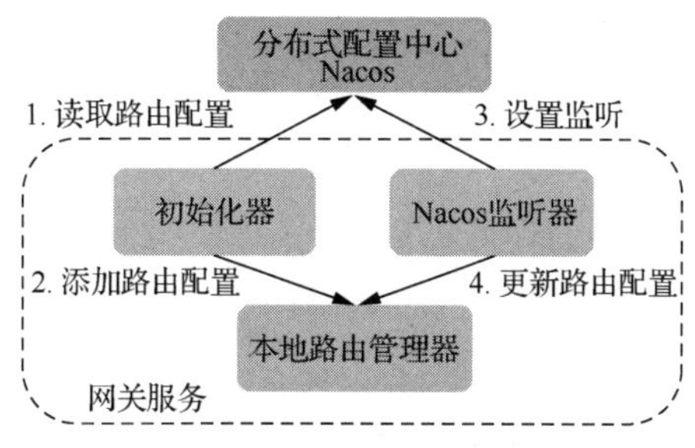

图 4-5 动态路由的实现流程

下面通过一个案例实现上述配置方案，并进行动态路由验证。

【案例 4-2】实现动态路由配置，基本步骤如下。

（1）父工程与微服务

创建父工程 unit4Demo2-gateway-dynamic-rule 统一管理 Spring Boot、Spring Cloud 和 Spring Cloud Alibaba，将案例 4-1 中的 service-gateway 与 service-provider 文件夹复制到 unit4Demo2-gateway-dynamic-rule 文件夹下，并修改两者的 pom.xml 文件，将其中的 artifactId 修改为“unit4Demo2-gateway-dynamic-rule”。运行两个微服务，并启动 Nacos 查看是否已正确开启微服务。

（2）读取路由配置

① 修改 service-gateway 的 pom.yml 文件，追加 spring-boot-starter-actuator 依赖和 fastjson 依赖，代码如下所示。

```
<?xml version="1.0" encoding="UTF-8"?>
<project xmlns="http://maven.apache.org/POM/4.0.0"
        xmlns:xsi="http://www.w3.org/2001/XMLSchema-instance"
        xsi:schemaLocation="http://maven.apache.org/POM/4.0.0
        http://maven.apache.org/xsd/maven-4.0.0.xsd">
    <parent>
        <artifactId>unit4Demo2-gateway-dynamic-rule</artifactId>
        <groupId>cn.js.ccit</groupId>
        <version>1.0-SNAPSHOT</version>
    </parent>
    <modelVersion>4.0.0</modelVersion>
    <artifactId>service-gateway</artifactId>
    <dependencies>
        <dependency>
            <groupId>com.alibaba.cloud</groupId>
            <artifactId>
            spring-cloud-starter-alibaba-nacos-discovery
            </artifactId>
        </dependency>
        <dependency>
            <groupId>org.springframework.cloud</groupId>
            <artifactId>spring-cloud-starter-gateway</artifactId>
        </dependency>
        <dependency>
            <groupId>org.springframework.cloud</groupId>
            <artifactId>spring-cloud-loadbalancer</artifactId>
        </dependency>
        <!--添加 actuator 依赖-->
        <dependency>
            <groupId>org.springframework.boot</groupId>
            <artifactId>spring-boot-starter-actuator</artifactId>
        </dependency>
        <!--添加 fastjson 依赖-->
        <dependency>
            <groupId>com.alibaba</groupId>
            <artifactId>fastjson</artifactId>
            <version>1.2.47</version>
        </dependency>
```

```
    </dependencies>
</project>
```

② 修改 service-gateway 的 application.yml 文件，添加路由配置，同时开启 actuator 国内端点，便于查看网关的路由列表，代码如下所示。

```
server:
  port: 8001
spring:
  application:
    name: service-gateway
  cloud:
    gateway:
      routes:
        - id: route-test
          uri: http://localhost:9001/hello
          predicates:
            - Method=GET

management:
  endpoints:
    web:
      exposure:
        include: '*'
  security:
    enabled: false
```

（3）路由配置的添加与更新

在 unit4Demo2-gateway-dynamic-rule\service-gateway\src\main\java\cn\js\ccit 路径下新建 route 文件夹，并在其中新建 MyRouteWriter.java 文件，使用 Gateway 自带的 MyRouteWriter 类，实现路由配置的添加与更新，代码如下所示。

```
package cn.js.ccit.route;

import org.springframework.beans.factory.annotation.Autowired;
import org.springframework.cloud.gateway.event.RefreshRoutesEvent;
import org.springframework.cloud.gateway.route.RouteDefinition;
import org.springframework.cloud.gateway.route.RouteDefinitionWriter;
import org.springframework.context.ApplicationEventPublisher;
import org.springframework.context.ApplicationEventPublisherAware;
import org.springframework.stereotype.Service;
import reactor.core.publisher.Mono;

@Service
public class MyRouteWriter implements ApplicationEventPublisherAware {
    @Autowired
    private RouteDefinitionWriter routeDefinitionWriter;
    private ApplicationEventPublisher publisher;
    @Override
    public void setApplicationEventPublisher(ApplicationEventPublisher
    applicationEventPublisher) {
        this.publisher = applicationEventPublisher;
    }
    /**
     * 添加路由
```

```
     * @param definition 路由配置信息
     * @return
     */
    public void add(RouteDefinition definition) {
        routeDefinitionWriter.save(Mono.just(definition)).subscribe();
        this.publisher.publishEvent(new RefreshRoutesEvent(this));
    }
    /**
     * 更新路由
     * @param definition 路由配置信息
     * @return
     */
    public void update(RouteDefinition definition) {
        try {
            // 根据 routeID 删除现有路由
this.routeDefinitionWriter.delete(Mono.just(definition.getId()));
            // 添加更新后的路由
            routeDefinitionWriter.save(Mono.just(definition)).subscribe();
            this.publisher.publishEvent(new RefreshRoutesEvent(this));
        } catch (Exception e) {
            e.printStackTrace();
        }
    }
}
```

访问 http://localhost:8001/actuator/gateway/routes 即可查看当前网关服务中的路由列表，也可通过该列表验证服务启动后是否已经正确加载路由配置，以及路由配置更新后本地路由配置是否也准确更新。

（4）添加 Nacos 路由配置加载与监听

在 route 文件夹中新建 RouteNacos.java 文件，实现 Nacos 的路由配置加载与监听，代码如下所示。

```
package cn.js.ccit.route;

import com.alibaba.fastjson.JSON;
import com.alibaba.nacos.api.NacosFactory;
import com.alibaba.nacos.api.config.ConfigService;
import com.alibaba.nacos.api.config.listener.Listener;
import org.springframework.beans.factory.annotation.Autowired;
import org.springframework.cloud.gateway.route.RouteDefinition;
import org.springframework.stereotype.Component;

import javax.annotation.PostConstruct;
import java.util.concurrent.Executor;

@Component
public class RouteNacos {
    private final String  NACOS_SERVER_ADDR = "localhost:8848";
    private final String  NACOS_DATA_ID = "gateway-route";
    private final String  NACOS_DATA_GROUP = "GATEWAY_GROUP";

    @Autowired
```

```
    private MyRouteWriter myRouteWriter;
    /**
     * 服务启动后的处理逻辑
     * 1. 连接 Nacos
     * 2. 加载 Nacos 已有路由配置
     * 3. 监听 Nacos 路由配置的变化
     */
    @PostConstruct
    public void dynamicRoute (){
        try {
            // 1. 连接 Nacos，构造 Nacos Config Service
            ConfigService configService = NacosFactory.createConfigService
                (NACOS_SERVER_ADDR);
            // 2. 加载 Nacos 中的已有路由配置信息，初始化路由配置
            initRoute(configService);
            // 3. 设置 Nacos 监听，路由配置变动后更新本地配置
            configService.addListener(NACOS_DATA_ID, NACOS_DATA_GROUP, new
                NacosRouteListener());
        }catch (Exception e){
            e.printStackTrace();
        }
    }

    public void initRoute(ConfigService configService) throws Exception{
        String config = configService.getConfig(NACOS_DATA_ID, NACOS_DATA_GROUP,
                        5000);
        System.out.println("---route config: " + config);

        RouteDefinition routeDefinition = JSON.parseObject(config,
                                           RouteDefinition.class);

        myRouteWriter.add(routeDefinition);
    }

    class NacosRouteListener implements Listener{

        @Override
        public Executor getExecutor() {
            return null;
        }

        @Override
        public void receiveConfigInfo(String configInfo) {
            System.out.println("---route change: " + configInfo);

            RouteDefinition routeDefinition = JSON.parseObject(configInfo,
                                               RouteDefinition.class);

            myRouteWriter.update(routeDefinition);
        }
    }
}
```

（5）测试动态路由

① 启动微服务。

在 IDEA 工具中启动两个微服务：service-provider 和 service-gateway。启动 Nacos，访问 http://localhost:8848/nacos，可以在服务列表中看到两个微服务已成功注册。

② 查看当前路由配置信息。

访问 http://localhost:8001/actuator/gateway/routes，可以看到在微服务启动后，本地已经正确加载了路由配置，访问结果如图 4-6 所示。

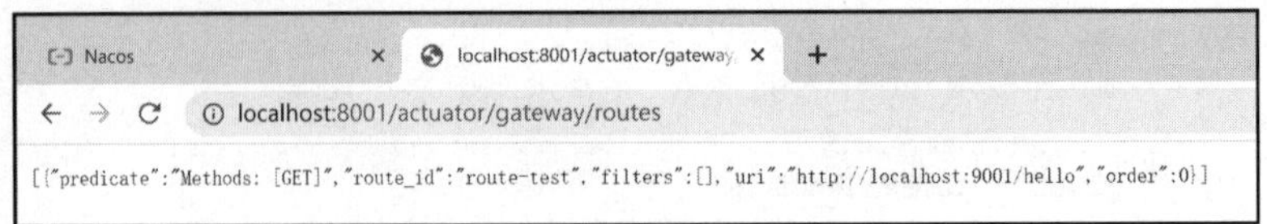

图 4-6　初始路由配置加载结果

③ 新建路由配置。

新建路由配置信息，相关参数设置如图 4-7 所示。

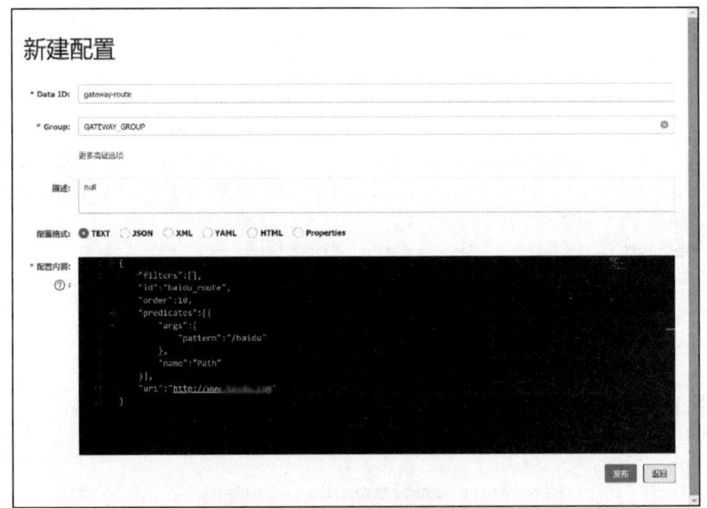

图 4-7　新建路由配置信息

完成后可在配置列表中看到刚才新建的路由配置信息，如图 4-8 所示。

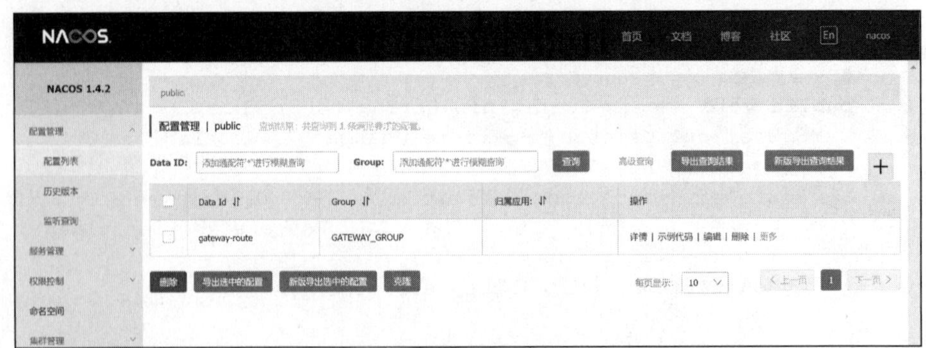

图 4-8　路由配置信息

④ 验证本地路由配置是否更新。

重新启动微服务 service-gateway，通过启动日志可以知道，已经成功获取到新的路由配置信息，如图 4-9 所示。

```
Console   Endpoints
---route config: {
    "filters":[],
    "id":"baidu_route",
    "order":10,
    "predicates":[{
        "args":{
            "pattern":"/baidu"
        },
        "name":"Path"
    }],
    "uri":"http://www.      .com"
}
```

图 4-9 微服务 service-gateway 的启动日志

再次访问 http://localhost:8001/actuator/gateway/routes，可以看到路由列表中已经添加了新创建的路由配置，表明动态路由已成功实现，访问结果如图 4-10 所示。

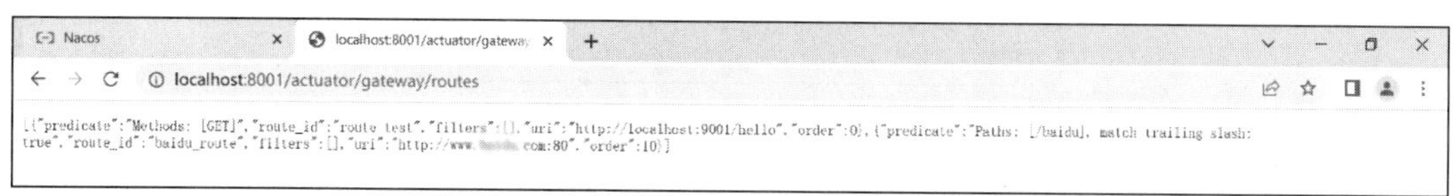

图 4-10 路由列表更新结果

【课堂实践】编写两个简单的 Gateway 和 provider 微服务注入 Nacos 注册中心，为 Gateway 微服务添加 Nacos 监听与路由配置，实现并验证路由配置的动态更新。

5. Gateway 路由断言工厂

微课 27

路由断言简介

从前文对 Gateway 的介绍中我们可以了解到，路由断言是 Gateway 的重要组成部分。Gateway 包括很多路由断言，当 HTTP 请求进入 Gateway 之后，由于实际工作中 Gateway 中存在多个路由，因此路由断言会根据配置的路由规则对请求进行断言匹配，若匹配成功则从相应路由转发。

Gateway 内置了丰富的路由断言，例如 After、Before、Between、Cookie、Header、Method、Path、Query 等，接下来将具体介绍几种常见的内置路由断言。

【案例 4-3】实现 7 种常见的内置路由断言。创建父工程 unit4Demo3-gateway-predicate，将案例 4-1 中的 service-gateway 与 service-provider 文件夹复制到该父工程下，并修改两者的 pom.xml 文件，之后运行两个服务，并启动 Nacos 查看是否已正确开启服务。实现路由断言的基本方法如下。

（1）After 路由断言

After 路由断言仅有一个参数——日期时间，它必须是 UTC 时间格式，时间单位可以是小时、分钟、周、月、年。对请求进行断言匹配时，该路由断言的主要作用是当请求进来的时间大于配置的时间时，则匹配成功，否则匹配失败。与之相反的是 Before 路由断言，在用法上两者是一致的。为网关服务配置 After 路由断言的基本步骤如下。

① 生成日期时间参数。在 unit4Demo3-gateway-predicate\service-gateway\src\main\java\cn\js\ccit 路径下新建 PredicateAfter.java 文件。在此以阻止访问即路由不匹配为例，根据 After 路由断言规则，应当配置当前时间之后的时间，代码如下所示。

```
package cn.js.ccit;

import java.time.ZonedDateTime;
import java.time.format.DateTimeFormatter;

public class PredicateAfter {
    public static void main(String[] args){
        System.out.println(ZonedDateTime.now().plusHours(1).format(
                DateTimeFormatter.ISO_ZONED_DATE_TIME));
    }
}
```

运行该文件，在启动日志中复制日期时间参数，如图 4-11 所示。

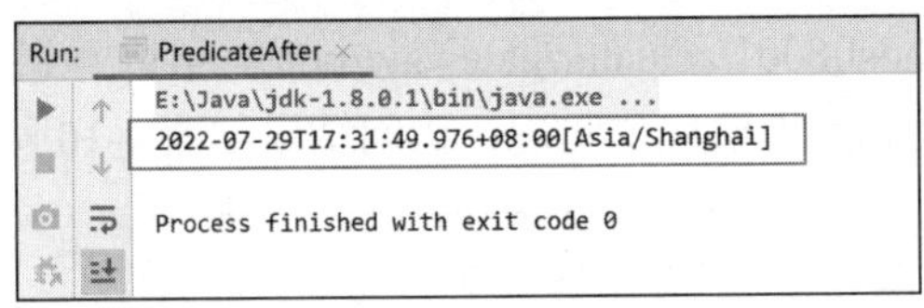

图 4-11　复制日期时间参数

② 修改 service-gateway 微服务的 application.yml 文件。在其中添加 After 路由断言，并写入步骤①中的日期时间参数，其中 service-provider 端口号为 9001，代码如下所示。

```
server:
  port: 8001
spring:
  application:
    name: service-gateway
  cloud:
    routes:
      - id: route-after
        uri: http://localhost:9001
        predicates:
          - After=2022-07-29T17:31:49.976+08:00[Asia/Shanghai]
```

③ 验证 After 路由断言。启动两个微服务 service-provider 和 service-gateway，通过 Gateway 端口号 8001 及服务名“service-provider”访问服务接口，即访问 http://localhost:8001/hello?name=gateway，显示无法访问，说明访问请求被阻止，页面如图 4-12 所示。

localhost:8001/hello?name=gateway

Whitelabel Error Page

This application has no configured error view, so you are seeing this as a fallback.

Fri Jul 29 16:32:33 CST 2022
[ffe4ca74-1] There was an unexpected error (type=Not Found, status=404).

图 4-12　路由不匹配导致访问请求被阻止

修改 service-gateway 微服务的 application.yml 文件，将 After 路由断言中的日期时间参数设置为原来时间的 1h 之前，重新启动 service-gateway 微服务并访问 hello 接口，恢复正常访问，说明满足 After 路由断言要求即可成功匹配路由并正常访问，页面如图 4-13 所示。

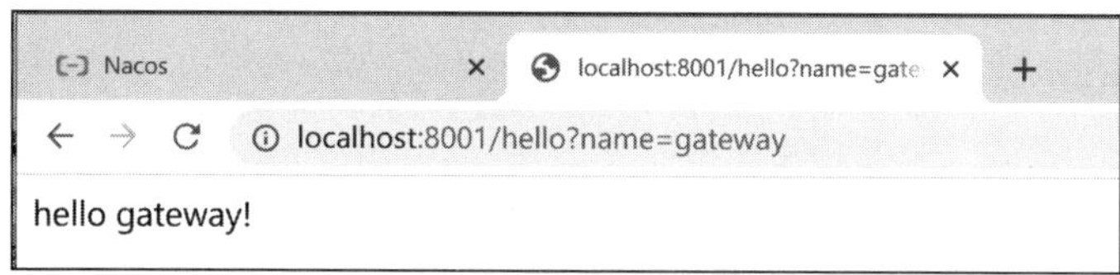

图 4-13 路由匹配访问正常

（2）Between 路由断言

Between 路由断言包含两个参数：datatime1 和 datatime2。该路由断言用于匹配 datatime1 和 datatime2 之间发生的请求，其中 datatime2 参数的时间必须在 datatime1 参数的时间之后。

修改 service-gateway 微服务的 application.yml 配置文件，代码如下所示。

```
server:
  port: 8001
spring:
  application:
    name: service-gateway
  cloud:
    gateway:
      routes:
        - id: route-between
          uri: http://localhost:9001
          predicates:
            - Between=2022-07-29T16:07:18.601+08:00[Asia/Shanghai],
2022-07-29T18:27:37.491+08:00[Asia/Shanghai]
```

（3）Cookie 路由断言

Cookie 路由断言有两个参数：Cookie 名称（name）和正则表达式形式的值（value）。该路由断言用于匹配具有给定名称且值与正则表达式匹配的 Cookie。

修改 service-gateway 微服务的 application.yml 配置文件，代码如下所示。

```
server:
  port: 8001
spring:
  application:
    name: service-gateway
  cloud:
    gateway:
      routes:
        - id: route-cookie
          uri: http://localhost:9001/hello
          predicates:
            - Cookie=test, ch.p
```

（4）Header 路由断言

Header 路由断言有两个参数：Header 名称（name）和正则表达式形式的值（value）。该路由断言用于匹配具有给定名称且值与正则表达式匹配的 HTTP 头。

修改 service-gateway 微服务的 application.yml 配置文件，代码如下所示。

```
server:
  port: 8001
spring:
  application:
    name: service-gateway
  cloud:
    gateway:
      routes:
        - id: route-header
          uri: http://localhost:9001
          predicates:
            - Header=X-Request-Id, \d+
```

（5）Method 路由断言

Method 路由断言只有一个参数，HTTP 请求的方法在配置之中时，匹配成功。

修改 service-gateway 微服务的 application.yml 配置文件，代码如下所示。

```
server:
  port: 8001
spring:
  application:
    name: service-gateway
  cloud:
    gateway:
      routes:
        - id: route-method
          uri: http://localhost:9001
          predicates:
            - Method=GET,POST
```

（6）Path 路由断言

Path 路由断言只有一个参数：Spring PathMacher 模式。当 HTTP 请求的路径符合配置的路径模式时，匹配成功。

修改 service-gateway 微服务的 application.yml 配置文件，代码如下所示。

```
server:
  port: 8001
spring:
  application:
    name: service-gateway
  cloud:
    gateway:
      routes:
        - id: route-path
          uri: http://localhost:9001
          predicates:
            - Path=/red/{segment},/blue/{segment}
```

根据以上路由规则，如果请求路径是“/red/1”或“/blue/bar”，即可匹配成功。

（7）Query 路由断言

Query 路由断言有两个参数：param（必填）和 regexp（选填）。当 HTTP 请求的参数符合配置时，匹配成功。

① 仅包含参数 param。

修改 service-gateway 微服务的 application.yml 配置文件，代码如下所示。

```
server:
  port: 8001
spring:
  application:
    name: service-gateway
  cloud:
    gateway:
      routes:
        - id: route-query
          uri: http://localhost:9001
          predicates:
            - Query=green
```

根据以上路由规则，当请求中包含“green”参数时，即可匹配成功。

② 包含参数 param 和 regexp。

修改 service-gateway 微服务的 application.yml 配置文件，代码如下所示。

```
server:
  port: 8001
spring:
  application:
    name: service-gateway
  cloud:
    gateway:
      routes:
        - id: route-query
          uri: http://localhost:9001
          predicates:
            - Query= red, gree.
```

根据以上路由规则，当请求中包含“red”参数，且其值匹配正则表达式“gree.”时，即可匹配成功。

【课堂实践】编写两个简单的 Gateway 和 provider 微服务注入 Nacos 注册中心，尝试用不同的路由断言并验证其访问结果。

微课 28

过滤器简介

6. Gateway 过滤器工厂

过滤器和路由断言一样，是 Gateway 的重要组成部分，过滤器允许以某种方式修改传入的 HTTP 请求或传出的 HTTP 响应。Gateway 内置丰富的过滤器，例如 AddRequestHeader、AddRequestParameter、AddResponseHeader、RemoveRequestHeader、StripPrefix、RewritePath、LoadBalancerClientFilter，下面将介绍常见过滤器的使用方法。

【案例 4-4】实现 7 种常见的内置过滤器。创建父工程 unit4Demo4-gateway-filter 并将案例 4-1 中的 service-gateway 与 service-provider 文件夹复制到该父工程下，修改两者的 pom.xml 文件并运行两个服务，启动 Nacos 查看是否已正确开启服务。过滤器的基本使用方法如下。

（1）AddRequestHeader 过滤器

AddRequestHeader 过滤器包含两个参数：name 和 value。value 能够作为新的请求头，添加到当前请求中。实现 AddRequestHeader 过滤器的基本步骤如下。

① 在 service-provider 微服务中添加测试接口“/test/head”，修改 providerController.java 文件，代码如下所示。

```
package cn.js.ccit;

import org.springframework.web.bind.annotation.GetMapping;
import org.springframework.web.bind.annotation.RequestParam;
import org.springframework.web.bind.annotation.RestController;

import javax.servlet.http.HttpServletRequest;
import javax.servlet.http.HttpServletResponse;

@RestController
public class ProviderController {
    //AddRequestHeader 过滤器
    @GetMapping("/test/head")
    public String testGatewayHead(HttpServletRequest request, HttpServlet
    Response response){
        String head=request.getHeader("X-Request-red");
        return "X-Request-red : "+head;
    }
}
```

② 修改 service-gateway 微服务的 application.yml 文件，添加 AddRequestHeader 过滤器，代码如下所示。

```
server:
  port: 8001
spring:
  application:
    name: service-gateway
  cloud:
    gateway:
      routes:
        - id: addheader-route
          uri: http://localhost:9001/test/head
          predicates:
            - Method=GET
          filters:
            - AddRequestHeader=X-Request-red, blue
```

③ 验证 AddRequestHeader 过滤器。启动两个微服务 service-provider 和 service-gateway，访问 http://localhost:8001/test/head，可以看到通过“/test/head”接口成功将值添加到当前请求中，访问结果如图 4-14 所示。

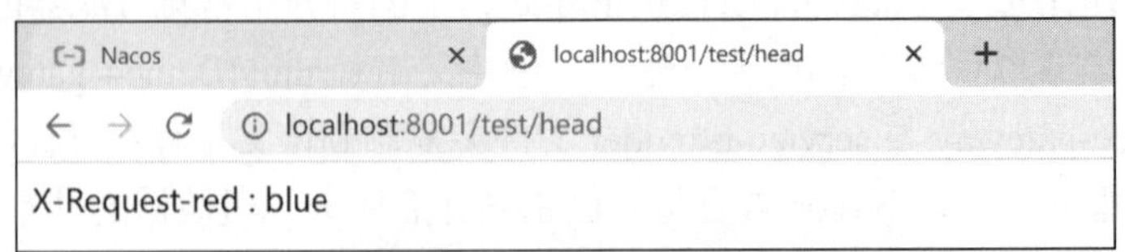

图 4-14　AddRequestHeader 过滤器实现效果

（2）AddRequestParameter 过滤器

AddRequestParameter 过滤器包含两个参数：name 和 value。value 能够作为新的请求参

数，添加到当前请求中。实现 AddRequestParameter 过滤器的基本步骤如下。

① 在 service-provider 微服务中添加测试接口 "/test/param"，修改 providerController.java 文件，代码如下所示。

```
package cn.js.ccit.controller;

import org.springframework.web.bind.annotation.GetMapping;
import org.springframework.web.bind.annotation.RequestParam;
import org.springframework.web.bind.annotation.RestController;

import javax.servlet.http.HttpServletRequest;
import javax.servlet.http.HttpServletResponse;

@RestController
public class ProviderController {
    //AddRequestParameter 过滤器
    @GetMapping("/test/param")
    public String testGatewayParam(HttpServletRequest request, HttpServletResponse
    response){
        String val = request.getParameter("red");
        return "param red : " + val;
    }
}
```

② 修改 service-gateway 微服务的 application.yml 文件，添加 AddRequestParameter 过滤器，代码如下所示。

```
server:
 port: 8001
spring:
 application:
  name: service-gateway
 cloud:
  gateway:
   routes:
   - id: add_request_parameter_route
     uri: http://localhost:9001/test/param
     predicates:
      - Method=GET
      filters:
      - AddRequestParameter=red, blue
```

③ 验证 AddRequestParameter 过滤器。启动两个微服务 service-provider 和 service-gateway，访问 http://localhost:8001/test/param，可以看到通过 "/test/param" 接口成功将值添加到当前请求中，访问结果如图 4-15 所示。

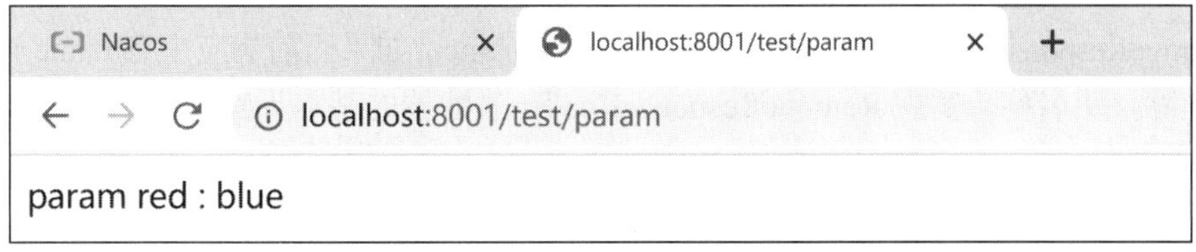

图 4-15 AddRequestParameter 过滤器实现效果

（3）AddResponseHeader 过滤器

AddResponseHeader 过滤器包含两个参数：name 和 value。value 能够作为新的响应头信息，添加到当前请求中。实现 AddResponseHeader 过滤器的基本步骤如下。

① 保留 service-provider 中的"/hello"接口，修改 service-gateway 微服务的 application.yml 文件，添加 AddResponseHeader 过滤器，代码如下所示。

```
server:
  port: 8001
spring:
  application:
    name: service-gateway
  cloud:
    gateway:
      routes:
        - id: add_request_header_route
          uri: http://localhost:9001/hello
          predicates:
            - Method=GET
          filters:
            - AddResponseHeader=X-Response-Red, Blue
```

② 验证 AddResponseHeader 过滤器。启动两个微服务 service-provider 和 service-gateway，访问 http://localhost:8001/hello?name=AddResponseHeader，访问结果如图 4-16 所示。

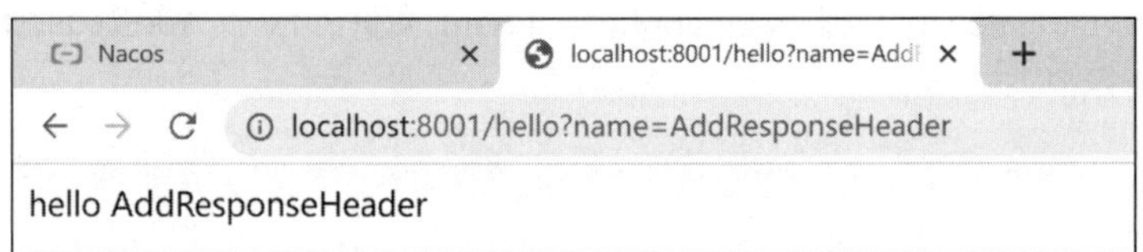

图 4-16　AddResponseHeader 过滤器实现效果

在 Chrome 浏览器中右击，选择"检查"，然后单击"Network"选项并刷新网站，随意单击一个数据包，单击数据包旁边的 Header 查看该页面响应头信息数据，可以看到已经通过 AddResponseHeader 过滤器添加了响应头 Blue，查看结果如图 4-17 所示。

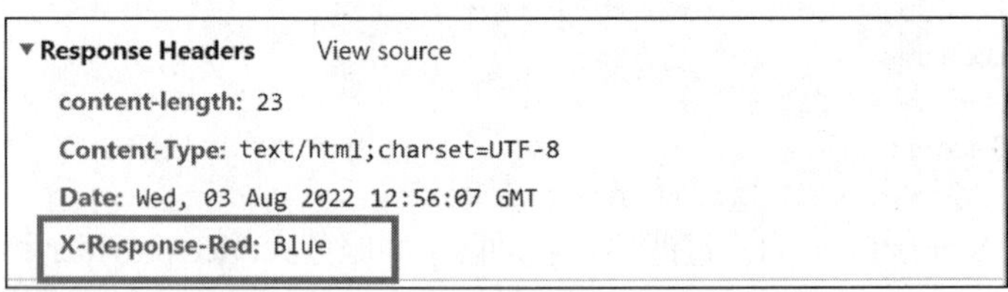

图 4-17　使用 AddResponseHeader 过滤器的响应头添加结果

（4）RemoveResponseHeader 过滤器

RemoveResponseHeader 过滤器包含一个参数：name。如果当前响应中有 name 这个头名称，则删除该头名称。实现 RemoveResponseHeader 过滤器的基本步骤如下。

① 在 service-provider 微服务中添加测试接口"/test/ reresheader"，修改 providerController.java 文件，代码如下所示。

```
package cn.js.ccit.controller;
```

```
import org.springframework.web.bind.annotation.GetMapping;
import org.springframework.web.bind.annotation.RequestParam;
import org.springframework.web.bind.annotation.RestController;

import javax.servlet.http.HttpServletRequest;
import javax.servlet.http.HttpServletResponse;

@RestController
public class ProviderController {

    @GetMapping("/test/reresheader")
public String resheader(HttpServletRequest request, HttpServletResponse
response){
    response.setHeader("X-Response-red","blue");
    return "ok";
}

}
```

② 修改 service-gateway 微服务的 application.yml 文件，添加 RemoveResponseHeader 过滤器，代码如下所示。

```
server:
  port: 8001
spring:
  application:
    name: service-gateway
  cloud:
    gateway:
      routes:
        - id: remove_response_header_route
          uri: http://localhost:9001/ test/reresheader
          predicates:
            - Method=GET
          filters:
            - RemoveResponseHeader=X-Response-red
```

③ 验证 RemoveResponseHeader 过滤器。启动两个微服务 service-provider 和 service-gateway，访问 http://localhost:8001/test/reresheader，并查看该页面响应头信息，可以看到已经通过 RemoveResponseHeader 过滤器删除了包含 X-Response-red 头信息的请求，结果如图 4-18 所示。

```
▾ Response Headers    View source
  content-length: 23
  Content-Type: text/html;charset=UTF-8
  Date: Wed, 03 Aug 2022 13:09:21 GMT
```

图 4-18　RemoveResponseHeader 过滤器的删除结果

（5）StripPrefix 过滤器

StripPrefix 过滤器包含一个参数：数字。该参数用于指定从请求路径中截取的前面的部分数。实现 StripPrefix 过滤器的基本步骤如下。

① 保留 service-provider 中的“/hello”接口，修改 service-gateway 微服务的 application.yml

文件，添加 StripPrefix 过滤器，代码如下所示。

```
server:
  port: 8001
spring:
  application:
    name: service-gateway
  cloud:
    gateway:
      routes:
        - id: strip_prefix_route
          uri: http://localhost:9001/hello
          predicates:
            - Path=/red/**
          filters:
            - StripPrefix=2
```

② 验证 StripPrefix 过滤器。启动两个微服务 service-provider 和 service-gateway，访问 http://localhost:8001/red/blue/hello?name=StripPrefix，可以正常访问，路径中的“/red/blue”被自动截取，访问结果如图 4-19 所示。

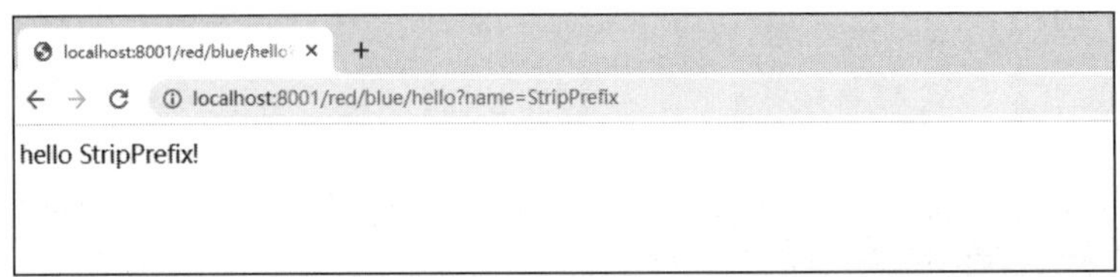

图 4-19　StripPrefix 过滤器实现效果

（6）RewritePath 过滤器

RewritePath 过滤器包含两个参数——正则表达式和替换字符，用于对请求路径做正则替换。实现 RewritePath 过滤器的基本步骤如下。

① 保留 service-provider 中的“/hello”接口，修改 service-gateway 微服务的 application.yml 文件，添加 RewritePath 过滤器，代码如下所示。

```
server:
  port: 8001
spring:
  application:
    name: service-gateway
  cloud:
    gateway:
      routes:
        - id: rewritepath_route
          uri: http://localhost:9001/hello
          predicates:
            - Path=/red/**
          filters:
            - RewritePath=/red(?&lt;segment&gt;/?.*), $\{segment}
```

② 验证 RewritePath 过滤器。启动两个微服务 service-provider 和 service-gateway，访问 http://localhost:8001/red/hello?name=RewritePath，可以正常访问，路径中的“red/hello”被替换为“/hello”，访问结果如图 4-20 所示。

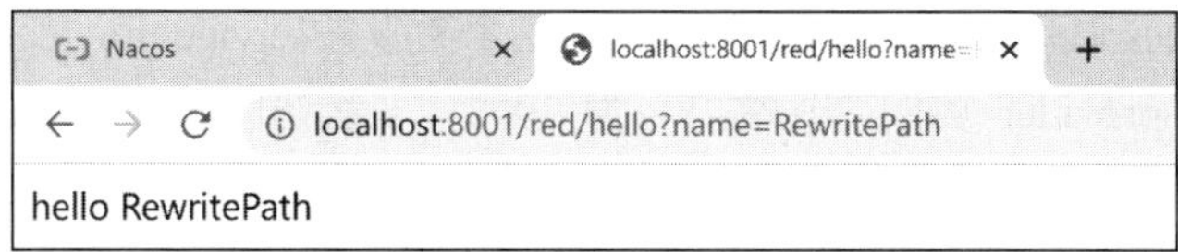

图 4-20 RewritePath 过滤器实现效果

（7）LoadBalancerClientFilter 过滤器

LoadBalancerClientFilter 过滤器用于以负载均衡的方式获取实际的 URI。采用 LoadBalancerClientFilter 过滤器时，当 URI 前缀为“lb”时，将会获取服务实例的 IP 地址、端口号，并替换为 URI，以达到负载均衡的效果。实现 LoadBalancerClientFilter 过滤器的基本步骤如下。

① 在 service-provider 微服务中添加测试接口“/test/lb”，输出当前实例的端口号，修改 providerController.java 文件，代码如下所示。

```
package cn.js.ccit.controller;

import org.springframework.beans.factory.annotation.Value;
import org.springframework.web.bind.annotation.GetMapping;
import org.springframework.web.bind.annotation.RequestParam;
import org.springframework.web.bind.annotation.RestController;

@RestController
public class ProviderController {
    @GetMapping("/hello")
    public String hello(@RequestParam String name) {
        return "hello " + name;
    }
//    LoadBalancerClientFilter过滤器
    @Value("${server.port}")
    Integer port;

    @GetMapping("/test/lb")
    public String testLB(){
        return "port: " + port;
    }
}
```

② 修改 service-gateway 微服务的 application.yml 文件，添加 LoadBalancerClientFilter 过滤器，代码如下所示。

```
server:
  port: 8001
spring:
  application:
    name: service-gateway
  cloud:
    gateway:
      routes:
        - id: lb-route
          uri: lb://service-provider
          predicates:
            - Path=/**
```

③ 验证LoadBalancerClientFilter过滤器。启动两个微服务service-provider和service-gateway，再启动一个 service-provider 实例，其端口号为 9002，多次访问 http://localhost:8001/test/lb，可以看到返回的端口号为 service-provider 实例 1 的 9001 或 service-provider 实例 2 的 9002，说明过滤器已经生效，访问结果如图 4-21、图 4-22 所示。

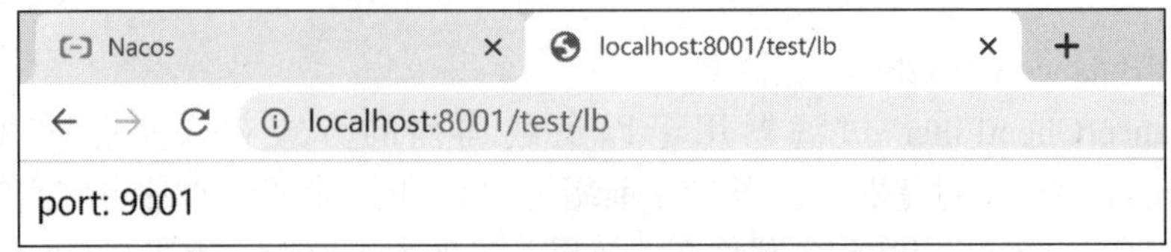

图 4-21　LoadBalancerClientFilter 过滤器实现效果（1）

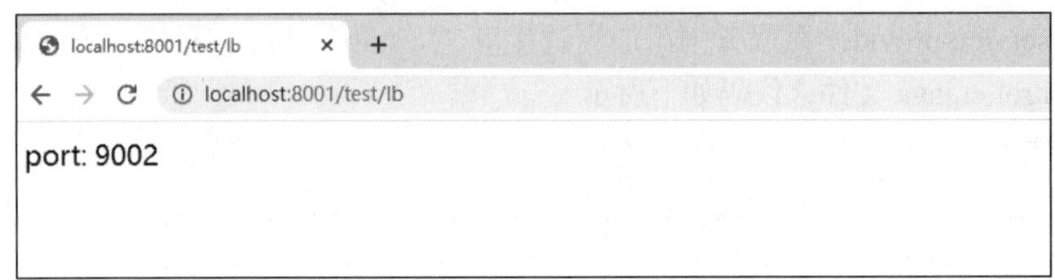

图 4-22　LoadBalancerClientFilter 过滤器实现效果（2）

【课堂实践】编写两个简单的 Gateway 和 provider 微服务注入 Nacos 注册中心中，尝试使用不同的过滤器并验证其访问结果。

微课 29

任务分析与实现

任务实现

在 SweetFlower 商城项目中，添加网关服务以实现基于服务发现的服务定位。所有微服务包括网关服务均注册在 Nacos 注册中心，通过网关即可获得所有的服务列表。用户在请求接口时，需要在请求前面加上相应的服务名，例如要请求商品微服务的 products 接口，则要在请求中添加“/product/products”。网关接收到请求后，即可根据服务名找到具体的服务实例，然后转发请求至目标实例，从而实现服务定位，具体步骤如下。

1. 网关微服务

① 添加依赖。修改网关微服务的 pom.xml 文件，追加 Nacos 服务发现组件 spring-cloud-starter-alibaba-nacos-discovery 以及网关依赖，修改后的 pom.xml 文件代码如下所示。

```
<?xml version="1.0" encoding="UTF-8"?>
<project xmlns="http://maven.apache.org/POM/4.0.0"
         xmlns:xsi="http://www.w3.org/2001/XMLSchema-instance"
         xsi:schemaLocation="http://maven.apache.org/POM/4.0.0
         http://maven.apache.org/xsd/maven-4.0.0.xsd">
    <parent>
        <artifactId>flowersmall</artifactId>
        <groupId>cn.js.ccit</groupId>
        <version>1.0-SNAPSHOT</version>
    </parent>
    <modelVersion>4.0.0</modelVersion>
```

```
    <artifactId>flowersmall-gateway</artifactId>
    <dependencies>
        <!-- actuator-->
        <dependency>
            <groupId>org.springframework.boot</groupId>
            <artifactId>spring-boot-starter-actuator</artifactId>
            <!--<version>2.1.5.RELEASE</version>-->
        </dependency>
        <!-- nacos-config-->
        <dependency>
            <groupId>com.alibaba.cloud</groupId>
            <artifactId>spring-cloud-starter-alibaba-nacos-config</artifactId>
        </dependency>
        <dependency>
            <groupId>org.springframework.cloud</groupId>
            <artifactId>spring-cloud-starter-bootstrap</artifactId>
        </dependency>
        <!-- Sentinel-->
        <dependency>
            <groupId>com.alibaba.cloud</groupId>
            <artifactId>spring-cloud-starter-alibaba-sentinel</artifactId>
           <!--<version>2.1.0.RELEASE</version>-->
        </dependency>
        <dependency>
            <groupId>com.alibaba.cloud</groupId>
            <artifactId>spring-cloud-alibaba-sentinel-gateway</artifactId>
            <!--<version>2.1.0.RELEASE</version>-->
        </dependency>
        <!--nacos-discovery、Gateway -->
        <!--注意:Nacos 兼容 Feign, Feign 集成 Ribbon, 默认实现负载均衡; Nacos 不兼容
        Gateway 自带的 Ribbon-->
        <dependency>
            <groupId>com.alibaba.cloud</groupId>
            <artifactId>spring-cloud-starter-alibaba-nacos-discovery</artifactId>
            <exclusions>
                <exclusion>
                    <artifactId>guava</artifactId>
                    <groupId>com.google.guava</groupId>
                </exclusion>
            </exclusions>
        </dependency>
        <dependency>
            <groupId>org.springframework.cloud</groupId>
            <artifactId>spring-cloud-starter-gateway</artifactId>
        </dependency>
        <!--Fegin 组件 fhadmin.org-->
        <dependency>
            <groupId>org.springframework.cloud</groupId>
            <artifactId>spring-cloud-starter-openfeign</artifactId>
        </dependency>
```

```
        <!--为负载平衡指定客户端-->
        <dependency>
            <groupId>org.springframework.cloud</groupId>
            <artifactId>spring-cloud-loadbalancer</artifactId>
        </dependency>
        <dependency>
            <groupId>org.springframework</groupId>
            <artifactId>spring-webmvc</artifactId>
        </dependency>
    </dependencies>
</project>
```

② 添加 Nacos 配置与路由配置。在 application.yml 文件中追加 Nacos 注册中心地址"localhost:8848"，代码如下所示。

```
server:
  port: 9000
spring:
  application:
    name: gateway
  cloud:
    nacos:
      discovery:
        server-addr: localhost:8848
    gateway:
      discovery:
        locator:
          enabled: true
```

③ 添加注解。在启动类 FlowersmallGatewayApplication 上追加@EnableDiscoveryClient 注解，开启服务注册与发现功能，代码如下所示。

```
package cn.js.ccit.flowersmall.gateway;

import org.springframework.boot.SpringApplication;
import org.springframework.boot.autoconfigure.SpringBootApplication;
import org.springframework.cloud.client.discovery.EnableDiscoveryClient;

@EnableDiscoveryClient
@SpringBootApplication
public class FlowersmallGatewayApplication {
    public static void main(String[] args) {
        SpringApplication.run(FlowersmallGatewayApplication.class,args);
    }
}
```

2. 接口验证

在 IDEA 工具中启动网关微服务和商品微服务。启动 Nacos，访问 http://localhost:8848/nacos，查看"服务管理"下的"服务列表"，可发现网关微服务和商品微服务实例，接下来采用两种方式访问商品微服务的 products 接口。

第一种，直接访问 products 接口，访问路径为 http://localhost:8001/products，访问结果如图 4-23 所示，访问成功。

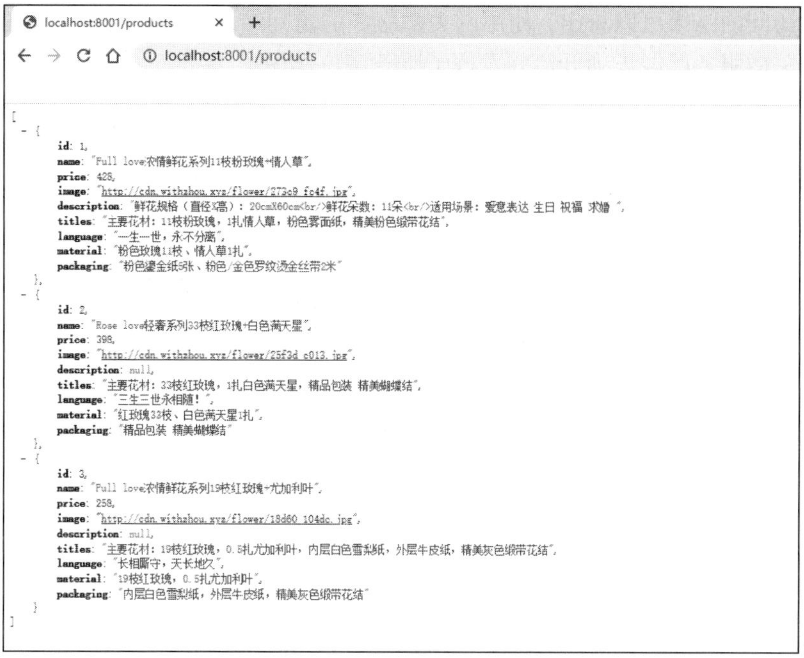

localhost:8001/products


```
[
  - {
      id: 1,
      name: "Full love浓情鲜花系列11枝粉玫瑰+情人草",
      price: 428,
      image: "http://cdn.withzhou.xyz/flower/273c9_fc4f.jpg",
      description: "鲜花规格（直径X高）：20cmX60cm<br/>鲜花朵数：11朵<br/>适用场景：爱意表达 生日 祝福 求婚 ",
      titles: "主要花材：11枝粉玫瑰，1扎情人草，粉色雾面纸，精美粉色缎带花结",
      language: "一生一世，永不分离",
      material: "粉色玫瑰11枝、情人草1扎",
      packaging: "粉色鎏金纸5张、粉色/金色罗纹烫金丝带2米"
    },
  - {
      id: 2,
      name: "Rose love轻奢系列33枝红玫瑰+白色满天星",
      price: 398,
      image: "http://cdn.withzhou.xyz/flower/25f3d_c013.jpg",
      description: null,
      titles: "主要花材：33枝红玫瑰，1扎白色满天星，精品包装 精美蝴蝶结",
      language: "三生三世永相随！",
      material: "红玫瑰33枝、白色满天星1扎",
      packaging: "精品包装 精美蝴蝶结"
    },
  - {
      id: 3,
      name: "Full love浓情鲜花系列19枝红玫瑰+尤加利叶",
      price: 258,
      image: "http://cdn.withzhou.xyz/flower/18d60_104dc.jpg",
      description: null,
      titles: "主要花材：19枝红玫瑰，0.5扎尤加利叶，内层白色雪梨纸，外层牛皮纸，精美灰色缎带花结",
      language: "长相厮守，天长地久",
      material: "19枝红玫瑰，0.5扎尤加利叶",
      packaging: "内层白色雪梨纸，外层牛皮纸，精美灰色缎带花结"
    }
]
```


图 4-23　直接访问 products 接口

第二种，通过网关微服务访问接口，此时需要在请求中添加商品微服务名，访问路径为 http://localhost:9000/product/products，访问结果如图 4-24 所示，访问成功。

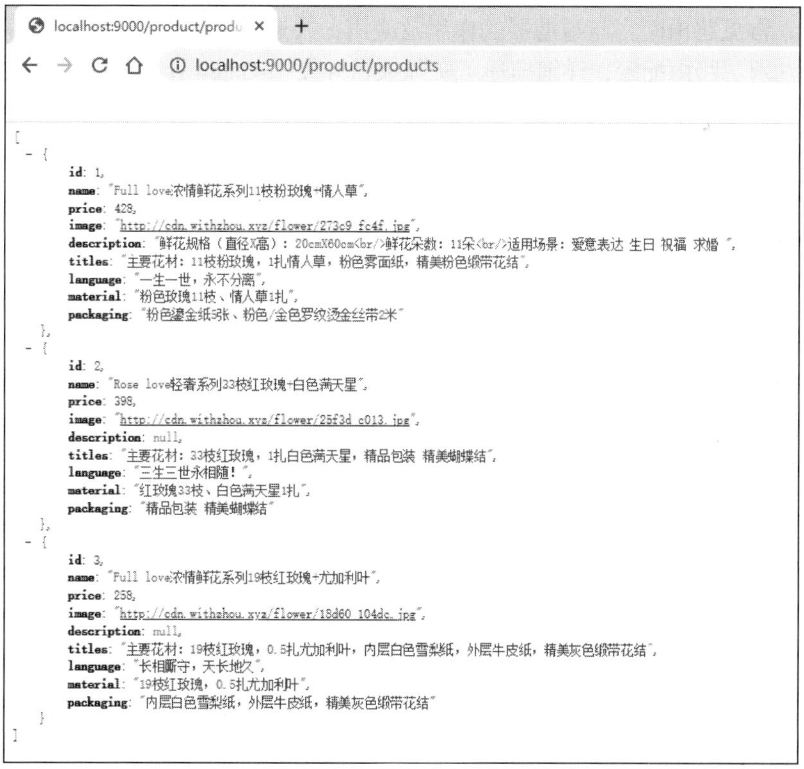

localhost:9000/product/products


```
[
  - {
      id: 1,
      name: "Full love浓情鲜花系列11枝粉玫瑰+情人草",
      price: 428,
      image: "http://cdn.withzhou.xyz/flower/273c9_fc4f.jpg",
      description: "鲜花规格（直径X高）：20cmX60cm<br/>鲜花朵数：11朵<br/>适用场景：爱意表达 生日 祝福 求婚 ",
      titles: "主要花材：11枝粉玫瑰，1扎情人草，粉色雾面纸，精美粉色缎带花结",
      language: "一生一世，永不分离",
      material: "粉色玫瑰11枝、情人草1扎",
      packaging: "粉色鎏金纸5张、粉色/金色罗纹烫金丝带2米"
    },
  - {
      id: 2,
      name: "Rose love轻奢系列33枝红玫瑰+白色满天星",
      price: 398,
      image: "http://cdn.withzhou.xyz/flower/25f3d_c013.jpg",
      description: null,
      titles: "主要花材：33枝红玫瑰，1扎白色满天星，精品包装 精美蝴蝶结",
      language: "三生三世永相随！",
      material: "红玫瑰33枝、白色满天星1扎",
      packaging: "精品包装 精美蝴蝶结"
    },
  - {
      id: 3,
      name: "Full love浓情鲜花系列19枝红玫瑰+尤加利叶",
      price: 258,
      image: "http://cdn.withzhou.xyz/flower/18d60_104dc.jpg",
      description: null,
      titles: "主要花材：19枝红玫瑰，0.5扎尤加利叶，内层白色雪梨纸，外层牛皮纸，精美灰色缎带花结",
      language: "长相厮守，天长地久",
      material: "19枝红玫瑰，0.5扎尤加利叶",
      packaging: "内层白色雪梨纸，外层牛皮纸，精美灰色缎带花结"
    }
]
```


图 4-24　通过网关微服务访问 products 接口

从两次访问的结果可以看出，使用网关微服务的访问结果与直接访问接口的结果是一致的，说明网关微服务已经正确开启并发挥了服务定位作用。

拓展实践

实践任务	基于路由断言的鲜花定时抢购
任务描述	自定义网关和服务提供者两个微服务，利用 After 路由断言实现简易的鲜花定时抢购
主要思路及步骤	1. 创建 service-provider 微服务和 service-gateway 网关微服务 2. 修改两个微服务的 pom.xml 文件，追加 Nacos 服务发现组件与 Gateway 依赖 3. 修改 service-provider 微服务的 providerController.java 文件，创建订购鲜花接口 4. 在网关微服务的 application.yml 文件中追加 Nacos 注册中心地址与路由配置，路由配置规则为：在服务启动 1min 之后才能开启订购鲜花接口 5. 在两个微服务的启动类上追加@EnableDiscoveryClient 注解，开启服务注册与发现功能 6. 启动两个微服务，并分别在 1min 内与 1min 后访问订购鲜花接口，验证路由断言是否已正确实现
任务总结	

单元小结

本单元主要介绍了 Gateway 的基本原理、主要特性、核心工作流程，动态路由实现方案与配置规则，常见路由断言与过滤器的作用及应用；并通过实现 SweetFlower 商城项目中网关微服务的注册、路由配置，详细描述了实际项目开发中 Gateway 基于服务发现的服务定位实现步骤。

单元习题

一、单选题

1.（　　）的主要作用是判断当请求的时间大于配置的时间时，如果是则路由匹配成功，否则匹配失败。

A. After 路由断言　　B. Before 路由断言
C. Cookie 路由断言　　D. Between 路由断言

2. 下列不属于 Gateway 组成部分的是（　　）。

A. 路由　　B. 路由断言　　C. 过滤器　　D. 网卡

3. 下列不属于常用的路由断言的是（　　）。

A. Path 路由断言　　B. After 路由断言
C. Between 路由断言　　D. Writer 路由断言

4. Gateway 提供了修改路由的接口（　　），只有通过这个接口才能修改动态路由。

A. RouteDefinitionReader　　B. RouteDefinitionWriter
C. RouteWriter　　D. RouteReader

5. Spring Cloud Gateway 与 Zuul 的区别是（　　）。
   A. Spring Cloud Gateway 基于 Spring Boot 实现，而 Zuul 不是
   B. Spring Cloud Gateway 支持负载均衡，而 Zuul 不支持
   C. Spring Cloud Gateway 支持多种路由方式，而 Zuul 只支持一种
   D. 以上都正确
6. Spring Cloud Gateway 基于（　　）实现的。
   A. Spring Boot 1.x　　B. Spring Boot 2.x
   C. Spring Boot 3.x　　D. Spring Boot 4.x

二、填空题

1. Gateway 是在 Spring 生态系统上构建的________________。

2. 路由规则是网关的核心内容，配置在应用的属性配置文件中，项目启动的时候将路由规则加载到内存中，这属于________________。

3. Gateway 创建路由对象时，使用________________创建路由断言对象，路由断言对象可以赋给路由对象。

4. Gateway 包含多个路由，每个路由包含唯一的________________、________________、________________和________________。

单元 5 基于 Spring Cloud OAuth 2.0 的安全机制

在微服务架构中，各服务之间、系统与第三方客户端之间，存在着普遍的资源访问。如何对这些资源访问进行权限管理，是一个热点问题。本单元主要介绍基于 Spring Cloud OAuth 2.0 的登录认证、授权机制，并以此实现 SweetFlower 商城项目中的用户认证授权服务器。

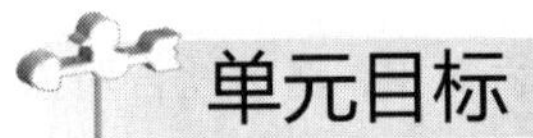

单元目标

【知识目标】

- 熟悉 Spring Cloud OAuth 2.0 的特性
- 熟悉 Spring Cloud OAuth 2.0 的 4 种授权方式
- 熟悉基于角色的访问控制模型的原理

【能力目标】

- 能熟练使用 Spring Cloud OAuth 2.0 实现登录认证
- 能熟练使用 Spring Cloud OAuth 2.0 实现基于角色的访问控制

【素质目标】

- 培养编写符合规范的代码的能力
- 增强软件开发安全意识

任务 5.1 基于 Spring Cloud OAuth 2.0 的登录认证

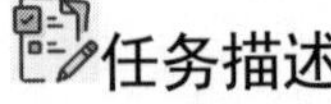

任务描述

一般来说，Web 应用的安全性包括用户认证（Authentication）和用户授权（Authorization）两个部分。用户认证指的是验证某个用户是否为系统的合法主体，也就是验证用户能否访问系统。而用户授权指的是验证某个用户是否有权限执行某个操作。请基于框架 Spring Cloud OAuth 2.0 实现 SweetFlower 商城项目中的用户登录认证功能。

技术分析

SweetFlower 商城项目使用了微服务架构，在 Spring Cloud 体系中，有一套成熟的技术——Spring Cloud OAuth 2.0，可用于轻松实现用户的登录认证功能。除此以外，Spring Cloud OAuth

2.0 还可以支持更复杂的权限管理工作。

支撑知识

1. Spring Cloud OAuth 2.0 简介

Spring Cloud OAuth 2.0 是 Spring Cloud 体系对 OAuth 2.0 协议的实现，可以用来做多个微服务的统一认证（验证身份合法性）、授权（验证权限）。通过向 OAuth 2.0 服务（统一认证授权服务）发送某个类型的 grant_type 进行集中认证和授权，从而获得 access_token（访问令牌），而这个访问令牌是受其他微服务信任的。

（1）OAuth 2.0

OAuth 2.0 是一个开放标准，其允许用户让第三方应用访问该用户在某一网站上存储的私密资源（如照片、视频、联系人列表），而无须将用户名和密码提供给第三方应用。OAuth 2.0 允许用户提供一个访问令牌，可通过令牌而不是用户名和密码来访问用户存储在特定服务提供者处的数据。每一个访问令牌授权一个特定的网站（例如视频编辑网站）在特定的时段（例如接下来的 2h 内）访问特定的资源（例如某一相册中的视频）。这样，OAuth 2.0 让用户可以授权第三方网站访问他们存储在其他服务提供者处的某些特定信息，而非所有内容。

OAuth 2.0 是 OAuth 协议的延续版本，但不向前兼容 OAuth 1.0（即完全废止了 OAuth 1.0）。OAuth 2.0 关注客户端开发的简易性。OAuth 2.0 还为 Web 应用、桌面应用、手机和起居室设备等提供专门的认证流程。

（2）OAuth 2.0 的角色与工作流程

OAuth 2.0 定义了 4 种角色，具体如下。

- 资源所有者（Resource Owner）：能够许可受保护资源访问权限的实体；当资源所有者是个人时，作为最终用户被提及。
- 资源服务器（Resource Server）：托管受保护资源的服务器，能够接收和响应使用访问令牌的对受保护资源的请求。
- 客户端（Client）：使用资源所有者的授权，代表资源所有者发起对受保护资源的请求的应用程序。
- 授权服务器（Authorization Server）：颁发访问令牌给客户端的服务器。

OAuth 2.0 的工作流程如图 5-1 所示。

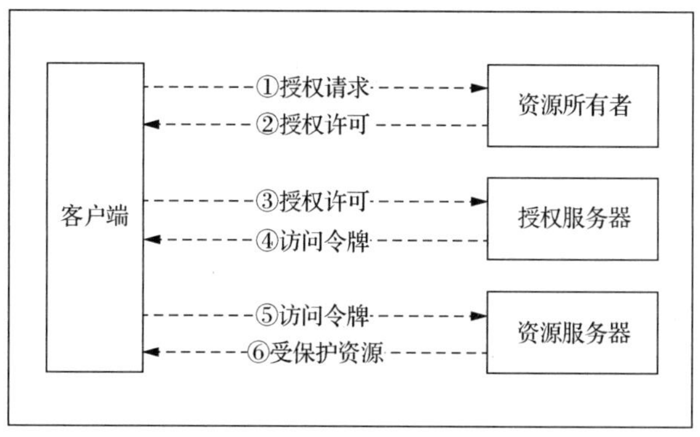

图 5-1 OAuth 2.0 的工作流程

图 5-1 所示的抽象 OAuth 2.0 工作流程描述了 4 个角色之间的交互，包括以下步骤。

① 客户端请求资源所有者授权。该授权请求可以直接呈现给资源所有者，也可间接通过授权服务器进行（例如跳转到授权服务器）。

② 客户端收到授权许可，即资源所有者授权的凭证，该凭证使用本规范中定义的四种授权类型之一或扩展授权类型表示。授权许可类型取决于客户端使用何种方法请求授权服务器，以及授权服务器支持哪些授权类型。

③ 客户端通过向授权服务器进行认证并呈现资源所有者授予的权限来请求访问令牌。

④ 授权服务器验证客户端并验证资源所有者授予的权限，如果验证有效，则颁发访问令牌。

⑤ 客户端从资源服务器请求受保护资源，并通过访问令牌进行身份验证。

⑥ 资源服务器验证访问令牌，如果有效，则为请求提供服务。

其中，客户端从资源所有者获得授权许可的首选方法（如步骤①和②所示）是使用授权服务器作为中介。

2. Spring Cloud OAuth 2.0 授权方式

授权许可（Authorization Grant）是资源所有者同意授权请求（访问受保护资源的请求）的凭证，客户端可以用它来获取访问令牌。OAuth 2.0 定义了 4 种授权方式，分别为授权码（Authorization Code）方式、简化（Implicit）方式、密码（Password）方式和客户端（Client）方式。

上面提到的访问令牌是用来访问受保护资源的凭证。访问令牌是一个代表授予客户端权限的字符串。该字符串通常对客户端不透明。访问令牌表示特定范围和持续时间的访问权限，由资源所有者授予，由资源服务器和授权服务器使用。

（1）授权码方式

授权码是通过授权服务器获得的，授权服务器是客户端和资源所有者之间的媒介。与客户端直接向资源所有者申请权限不同，客户端会把资源所有者（即用户）引向授权服务器进行认证，认证通过后，授权服务器会向客户端返回授权码。

（2）简化方式

简化方式是为在浏览器中使用诸如 JavaScript 之类的脚本语言而优化的一种简化的授权码方式。在简化方式中，通过资源拥有者可以授权服务器直接将令牌而不是授权码颁发给客户端。

（3）密码方式

资源所有者的密码凭证（如用户名和密码）可以直接用来获取访问令牌。凭证仅应在资源所有者高度信任客户端（比如应用是设备操作系统的一部分，或有较高权限的应用），并且其他授权方式（比如授权码方式）不可用时使用。

（4）客户端方式

当授权范围限于客户端控制下的受保护资源或先前与授权服务器一起安排的受保护资源时，客户端凭证（或其他形式的客户端身份证明）可用于授权许可。客户端凭证通常在客户端代表自己（客户端也是资源所有者）或基于先前与授权服务器一起安排的授权请求访问受保护资源时用于授权许可。

授权码方式是广泛使用的一种方式，下面通过一个案例说明如何通过授权码方式颁发访问令牌。

【案例 5-1】创建两个微服务，分别模拟授权服务器和资源服务器，基于 Spring Cloud OAuth 2.0 授权码方式对访问进行认证，基本步骤如下。

（1）父工程

创建父工程 unit5Demo1-oauth2 统一管理 Spring Boot、Spring Cloud 和 Spring Cloud Alibaba。

父工程选用的 jar 包版本如下。

- Spring Boot 2.6.3。
- Spring Cloud 2021.0.1。
- Spring Cloud Alibaba 2021.0.1.0。

父工程统一管理子模块依赖的版本号，pom.xml 文件代码如下所示。

```
    <?xml version="1.0" encoding="UTF-8"?>
<project xmlns="http://maven.apache.org/POM/4.0.0"
         xmlns:xsi="http://www.w3.org/2001/XMLSchema-instance"
         xsi:schemaLocation="http://maven.apache.org/POM/4.0.0
         http://maven.apache.org/xsd/maven-4.0.0.xsd">
    <modelVersion>4.0.0</modelVersion>

    <groupId>cn.js.ccit</groupId>
    <artifactId>unit5Demo1-oauth2</artifactId>
    <packaging>pom</packaging>
    <version>1.0-SNAPSHOT</version>
    <modules>
        <module>auth-server</module>
        <module>resource-server</module>
    </modules>

    <properties>
         <project.build.sourceEncoding>UTF-8</project.build.sourceEncoding>
         <maven.compiler.source>1.8</maven.compiler.source>
         <maven.compiler.target>1.8</maven.compiler.target>
    </properties>

    <dependencyManagement>
        <dependencies>
            <!--Spring Cloud 2021.0.1-->
            <dependency>
                <groupId>org.springframework.cloud</groupId>
                <artifactId>spring-cloud-dependencies</artifactId>
                <version>2021.0.1</version>
                <type>pom</type>
                <scope>import</scope>
            </dependency>
            <!--Spring Cloud Alibaba 2021.0.1.0-->
            <dependency>
                <groupId>com.alibaba.cloud</groupId>
                <artifactId>spring-cloud-alibaba-dependencies</artifactId>
                <version>2021.0.1.0</version>
                <type>pom</type>
```

```
                <scope>import</scope>
            </dependency>
            <!--Spring Boot 2.6.3-->
            <dependency>
                <groupId>org.springframework.boot</groupId>
                <artifactId>spring-boot-dependencies</artifactId>
                <version>2.6.3</version>
                <type>pom</type>
                <scope>import</scope>
            </dependency>
        </dependencies>
    </dependencyManagement>
</project>
```

（2）auth-server 授权服务器

在父工程中创建 auth-server 微服务，提供授权服务。

① 修改 pom.xml 文件，添加 security、oauth2 依赖，修改后的 pom.xml 文件代码如下所示。

```
    <?xml version="1.0" encoding="UTF-8"?>
<project xmlns="http://maven.apache.org/POM/4.0.0"
         xmlns:xsi="http://www.w3.org/2001/XMLSchema-instance"
         xsi:schemaLocation="http://maven.apache.org/POM/4.0.0
         http://maven.apache.org/xsd/maven-4.0.0.xsd">
    <parent>
         <artifactId>unit5Demo1-oauth2</artifactId>
         <groupId>cn.js.ccit</groupId>
         <version>1.0-SNAPSHOT</version>
    </parent>
    <modelVersion>4.0.0</modelVersion>

    <artifactId>auth-server</artifactId>

    <properties>
        <maven.compiler.source>8</maven.compiler.source>
        <maven.compiler.target>8</maven.compiler.target>
    </properties>

    <dependencies>
        <dependency>
            <groupId>org.springframework.boot</groupId>
            <artifactId>spring-boot-starter-web</artifactId>
        </dependency>
        <!-- TODO 【授权服务器】第 1 步：加依赖（security、oauth2） -->
        <dependency>
            <groupId>org.springframework.cloud</groupId>
            <artifactId>spring-cloud-starter-security</artifactId>
           <version>2.2.5.RELEASE</version>
        </dependency>
        <dependency>
            <groupId>org.springframework.cloud</groupId>
            <artifactId>spring-cloud-starter-oauth2</artifactId>
            <version>2.2.5.RELEASE</version>
        </dependency>
```

```
    </dependencies>
</project>
```

② 在cn.js.ccit.auth包下，创建启动类AuthServerApplication，在其上追加@EnableAuthorizationServer 注解开启授权服务器，具体代码如下所示。

```
package cn.js.ccit.auth;

import org.springframework.boot.SpringApplication;
import org.springframework.boot.autoconfigure.SpringBootApplication;
import
org.springframework.security.oauth2.config.annotation.web.configuration.Enabl
eAuthorizationServer;

// TODO 【授权服务器】第 2 步：添加注解（开启授权服务器）
@SpringBootApplication
@EnableAuthorizationServer
public class AuthServerApplication {
    public static void main(String[] args) {
        SpringApplication.run(AuthServerApplication.class, args);
    }
}
```

③ 在 cn.js.ccit.auth 包下，创建 SecurityConfig 类进行安全配置，具体代码如下所示。

```
package cn.js.ccit.auth;

import org.springframework.context.annotation.Bean;
import org.springframework.context.annotation.Configuration;

@Configuration
@EnableWebSecurity  // 开启安全验证
public class SecurityConfig extends WebSecurityConfigurerAdapter {
    @Bean
    @Override
    protected UserDetailsService userDetailsService() {
        // TODO 【授权服务器】第 3 步：添加测试用户（用户名为 zhangsan，密码为 123）
        // 1. 构建内存模式的用户管理器
        InMemoryUserDetailsManager manager = new InMemoryUserDetailsManager();
        // 2. 添加用户（用户名、密码、角色）
        manager.createUser(
                User
                        .withUsername("zhangsan")
                        .password(PasswordEncoderFactories.
                                createDelegatingPasswordEncoder().encode("123"))
                        .authorities("USER")
                        .build()
        );
        // 3. 返回用户管理器
        return manager;
    }

    @Override
    @Bean
```

```
    public AuthenticationManager authenticationManagerBean() throws Exception {
        return super.authenticationManagerBean();
    }

    @Override
    protected void configure(AuthenticationManagerBuilder auth) throws
    Exception {
        auth.userDetailsService(userDetailsService());
    }
}
```

④ 在 cn.js.ccit.auth 包下，创建 AuthServerConfig 类进行授权服务配置，具体代码如下所示。

```
package cn.js.ccit.auth;

import org.springframework.beans.factory.annotation.Autowired;
import org.springframework.context.annotation.Configuration;
import. . . . . .
@Configuration
public class AuthServerConfig extends AuthorizationServerConfigurerAdapter {

    @Autowired
    private AuthenticationManager authenticationManager;

    @Override
    public void configure(ClientDetailsServiceConfigurer clients) throws
    Exception {
        // TODO 【授权服务器】第 4 步：添加客户端凭证（为方便后续测试，这里设置 4 种授权
方式）
        clients.inMemory()
                .withClient("client1")
                .secret(PasswordEncoderFactories.createDelegatingPasswordEnc
                oder().encode("123"))
                .authorizedGrantTypes("authorization_code", "implicit", "password",
                "client_credentials")
                .scopes("test")
                .redirectUris("http://www.baidu.com");
    }

    @Override
    public void configure(AuthorizationServerSecurityConfigurer security)
    throws Exception {
        // TODO 【授权服务器】第 5 步：打开 OAuth 2.0 端点
        security.tokenKeyAccess("permitAll()")
                .checkTokenAccess("isAuthenticated()")
                .allowFormAuthenticationForClients();
    }

    // 使用密码方式，必须重写 configure()方法，并调用授权管理器
    @Override
    public void configure(AuthorizationServerEndpointsConfigurer endpoints)
    throws Exception {
        endpoints.authenticationManager(authenticationManager);
    }
}
```

至此，授权服务器创建完成，下面创建资源服务器。

（3）resource-server 资源服务器

在父工程中创建 resource-server 微服务，提供资源服务。

① 修改 pom.xml 文件，添加 security、oauth2 依赖，修改后的 pom.xml 文件代码如下所示。

```
<?xml version="1.0" encoding="UTF-8"?>
<project xmlns="http://maven.apache.org/POM/4.0.0"
         xmlns:xsi="http://www.w3.org/2001/XMLSchema-instance"
         xsi:schemaLocation="http://maven.apache.org/POM/4.0.0
         http://maven.apache.org/xsd/maven-4.0.0.xsd">
    <parent>
        <artifactId>unit5Demo1-oauth2</artifactId>
        <groupId>cn.js.ccit</groupId>
        <version>1.0-SNAPSHOT</version>
    </parent>
    <modelVersion>4.0.0</modelVersion>

    <artifactId>resource-server</artifactId>

    <properties>
        <maven.compiler.source>8</maven.compiler.source>
        <maven.compiler.target>8</maven.compiler.target>
    </properties>

    <dependencies>
        <dependency>
            <groupId>org.springframework.boot</groupId>
            <artifactId>spring-boot-starter-web</artifactId>
        </dependency>
        <!-- TODO 【资源服务器】第 1 步：加依赖（security、oauth2） -->
        <dependency>
            <groupId>org.springframework.cloud</groupId>
            <artifactId>spring-cloud-starter-security</artifactId>
            <version>2.2.5.RELEASE</version>
        </dependency>
        <dependency>
            <groupId>org.springframework.cloud</groupId>
            <artifactId>spring-cloud-starter-oauth2</artifactId>
            <version>2.2.5.RELEASE</version>
        </dependency>
    </dependencies>

</project>
```

② 在 cn.js.ccit.resource 包下，创建资源服务启动类 ResourceServerApplication，在该类上追加@EnableResourceServer 注解，开启资源服务器，具体代码如下所示。

```
package cn.js.ccit.resource;

import org.springframework.boot.SpringApplication;
import org.springframework.boot.autoconfigure.SpringBootApplication;
import org.springframework.security.oauth2.config.annotation.web.
configuration.EnableResourceServer;
import org.springframework.web.bind.annotation.GetMapping;
```

```
import org.springframework.web.bind.annotation.RestController;

// TODO 【资源服务器】第 2 步：加注解（开启资源服务器）
@SpringBootApplication
@EnableResourceServer
@RestController
public class ResourceServerApplication {
    public static void main(String[] args) {
        SpringApplication.run(ResourceServerApplication.class, args);
    }

    @GetMapping("/api/test")
    public String test() {
        return "接口测试，认证通过";
    }
}
```

③ 在 src/main/resources 目录下，创建配置文件 application.yaml，配置资源服务器的客户端凭证和授权服务器的令牌验证端点，具体代码如下所示。

```
server:
  port: 8081

spring:
  application:
    name: resource-server

# TODO 【资源服务器】第 3 步：改配置（指定客户端凭证信息、授权服务器的验证端点）
security:
  oauth2:
    client:
      client-id: client1
      client-secret: 123
    resource:
      token-info-uri: http://localhost:8080/oauth/check_token
```

至此，授权服务器、资源服务器创建完成，下面进行授权方式的测试。

（4）授权码方式测试

在浏览器中访问 http://localhost:8080/oauth/authorize?client_id=client1&response_type=code，模拟资源服务器向授权服务器申请授权码。其中参数 client_id=client1 为客户端凭证，response_type=code 表示请求的授权方式为授权码方式。在浏览器中输入地址后，按“Enter”键，进入用户登录页面（如已登录，则会直接进入授权页面），如图 5-2 所示。

图 5-2 用户登录页面

在登录页面输入用户名、密码之后，单击“Sign in”按钮，即可进入用户授权页面，如图 5-3 所示。

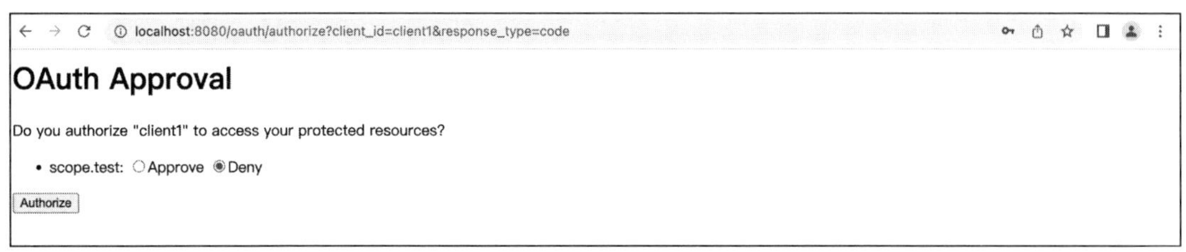

图 5-3　用户授权页面

在用户授权页面，会提示用户当前的授权请求是 client1（也就是正在模拟的资源服务器）发出的，并且授权范围是“scope.test”，这个授权范围是在授权服务器中手动创建的客户端凭证信息中设置的。单击“Authorize”按钮确认授权。

经过授权确认，申请的授权码以 URL 参数的形式返回给 http://www.baidu.com 这个地址，即浏览器地址栏中的 code=aH9Y5P。当然，百度并不会处理陌生的 URL 参数，因此依然显示百度首页，如图 5-4 所示。

图 5-4　授权码通过回调地址返回

接下来，我们使用得到的授权码 code=aH9Y5P，模拟客户端申请令牌的过程。

打开 Postman，在地址栏输入 http://localhost:8080/oauth/token?code=aH9Y5P&grant_type=authorization_code，其中 code=aH9Y5P 是授权码，grant_type=authorization_code 表示授权方式为授权码方式，如图 5-5 所示。

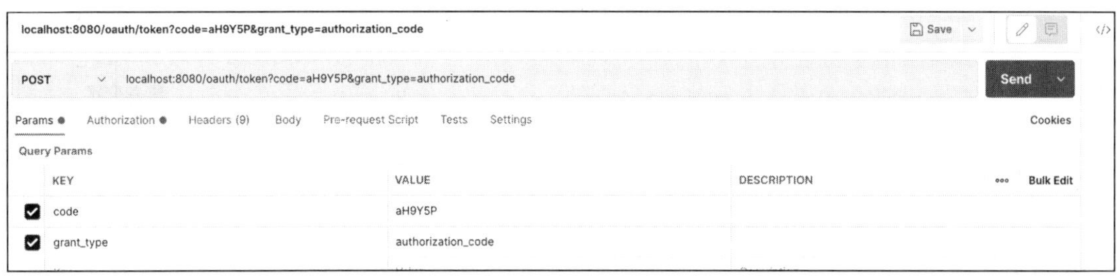

图 5-5　输入 URL 参数

除此之外，还要添加客户端凭证。打开“Authorization”选项卡，在“Type”下拉列表中选择“Basic Auth”选项，然后在右侧分别设置 Username 和 Password，如图 5-6 所示。

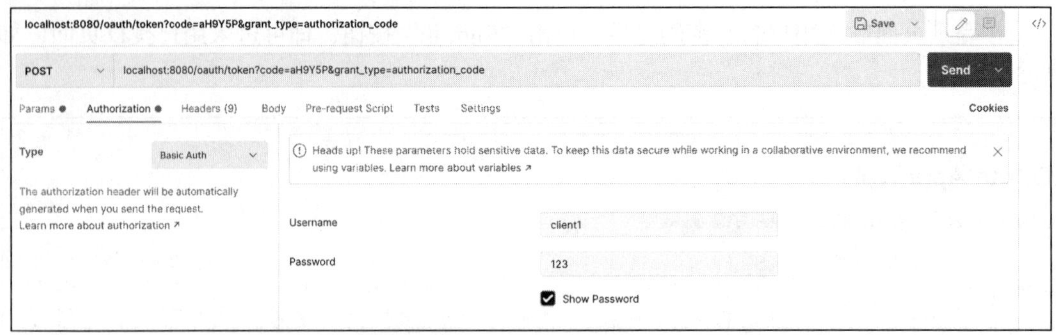

图 5-6 添加客户端凭证

单击“Send”按钮，向授权服务器发送请求，得到图 5-7 所示的令牌信息，其中的“access_token”就是获取到的令牌。

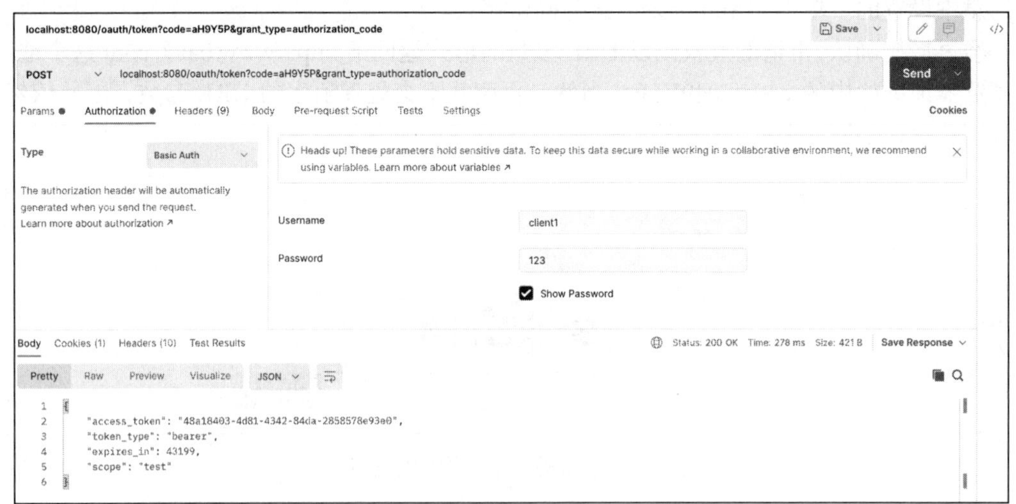

图 5-7 获取的令牌

得到令牌后，我们便可以使用令牌访问资源了。这里先测试不添加资源的情况。

新建一个请求，在不添加令牌的情况下，访问资源服务器的测试接口 http://localhost:8081/api/test，访问结果如图 5-8 所示。

localhost:8081/api/test

GET localhost:8081/api/test Send

Params Authorization Headers (7) Body Pre-request Script Tests Settings Cookies

Query Params

KEY	VALUE	DESCRIPTION
Key	Value	Description

Body Cookies (1) Headers (11) Test Results Status: 401 Unauthorized Time: 18 ms Size: 546 B Save Response

Pretty Raw Preview Visualize JSON

```
{
    "error": "unauthorized",
    "error_description": "Full authentication is required to access this resource"
}
```

图 5-8 无令牌请求受阻

从图 5-8 可以看出，在没有使用令牌的情况下，是无法访问资源的，这是因为在资源服务器中使用注解@EnableResourceServer 开启了资源服务，开启后只有通过授权才能访问资源。

打开“Authorization”选项卡，在“Type”下拉列表中选择“Bearer Token”选项，然后在右侧“Token”部分输入获取到的令牌，单击“Send”按钮，即可正常访问资源，效果如图 5-9 所示。

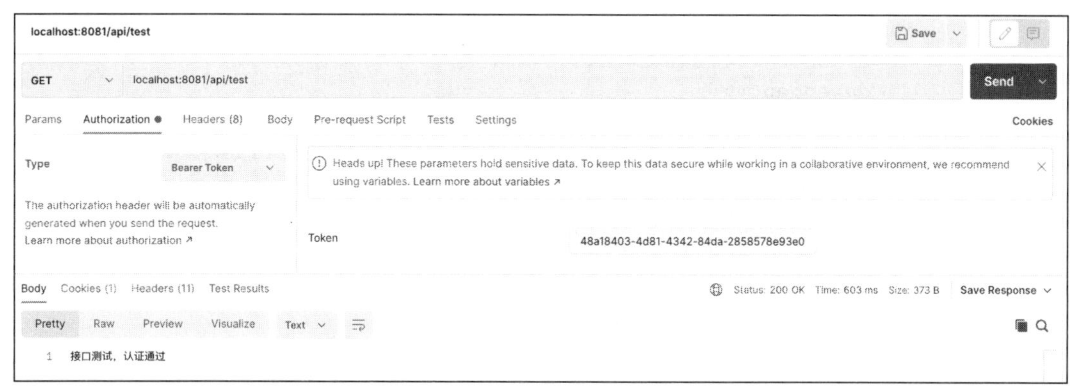

图 5-9 使用令牌成功访问资源

3. Spring Cloud OAuth 2.0 数据库存储令牌

值得一提的是，在前面演示的案例中，授权码和访问令牌均存储于授权服务器的内存中。这种情况下，如果授权服务器断电或重启，则内存中的授权信息均会丢失，这显然是我们不愿意看到的。

事实上，Spring Cloud OAuth 2.0 框架为令牌等授权信息的持久化提供了很好的支持，我们可以很方便地将授权信息存储到数据库中。这需要对之前的代码进行扩展，接下来通过案例进行演示。

【案例 5-2】创建授权服务器和资源服务器，对授权服务器进行配置，将授权信息保存到数据库中，基本步骤如下。

（1）父工程

创建父工程 unit5Demo2-oauth2-jdbc 统一管理依赖，pom.xml 文件代码如下所示。

```
<?xml version="1.0" encoding="UTF-8"?>
<project xmlns="http://maven.apache.org/POM/4.0.0"
         xmlns:xsi="http://www.w3.org/2001/XMLSchema-instance"
         xsi:schemaLocation="http://maven.apache.org/POM/4.0.0
         http://maven.apache.org/xsd/maven-4.0.0.xsd">
    <modelVersion>4.0.0</modelVersion>

    <groupId>cn.js.ccit</groupId>
    <artifactId>unit5Demo1-oauth2-jdbc</artifactId>
    <packaging>pom</packaging>
    <version>1.0-SNAPSHOT</version>
    <modules>
        <module>auth-server</module>
        <module>resource-server</module>
```

```
    </modules>

    <properties>
        <project.build.sourceEncoding>UTF-8</project.build.sourceEncoding>
        <maven.compiler.source>1.8</maven.compiler.source>
        <maven.compiler.target>1.8</maven.compiler.target>
    </properties>

    <dependencyManagement>
        <dependencies>
            <!--Spring Cloud 2021.0.1-->
            <dependency>
                <groupId>org.springframework.cloud</groupId>
                <artifactId>spring-cloud-dependencies</artifactId>
                <version>2021.0.1</version>
                <type>pom</type>
                <scope>import</scope>
            </dependency>
            <!--Spring Cloud Alibaba 2021.0.1.0-->
            <dependency>
                <groupId>com.alibaba.cloud</groupId>
                <artifactId>spring-cloud-alibaba-dependencies</artifactId>
                <version>2021.0.1.0</version>
                <type>pom</type>
                <scope>import</scope>
            </dependency>
            <!--Spring Boot 2.6.3-->
            <dependency>
                <groupId>org.springframework.boot</groupId>
                <artifactId>spring-boot-dependencies</artifactId>
                <version>2.6.3</version>
                <type>pom</type>
                <scope>import</scope>
            </dependency>
        </dependencies>
    </dependencyManagement>
</project>
```

（2）auth-server 授权服务器

在父工程中创建 auth-server 授权服务器，用于提供授权服务。

① 修改 pom.xml 文件，添加 security、oauth2、jdbc、mysql 依赖，修改后的 pom.xml 文件代码如下所示。

```
    <?xml version="1.0" encoding="UTF-8"?>
<project xmlns="http://maven.apache.org/POM/4.0.0"
        xmlns:xsi="http://www.w3.org/2001/XMLSchema-instance"
        xsi:schemaLocation="http://maven.apache.org/POM/4.0.0
        http://maven.apache.org/xsd/maven-4.0.0.xsd">
    <parent>
        <artifactId>unit5Demo2-oauth2-jdbc</artifactId>
        <groupId>cn.js.ccit</groupId>
        <version>1.0-SNAPSHOT</version>
    </parent>
```

```
    <modelVersion>4.0.0</modelVersion>

    <artifactId>auth-server</artifactId>

    <properties>
        <maven.compiler.source>8</maven.compiler.source>
        <maven.compiler.target>8</maven.compiler.target>
    </properties>

    <dependencies>
        <dependency>
            <groupId>org.springframework.boot</groupId>
            <artifactId>spring-boot-starter-web</artifactId>
        </dependency>
        <!-- TODO 【授权服务器】第 1 步：加依赖（security、oauth2、jdbc、mysql） -->
        <dependency>
            <groupId>org.springframework.cloud</groupId>
            <artifactId>spring-cloud-starter-security</artifactId>
            <version>2.2.5.RELEASE</version>
        </dependency>
        <dependency>
            <groupId>org.springframework.cloud</groupId>
            <artifactId>spring-cloud-starter-oauth2</artifactId>
            <version>2.2.5.RELEASE</version>
        </dependency>
        <dependency>
            <groupId>org.springframework.boot</groupId>
            <artifactId>spring-boot-starter-jdbc</artifactId>
        </dependency>
        <dependency>
            <groupId>mysql</groupId>
            <artifactId>mysql-connector-java</artifactId>
            <version>8.0.18</version>
        </dependency>
    </dependencies>
</project>
```

② 在 cn.js.ccit.auth 包下创建授权服务器启动类 AuthServerApplication，在该类上添加 @EnableAuthorizationServer 注解，代码如下所示。

```
package cn.js.ccit.auth;

import org.springframework.boot.SpringApplication;
import org.springframework.boot.autoconfigure.SpringBootApplication;
import org.springframework.security.oauth2.config.annotation.web.
configuration.EnableAuthorizationServer;

// TODO 【授权服务器】第 2 步：添加注解（开启授权服务器）
@SpringBootApplication
@EnableAuthorizationServer
public class AuthServerApplication {
    public static void main(String[] args) {
        SpringApplication.run(AuthServerApplication.class, args);
    }
}
```

③ 在 cn.js.ccit.auth 包下创建安全配置类 SecurityConfig，代码如下所示。

```
package cn.js.ccit.auth;

import org.springframework.context.annotation.Bean;
import org.springframework.context.annotation.Configuration;
import. . .

@Configuration
@EnableWebSecurity
public class SecurityConfig extends WebSecurityConfigurerAdapter {
    @Bean
    @Override
    protected UserDetailsService userDetailsService() {
        // TODO 【授权服务器】第 3 步：添加用户信息
        InMemoryUserDetailsManager manager = new InMemoryUserDetailsManager();
        manager.createUser(
                User
                        .withUsername("zhangsan")
                        .password(passwordEncoder().encode("123"))
                        .authorities("USER")
                        .build()
        );
        return manager;
    }

    @Bean
    public BCryptPasswordEncoder passwordEncoder(){
        return new BCryptPasswordEncoder();
    }

    @Override
    @Bean
    public AuthenticationManager authenticationManagerBean() throws Exception {
        return super.authenticationManagerBean();
    }
}
```

④ 在 cn.js.ccit.auth 包下创建授权服务器配置类 AuthServerConfig，代码如下所示。

```
package cn.js.ccit.auth;

import org.springframework.beans.factory.annotation.Autowired;
import
org.springframework.boot.context.properties.ConfigurationProperties;
import. . .

@Configuration
public class AuthServerConfig extends
AuthorizationServerConfigurerAdapter {
    @Autowired
    private AuthenticationManager authenticationManager;

    @Autowired
```

```
    UserDetailsService userDetailsService;

    @Bean
    @Primary
    @ConfigurationProperties(prefix = "spring.datasource")
    public DataSource dataSource(){
        return DataSourceBuilder.create().build();
    }

    @Bean
    public TokenStore jdbcTokenStore(){
        return new JdbcTokenStore(dataSource());
    }

    @Bean
    public ClientDetailsService jdbcClientDetailsService(){
        return new JdbcClientDetailsService(dataSource());
    }

    @Override
    public void configure(ClientDetailsServiceConfigurer clients)
    throws Exception {
        // TODO 【授权服务器】第 4 步：从数据库中读取客户端凭证信息
        clients.withClientDetails(jdbcClientDetailsService());
    }

    @Override
    public void configure(AuthorizationServerSecurityConfigurer
    security) throws Exception {
        // TODO 【授权服务器】第 5 步：打开 OAuth 2.0 端点
        security.tokenKeyAccess("permitAll()")
                .checkTokenAccess("isAuthenticated()")
                .allowFormAuthenticationForClients();
    }

    // TODO 【授权服务器】第 6 步：配置授权端点，指定令牌存储对象、令牌转换器
    @Override
    public void configure(AuthorizationServerEndpointsConfigurer
    endpoints) throws Exception {
        endpoints
                .authenticationManager(authenticationManager)
                .tokenStore(jdbcTokenStore());
    }
}
```

⑤ 在 src/main/resources 目录下，创建配置文件 application.yaml，配置用以保存授权信息的数据源，具体代码如下所示。

```
server:
  port: 8080
spring:
  application:
    name: auth-server
#  TODO 【授权服务器】第 7 步：配置数据源
```

```
    datasource:
      driver-class-name: com.mysql.cj.jdbc.Driver
      jdbc-url: jdbc:mysql://localhost:3306/oauth2?useUnicode=true&character
      Encoding=utf-8&useSSL=false&serverTimezone=UTC
      username: root
      password: 12345678
```

⑥ 创建用于保存授权信息的数据库和数据表。这里不需要自己编写数据库语句，spring官方提供了一个创建数据库和数据表的 SQL 文件，可以在 https://github.com/spring-attic/spring-security-oauth/blob/main/spring-security-oauth2/src/test/resources/schema.sql 下载。笔者使用的是 MySQL 数据库，需要对这个 SQL 文件进行一些修改，将这个 SQL 文件中的所有“LONGVARBINARY”类型修改为 MySQL 中的“BLOB”，修改后的部分代码如下所示。修改完之后，登录 MySQL 数据库，创建一个新的名为“oauth2”的数据库，然后使用“source schema.sql”命令创建数据表。

```
create table oauth_client_details (
  client_id VARCHAR(256) PRIMARY KEY,
  resource_ids VARCHAR(256),
  client_secret VARCHAR(256),
  scope VARCHAR(256),
  authorized_grant_types VARCHAR(256),
  web_server_redirect_uri VARCHAR(256),
  authorities VARCHAR(256),
  access_token_validity INTEGER,
  refresh_token_validity INTEGER,
  additional_information VARCHAR(4096),
  autoapprove VARCHAR(256)
);

create table oauth_client_token (
  token_id VARCHAR(256),
  token BLOB,
  authentication_id VARCHAR(256) PRIMARY KEY,
  user_name VARCHAR(256),
  client_id VARCHAR(256)
);

create table oauth_access_token (
  token_id VARCHAR(256),
  token BLOB,
  authentication_id VARCHAR(256) PRIMARY KEY,
  user_name VARCHAR(256),
  client_id VARCHAR(256),
  authentication BLOB,
  refresh_token VARCHAR(256)
);

create table oauth_refresh_token (
  token_id VARCHAR(256),
  token BLOB,
  authentication BLOB
);

create table oauth_code (
```

```
    code VARCHAR(256), authentication BLOB
  );

  create table oauth_approvals (
     userId VARCHAR(256),
     clientId VARCHAR(256),
     scope VARCHAR(256),
     status VARCHAR(10),
     expiresAt TIMESTAMP,
     lastModifiedAt TIMESTAMP
  );

  create table ClientDetails (
    appId VARCHAR(256) PRIMARY KEY,
    resourceIds VARCHAR(256),
    appSecret VARCHAR(256),
    scope VARCHAR(256),
    grantTypes VARCHAR(256),
    redirectUrl VARCHAR(256),
    authorities VARCHAR(256),
    access_token_validity INTEGER,
    refresh_token_validity INTEGER,
    additionalInformation VARCHAR(4096),
    autoApproveScopes VARCHAR(256)
  );
```

⑦ 创建完上述数据表之后，还需要手动导入一条客户端认证信息。注意，一般像用户密码、客户端密码这种数据，都是经过加密保存在数据库里的。这里的授权服务器已经配置了密码编码器 BCryptPasswordEncoder，因此数据库中的客户端认证信息里的客户端密码，是经过 BCryptPasswordEncoder 加密过的密码。这里为了测试方便编写一个测试类，输出需要保存到数据库的客户端密码，然后复制并将其写入数据库。这个测试类很简单，核心代码只有一句，具体代码和执行结果如图 5-10 所示。

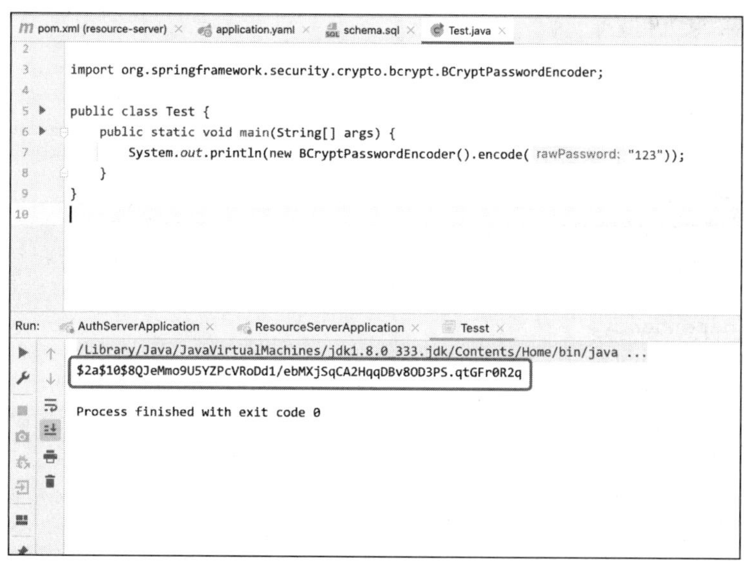

图 5-10　使用测试类对密码加密

⑧ 复制密码“123”经过加密后的字符串，在刚才创建的数据库 oauth2 中的 oauth_client_details 表中插入一条客户端认证信息，其中包含复制的字符串，具体代码如下所示。

```
insert into oauth_client_details(client_id, client_secret, scope,
      authorized_grant_types)
values ("client1",
      "$2a$10$8QJeMmo9U5YZPcVRoDd1/ebMXjSqCA2HqqDBv8OD3PS.qtGFr0R2q", "test",
      "authorization_code,implicit,password,client_credentials");
```

（3）resource-server 资源服务器

在父工程中创建 resource-server 资源服务器，用于提供资源服务。

① 修改 pom.xml 文件，添加 security、oauth2 依赖，修改后的 pom.xml 文件代码如下所示。

```
<?xml version="1.0" encoding="UTF-8"?>
<project xmlns="http://maven.apache.org/POM/4.0.0"
       xmlns:xsi="http://www.w3.org/2001/XMLSchema-instance"
       xsi:schemaLocation="http://maven.apache.org/POM/4.0.0
       http://maven.apache.org/xsd/maven-4.0.0.xsd">
   <parent>
      <artifactId>unit5Demo1-oauth2-jdbc</artifactId>
      <groupId>cn.js.ccit</groupId>
      <version>1.0-SNAPSHOT</version>
   </parent>
   <modelVersion>4.0.0</modelVersion>

   <artifactId>resource-server</artifactId>

   <properties>
      <maven.compiler.source>8</maven.compiler.source>
      <maven.compiler.target>8</maven.compiler.target>
   </properties>

   <dependencies>
      <dependency>
         <groupId>org.springframework.boot</groupId>
         <artifactId>spring-boot-starter-web</artifactId>
      </dependency>
      <!-- TODO 【资源服务器】第 1 步：加依赖（security、oauth2） -->
      <dependency>
         <groupId>org.springframework.cloud</groupId>
         <artifactId>spring-cloud-starter-security</artifactId>
         <version>2.2.5.RELEASE</version>
      </dependency>
      <dependency>
         <groupId>org.springframework.cloud</groupId>
         <artifactId>spring-cloud-starter-oauth2</artifactId>
         <version>2.2.5.RELEASE</version>
      </dependency>
   </dependencies>

</project>
```

② 在 cn.js.ccit.resource 包中，创建资源服务器启动类 ResourceServerApplication，在该类上追加@EnableResourceServer 注解，开启资源服务器。这里开放的资源/api/userinfo，会将用户的授权信息返回。代码如下所示。

```
package cn.js.ccit.resource;

import org.springframework.boot.SpringApplication;
import org.springframework.boot.autoconfigure.SpringBootApplication;
import org.springframework.security.core.Authentication;
import org.springframework.security.oauth2.config.annotation.web.
configuration.EnableResourceServer;
import org.springframework.web.bind.annotation.GetMapping;
import org.springframework.web.bind.annotation.RestController;

// TODO 【资源服务器】第 2 步：添加注解
@SpringBootApplication
@EnableResourceServer
@RestController
public class ResourceServerApplication {
    public static void main(String[] args) {
        SpringApplication.run(ResourceServerApplication.class, args);
    }

    @GetMapping("/api/userinfo")
    public Authentication getUser(Authentication authentication){
        return authentication;
    }
}
```

③ 在/src/main/resources 目录下，新建 application.yaml 配置文件，内容如下所示。

```
server:
  port: 8081

spring:
  application:
    name: resource-server

# TODO 【资源服务器】第 3 步：改配置（指定客户端信息、授权服务器的验证端点）
security:
  oauth2:
    client:
      client-id: client1
      client-secret: 123
    resource:
      token-info-uri: http://localhost:8080/oauth/check_token
```

（4）数据库存储令牌测试

为了测试方便，这里以客户端方式进行测试。

① 打开 Postman，在地址栏输入“http:// localhost:8080/oauth/token?grant_type=client_ credentials”，其中 grant_type=client_credentials 表示本次授权方式为客户端方式。在“Authorization”选项卡中的“Type”下拉列表中选择“Basic Auth”选项，并在右侧输入客户端认证信息，单击“Send”按钮，即可获得令牌，如图 5-11 所示。

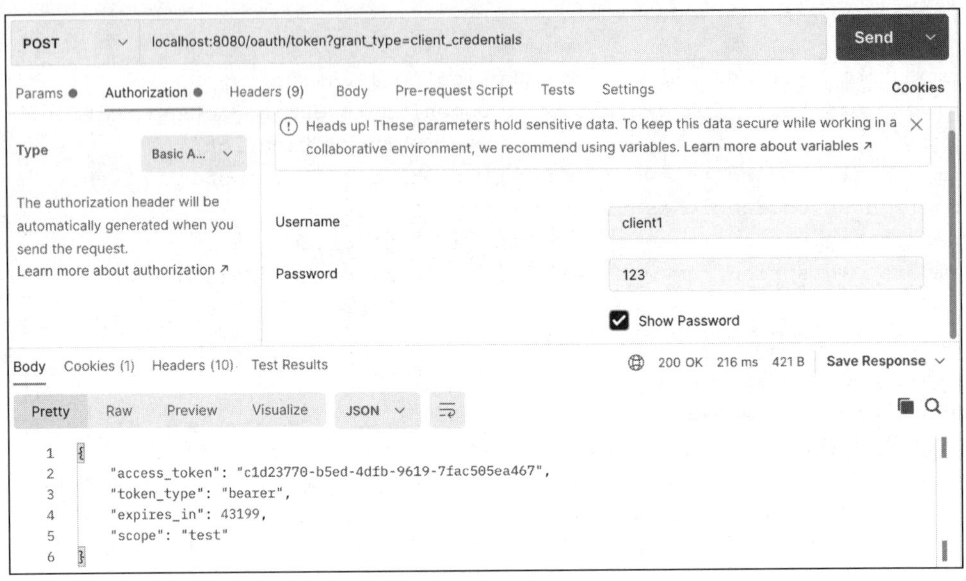

图 5-11　获取令牌

② 打开 MySQL，查询 oauth_access_token 表，可以看到刚才申请的令牌已经存储到该表中，如图 5-12 所示（此处显示的令牌是经过编码的，因此比较长）。至此，数据库存储令牌测试成功。

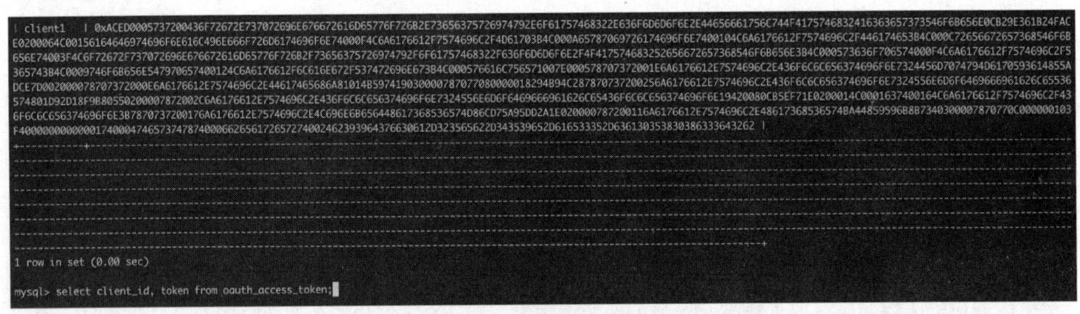

图 5-12　令牌成功存储到数据库

【课堂实践】编写一个简单的微服务，使用 OAuth 2.0 进行认证。

任务实现

在 SweetFlower 商城项目中，用户的各类操作都需要先进行认证，其认证统一由认证服务器 flowersmall-user 完成。flowersmall-user 认证服务器的具体创建步骤如下。

1. 搭建数据库

① 创建 tb_user 表，SQL 语句如下所示。

```
-- ----------------------------
-- tb_user 表的结构
-- ----------------------------
DROP TABLE IF EXISTS 'tb_user';
CREATE TABLE 'tb_user'  (
  'id' bigint(0) NOT NULL AUTO_INCREMENT,
  'username' varchar(50) CHARACTER SET utf8 COLLATE utf8_general_ci NOT NULL
  COMMENT '用户名',
  'password' varchar(64) CHARACTER SET utf8 COLLATE utf8_general_ci NOT NULL
  COMMENT '密码，加密存储',
  'phone' varchar(20) CHARACTER SET utf8 COLLATE utf8_general_ci NULL DEFAULT
  NULL COMMENT '手机号',
  PRIMARY KEY ('id') USING BTREE
) ENGINE = InnoDB AUTO_INCREMENT = 2 CHARACTER SET = utf8 COLLATE = utf8_
general_ci COMMENT = '用户表' ROW_FORMAT = Dynamic;
```

② 添加测试数据“zhangsan”和“lisi”，SQL 语句如下所示。

```
-- ----------------------------
-- tb_user 表的数据记录
-- ----------------------------
INSERT INTO 'tb_user' VALUES (1, 'zhangsan', '$2a$10$v1lmNhByOnftpJuG7G8zRO5
JQGz5czsgX1GGnrAzNYHjzCHp1xO2a', '12345678901');
INSERT INTO 'tb_user' VALUES (2, 'lisi', '$2a$10$v1lmNhByOnftpJuG7G8zRO5
JQGz5czsgX1GGnrAzNYHjzCHp1xO2a', '12345678902');
```

③ 创建用于保存授权信息的数据库和数据表，导入客户端认证信息，这些操作和案例 5-2 中的第⑥～⑧步的类似，这里不赘述。

2. 构建认证服务器

① 创建 flowersmall-user 微服务，修改 pom.xml 文件，添加 security、oauth2、jdbc、mysql 依赖，修改后的 pom.xml 文件代码如下所示。

```
<?xml version="1.0" encoding="UTF-8"?>
<project xmlns="http://maven.apache.org/POM/4.0.0"
         xmlns:xsi="http://www.w3.org/2001/XMLSchema-instance"
         xsi:schemaLocation="http://maven.apache.org/POM/4.0.0
         http://maven.apache.org/xsd/maven-4.0.0.xsd">
    <parent>
        <artifactId>flowersmall</artifactId>
        <groupId>cn.js.ccit</groupId>
        <version>1.0-SNAPSHOT</version>
    </parent>
    <modelVersion>4.0.0</modelVersion>

    <artifactId>flowersmall-user</artifactId>
    <dependencies>
        <!-- security、oauth2-->
        <dependency>
            <groupId>org.springframework.cloud</groupId>
            <artifactId>spring-cloud-starter-security</artifactId>
```

```
            <version>2.2.5.RELEASE</version>
        </dependency>
        <dependency>
            <groupId>org.springframework.cloud</groupId>
            <artifactId>spring-cloud-starter-oauth2</artifactId>
            <version>2.2.5.RELEASE</version>
        </dependency>
        <!-- nacos-discovery -->
        <dependency>
            <groupId>com.alibaba.cloud</groupId>
            <artifactId>
            spring-cloud-starter-alibaba-nacos-discovery
          </artifactId>
        </dependency>

        <dependency>
            <groupId>org.springframework.boot</groupId>
            <artifactId>spring-boot-starter-web</artifactId>
        </dependency>
        <dependency>
            <groupId>org.springframework.boot</groupId>
            <artifactId>spring-boot-starter-jdbc</artifactId>
            <exclusions>
                <exclusion>
                    <groupId>org.apache.tomcat</groupId>
                    <artifactId>tomcat-jdbc</artifactId>
                </exclusion>
            </exclusions>
        </dependency>

        <dependency>
            <groupId>mysql</groupId>
            <artifactId>mysql-connector-java</artifactId>
            <scope>runtime</scope>
        </dependency>
        <dependency>
            <groupId>org.mybatis.spring.boot</groupId>
            <artifactId>mybatis-spring-boot-starter</artifactId>
        </dependency>

        <dependency>
            <groupId>org.projectlombok</groupId>
            <artifactId>lombok</artifactId>
            <scope>provided</scope>
        </dependency>
        <dependency>
            <groupId>org.springframework.boot</groupId>
            <artifactId>spring-boot-starter-test</artifactId>
            <scope>test</scope>
        </dependency>
    </dependencies>
</project>
```

② 在 cn.js.ccit.flowersmall.user 包下创建授权服务器启动类 FlowersmallUserApplication，并添加注解开启授权服务器，代码如下所示。

```
package cn.js.ccit.flowersmall.user;

import org.springframework.boot.SpringApplication;
import org.springframework.boot.autoconfigure.SpringBootApplication;
import org.springframework.security.oauth2.config.annotation.web.configuration.
EnableAuthorizationServer;

@EnableDiscoveryClient
@SpringBootApplication
@MapperScan(value="cn.js.ccit.flowersmall.user.mapper")

public class FlowersmallUserApplication {
    public static void main(String[] args) {
        SpringApplication.run(FlowersmallUserApplication.class,args);
    }
}
```

③ 在 cn.js.ccit.flowersmall.user.mapper 包下创建 UserMapper 接口，在该接口中定义根据用户名查找用户的方法，代码如下所示。

```
package cn.js.ccit.flowersmall.user.mapper;

import cn.js.ccit.flowersmall.user.entity.UserEntity;
import org.apache.ibatis.annotations.Param;

public interface UserMapper {
    UserEntity findByUsername(@Param(value = "username") String username);
}
```

④ 在 resources/mapper/user 目录下创建映射文件 UserMapper.xml，在该文件中定义根据用户名查找用户的查询操作，代码如下所示。

```
<?xml version="1.0" encoding="UTF-8" ?>
<!DOCTYPE mapper PUBLIC "-//mybatis.org//DTD Mapper 3.0//EN"
        "http://mybatis.org/dtd/mybatis-3-mapper.dtd" >

<mapper namespace="cn.js.ccit.flowersmall.user.mapper.UserMapper">

    <select id="findByUsername" parameterType="string"
resultType="cn.js.ccit.flowersmall.user.entity.UserEntity">
        select * from tb_user where username=#{username}
    </select>
</mapper>
```

⑤ 在 cn.js.ccit.flowersmall.user.service.impl 包下，创建 UserDetailsServiceImpl 类，实现 org.springframework.security.core.userdetails.UserDetailsService 接口，并重写 loadUserByUsername() 方法，代码如下所示。

```
// 实现用户详情服务接口
@Service
@Primary
public class UserDetailsServiceImpl implements UserDetailsService {
```

```
    @Resource
    private UserMapper userMapper;

    @Override
    public UserDetails loadUserByUsername(String username) throws
    UsernameNotFoundException {
        UserEntity user = userMapper.findByUsername(username);
        if(user == null) {
            return null;
        }

        List<GrantedAuthority> grantedAuthorityList =
                                            new  ArrayList<>();

        GrantedAuthority grantedAuthority = new
                                    SimpleGrantedAuthority("USER");
        grantedAuthorityList.add(grantedAuthority);

        return new User(user.getUsername(), user.getPassword(),
                grantedAuthorityList);
    }
}
```

⑥ 在 cn.js.ccit.flowersmall.user.config 包下创建服务配置类 ServiceConfig，配置数据源，代码如下所示。

```
package cn.js.ccit.flowersmall.user.config;

import org.springframework.boot.context.properties.ConfigurationProperties;
import org.springframework.boot.jdbc.DataSourceBuilder;
import org.springframework.context.annotation.Bean;
import org.springframework.context.annotation.Configuration;
import org.springframework.context.annotation.Primary;

@Configuration
public class ServiceConfig {
    @Bean
    @Primary
    @ConfigurationProperties(prefix = "spring.datasource")
    public DataSource dataSource() {
        return DataSourceBuilder.create().build();
    }
}
```

⑦ 在 cn.js.ccit.flowersmall.user.config 包下创建安全配置类 SecurityConfig，代码如下所示。

```
// 安全相关配置
@Configuration
@EnableWebSecurity
@EnableGlobalMethodSecurity(prePostEnabled = true)
@Order(-1)
public class SecurityConfig extends WebSecurityConfigurerAdapter {
    // 指定密码编码器
```

```
    @Bean
    public BCryptPasswordEncoder passwordEncoder(){
        return new BCryptPasswordEncoder();
    }
    // 定义认证管理器
    @Bean
    @Override
    public AuthenticationManager authenticationManagerBean() throws Exception {
        return super.authenticationManagerBean();
    }
    // 指定获取用户详情的方式
    @Bean
    @Primary
    @Qualifier("userDetailsService")
    @Override
    protected UserDetailsService userDetailsService() {
        return new UserDetailsServiceImpl();
    }

    @Override
    protected void configure(AuthenticationManagerBuilder auth) throws
    Exception {
        auth.userDetailsService(userDetailsService());
    }
    // 允许访问 Oauth 接口
    @Override
    protected void configure(HttpSecurity http) throws Exception {
        http.requestMatchers().antMatchers(HttpMethod.OPTIONS,
              "/oauth/**") .and().csrf().disable();
    }
}
```

⑧ 在 cn.js.ccit.flowersmall.user.config 包下创建授权服务器配置类 AuthorizationServer-Configuration，代码如下所示。

```
//授权服务器配置
@Configuration
public class AuthorizationServerConfiguration extends
AuthorizationServerConfigurerAdapter {
    // 引入授权管理器 AuthenticationManager
    @Autowired
    AuthenticationManager authenticationManager;
    // 引入用户详情服务 UserDetailsService
    @Autowired
    @Qualifier("userDetailsService")
    UserDetailsService userDetailsService;
    // 引入数据源 DataSource
    @Autowired
    DataSource dataSource;
    // 数据库存储 token
```

```
    @Bean
    public TokenStore jdbcTokenStore(){
        return new JdbcTokenStore(dataSource);
    }
    // 定义从数据库获取客户端详情（JdbcClientDetailsService）
    @Bean
    public JdbcClientDetailsService jdbcClientDetailsService(){
        return new JdbcClientDetailsService(dataSource);
    }
    // 配置 JdbcClientDetailsService
    @Override
    public void configure(ClientDetailsServiceConfigurer clients) throws
    Exception {
        clients.withClientDetails(jdbcClientDetailsService());
    }
    // 开放令牌相关接口
    @Override
    public void configure(AuthorizationServerSecurityConfigurer security)
    throws Exception {
        security.tokenKeyAccess("permitAll()")
                .checkTokenAccess("isAuthenticated()")
                .allowFormAuthenticationForClients();
    }
    // 配置授权管理器，指定令牌的存储方式、用户信息获取的方式
    @Override
    public void configure(AuthorizationServerEndpointsConfigurer endpoints)
    throws Exception {
        endpoints.authenticationManager(authenticationManager)
                .tokenStore(jdbcTokenStore())
                .userDetailsService(userDetailsService);
    }
}
```

⑨ 在 src/main/resources 目录下，创建配置文件 application.yaml，配置用以保存授权信息的数据源，具体代码如下所示。

```
server:
  port: 8004
spring:
  application:
    name: user
  datasource:
    driver-class-name: com.mysql.cj.jdbc.Driver
    jdbc-url:
jdbc:mysql://serverIP:3306/mall_user?useUnicode=true&characterEncoding=utf-8&
useSSL=false&serverTimezone=UTC
    username: root
    password: 12345678
  cloud:
    nacos:
      discovery:
        server-addr: serverIP:8848
mybatis:
  mapperLocations: classpath:mapper/user/*.xml
```

首先启动 Nacos，然后启动 SweetFlower 商城网关、商品和用户微服务，最后启动 SweetFlower 商城项目前端。打开浏览器访问 SweetFlower 商城首页，使用“zhangsan”用户登录 SweetFlower 商城，登录时发送 http://localhost:9000/user/oauth/token?grant_type=password&username=zhangsan&password=123456 请求，并获得令牌，如图 5-13 所示。

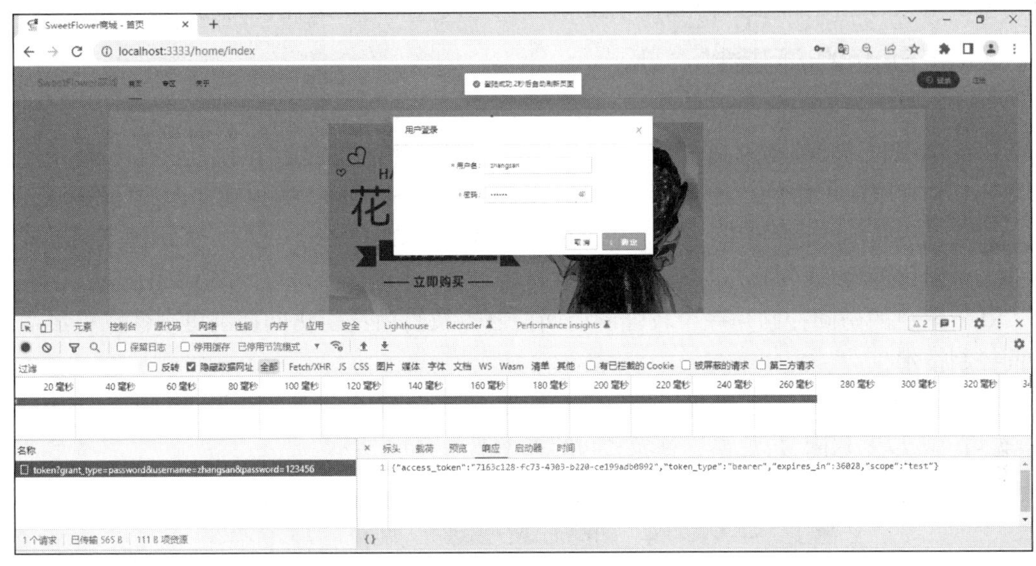

图 5-13　登录 SweetFlower 商城

至此，SweetFlower 商城的认证服务器搭建完成。

任务 5.2　基于 Spring Cloud OAuth 2.0 的权限管理

任务描述

一般来说，使用微服务架构的系统，除了实现基本的登录认证功能以外，还要考虑对资源进行细粒度的权限管理。下面基于 Spring Cloud OAuth 2.0 框架，实现 SweetFlower 商城的细粒度的权限管理。为 SweetFlower 商城中的 VIP 用户添加金币兑换礼品的权限，普通用户没有该权限。

技术分析

Spring Cloud OAuth 2.0 支持细粒度的权限管理，在此基础上，我们需要考虑权限管理的逻辑模型。在权限管理方面，业界比较流行的做法是使用基于角色的访问控制模型，以实现细粒度权限管理。

微课 32

权限管理简介

支撑知识

1. 授权概念简介

在任务 5.1 中，我们学习了通过 OAuth 2.0 进行认证授权的基本过程。细心的读者应该不难发现，任务 5.1 的做法是客户端拿到令牌之后，即可进行无差别的资源访问，并没有细粒度的权限管理。接下来我们将介绍基于角色的访问控制。

在介绍基于角色的访问控制之前，我们需要先明确两个概念，即“认证”和“授权”。

- 认证：验证身份，决定用户是否允许进入。
- 授权：授予权限，决定用户能访问哪些资源。

在任务 5.1 中，我们实现了认证功能，但在授权上并没有做进一步的细粒度控制。接下来对基于角色的访问控制进行介绍，就是解决认证授权问题的最佳实践之一。

2. 基于角色的访问控制

基于角色的访问控制（Role-Based Access Control，RBAC）是信息安全领域中，一种较新且广泛使用的访问控制机制，不同于强制访问控制以及自由选定访问控制的直接赋予用户权限，它将权限赋予角色。1996 年，莱威·桑度（Ravi Sandhu）等人在前人的理论基础上，提出以角色为基础的访问控制模型，故该模型又被称为 RBAC96。之后，美国国家标准局重新定义了以角色为基础的访问控制模型，并将之纳为一种标准，称为 NIST RBAC。

基于角色的访问控制是一个较强制访问控制以及自由选定访问控制更中性且更灵活的访问控制技术。

基于角色的访问控制模型可以通过 5 张数据表来实现，分别是用户表、角色表、权限表、用户_角色表以及权限_角色表，各表之间的关系如图 5-14 所示。

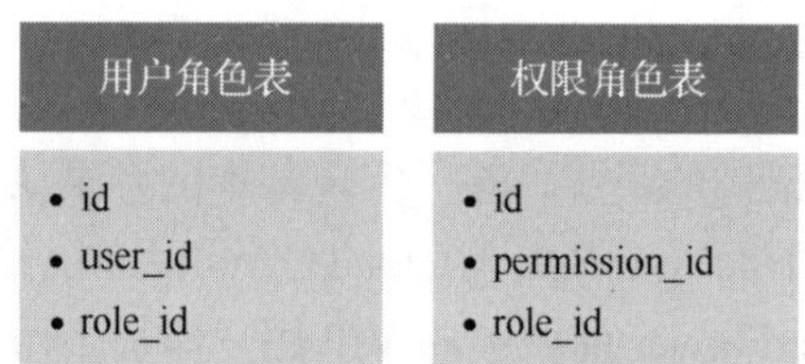

图 5-14 基于角色的访问控制模型的数据表

值得一提的是，在角色表和权限表中，有一个名为“parent_id”的字段，该字段可以表示角色和权限的继承关系，从而实现一个角色树、权限树。

当使用 OAuth 2.0 实现基于角色的访问控制时，只需要在任务 5.1 的基础上，新增图 5-14 所示的 5 张数据表，并基于表之间的关联，实现用户的授权信息查询即可。

任务实现

使用基于角色的访问控制模型，改进之前的 SweetFlower 商城用户认证服务器 flowersmall-user。具体步骤如下。

1. 搭建数据库

① 创建基于角色的访问控制数据表，SQL 语句如下所示。

```
-- ----------------------------
-- tb_user 的结构
-- ----------------------------
DROP TABLE IF EXISTS 'tb_user';
CREATE TABLE 'tb_user'  (
  'id' bigint(0) NOT NULL AUTO_INCREMENT,
  'username' varchar(50) CHARACTER SET utf8 COLLATE utf8_general_ci NOT NULL
  COMMENT '用户名',
  'password' varchar(64) CHARACTER SET utf8 COLLATE utf8_general_ci NOT NULL
  COMMENT '密码，加密存储',
  'phone' varchar(20) CHARACTER SET utf8 COLLATE utf8_general_ci NULL DEFAULT
  NULL COMMENT '手机号',
  PRIMARY KEY ('id') USING BTREE
) ENGINE = InnoDB AUTO_INCREMENT = 2 CHARACTER SET = utf8 COLLATE =
  utf8_general_ci COMMENT = '用户表' ROW_FORMAT = Dynamic;

-- ----------------------------
-- tb_role 表的结构
-- ----------------------------
DROP TABLE IF EXISTS 'tb_role';
CREATE TABLE 'tb_role'  (
  'id' bigint(0) NOT NULL AUTO_INCREMENT,
  'parent_id' bigint(0) NULL DEFAULT NULL COMMENT '父角色 ID',
  'name' varchar(50) CHARACTER SET utf8 COLLATE utf8_general_ci NOT NULL
  COMMENT '角色名称',
  'enname' varchar(50) CHARACTER SET utf8 COLLATE utf8_general_ci NOT NULL
  COMMENT '角色英文标识',
  'description' varchar(100) CHARACTER SET utf8 COLLATE utf8_general_ci NULL
  DEFAULT NULL COMMENT '描述信息',
  PRIMARY KEY ('id') USING BTREE
) ENGINE = InnoDB AUTO_INCREMENT = 2 CHARACTER SET = utf8 COLLATE =
  utf8_general_ci COMMENT = '角色表' ROW_FORMAT = Dynamic;

-- ----------------------------
-- tb_permission 表的结构
-- ----------------------------
DROP TABLE IF EXISTS 'tb_permission';
CREATE TABLE 'tb_permission'  (
  'id' bigint(0) NOT NULL AUTO_INCREMENT,
  'parent_id' bigint(0) NULL DEFAULT NULL COMMENT '父权限 ID',
  'name' varchar(50) CHARACTER SET utf8 COLLATE utf8_general_ci NOT NULL
  COMMENT '权限名称',
  'enname' varchar(50) CHARACTER SET utf8 COLLATE utf8_general_ci NOT NULL
  COMMENT '权限英文标识',
  'path' varchar(50) CHARACTER SET utf8 COLLATE utf8_general_ci NOT NULL
  COMMENT '授权 URL',
  'description' varchar(100) CHARACTER SET utf8 COLLATE utf8_general_ci NULL
  DEFAULT NULL COMMENT '描述信息',
  PRIMARY KEY ('id') USING BTREE
```

```
) ENGINE = InnoDB AUTO_INCREMENT = 3 CHARACTER SET = utf8 COLLATE =
  utf8_general_ci COMMENT = '权限表' ROW_FORMAT = Dynamic;

-- ----------------------------
-- tb_user_role 表的结构
-- ----------------------------
DROP TABLE IF EXISTS 'tb_user_role';
CREATE TABLE 'tb_user_role'  (
  'id' bigint(0) NOT NULL AUTO_INCREMENT,
  'user_id' bigint(0) NOT NULL COMMENT '用户 ID',
  'role_id' bigint(0) NOT NULL COMMENT '角色 ID',
  PRIMARY KEY ('id') USING BTREE
) ENGINE = InnoDB AUTO_INCREMENT = 2 CHARACTER SET = utf8 COLLATE =
  utf8_general_ci COMMENT = '用户角色映射表' ROW_FORMAT = Dynamic;

-- ----------------------------
-- tb_role_permission 表的结构
-- ----------------------------
DROP TABLE IF EXISTS 'tb_role_permission';
CREATE TABLE 'tb_role_permission'  (
  'id' bigint(0) NOT NULL AUTO_INCREMENT,
  'role_id' bigint(0) NOT NULL COMMENT '角色 ID',
  'permission_id' bigint(0) NOT NULL COMMENT '权限 ID',
  PRIMARY KEY ('id') USING BTREE
) ENGINE = InnoDB AUTO_INCREMENT = 5 CHARACTER SET = utf8 COLLATE =
  utf8_general_ci COMMENT = '角色权限映射表' ROW_FORMAT = Dynamic;
```

② 添加与测试数据“zhangsan”和“lisi”相关的角色、权限信息，SQL 语句如下所示。

```
-- ----------------------------
-- tb_role 表的结构
-- ----------------------------
INSERT INTO 'tb_role' VALUES (1, 0, '普通用户', 'user', NULL);
INSERT INTO 'tb_role' VALUES (2, 0, 'VIP 用户', 'VIPuser', NULL);

-- ----------------------------
-- tb_permission 表的结构
-- ----------------------------
INSERT INTO 'tb_permission' VALUES (1, 0, '浏览商品', 'browseProducts',
'/products/', NULL);
INSERT INTO 'tb_permission' VALUES (2, 0, '购买商品', 'purchaseProducts',
'/order/', NULL);
INSERT INTO 'tb_permission' VALUES (3, 0, '兑换礼品', 'redeemGifts', '/redeem/',
NULL);


-- ----------------------------
-- tb_user_role 表的结构
-- ----------------------------
INSERT INTO 'tb_user_role' VALUES (1, 1, 2);
INSERT INTO 'tb_user_role' VALUES (2, 2, 1);
```

```
-- ----------------------------
-- tb_role_permission 表的结构
-- ----------------------------
INSERT INTO 'tb_role_permission' VALUES (1, 1, 1);
INSERT INTO 'tb_role_permission' VALUES (2, 1, 2);
INSERT INTO 'tb_role_permission' VALUES (3, 2, 1);
INSERT INTO 'tb_role_permission' VALUES (4, 2, 2);
INSERT INTO 'tb_role_permission' VALUES (5, 2, 3);
```

③ 测试数据库。在数据库中查询 user_id 为 1 的用户的权限信息，如果能正常查询，则说明数据库创建成功，如图 5-15 所示。

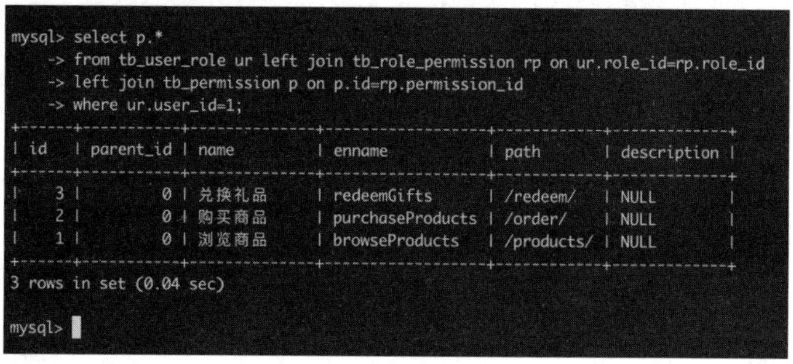

```
mysql> select p.*
    -> from tb_user_role ur left join tb_role_permission rp on ur.role_id=rp.role_id
    -> left join tb_permission p on p.id=rp.permission_id
    -> where ur.user_id=1;
+------+-----------+------------+------------------+------------+-------------+
| id   | parent_id | name       | enname           | path       | description |
+------+-----------+------------+------------------+------------+-------------+
|    3 |         0 | 兑换礼品   | redeemGifts      | /redeem/   | NULL        |
|    2 |         0 | 购买商品   | purchaseProducts | /order/    | NULL        |
|    1 |         0 | 浏览商品   | browseProducts   | /products/ | NULL        |
+------+-----------+------------+------------------+------------+-------------+
3 rows in set (0.04 sec)

mysql>
```

图 5-15 数据库测试

2. 构建授权服务器

① 在 cn.js.ccit.flowersmall.user.mapper 包下创建 PermissionMapper 接口，在该接口中定义根据用户 ID 查找用户权限的方法，代码如下所示。

```
package cn.js.ccit.flowersmall.user.mapper;

import cn.js.ccit.flowersmall.user.entity.PermissionEntity;
import org.apache.ibatis.annotations.Param;
import java.util.List;

public interface PermissionMapper {
   List<PermissionEntity> findPermisByUserId(@Param(value = "userId") Long
   userId);
}
```

② 在 src/main/resources/mapper/user 目录下，创建 PermissionMapper.xml 映射文件，代码如下所示。

```
<?xml version="1.0" encoding="UTF-8" ?>
<!DOCTYPE mapper PUBLIC "-//mybatis.org//DTD Mapper 3.0//EN"
"http://mybatis.org/dtd/mybatis-3-mapper.dtd" >

<mapper namespace="cn.js.ccit.flowersmall.user.mapper.PermissionMapper">
   <select id="findPermisByUserId" parameterType="long"
         resultType="cn.js.ccit.flowersmall.user.entity.PermissionEntity">
   select p.* from tb_user_role ur
  left join tb_role_permission rp on ur.role_id=rp.role_id
  left join tb_permission p on p.id = rp.permission_id
   where ur.user_id=#{userId} ORDER BY p.id
   </select>
</mapper>
```

③ 修改 cn.js.ccit.flowersmall.user.service.impl 包下的 UserDetailsServiceImpl 类中的 loadUserByUsername()方法，构建新的授权对象列表，代码如下所示。

```
package cn.js.ccit.flowersmall.user.service.impl;

import cn.js.ccit.flowersmall.user.entity.PermissionEntity;
import cn.js.ccit.flowersmall.user.entity.UserEntity;
import…
// 实现用户详情服务接口
@Service
@Primary
public class UserDetailsServiceImpl implements UserDetailsService {
    @Resource
    private UserMapper userMapper;
    @Resource
    private PermissionMapper permissionMapper;

    @Override
    public UserDetails loadUserByUsername(String username) throws
    UsernameNotFoundException {
        UserEntity user = userMapper.findByUsername(username);
        if(user == null) {
            return null;
        }

        List<GrantedAuthority> grantedAuthorityList = new ArrayList<>();
       // 根据用户 ID 获取权限列表
        List<PermissionEntity> permissionList =
             permissionMapper.findPermisByUserId(user.getId());

        // 遍历权限列表，构建授权对象，放入授权对象列表
        permissionList.forEach(tbPermission -> {
            GrantedAuthority grantedAuthority = new
            SimpleGrantedAuthority(tbPermission.getEnname());
            grantedAuthorityList.add(grantedAuthority);
        });

        return new User(user.getUsername(), user.getPassword(),
        grantedAuthorityList);
    }
}
```

④ 在 cn.js.ccit.flowersmall.user.controller 包下的 CustomController 类中追加获取授权信息的接口，代码如下所示。

```
package cn.js.ccit.flowersmall.user.controller;

import cn.js.ccit.flowersmall.user.entity.UserEntity;
import cn.js.ccit.flowersmall.user.service.UserService;
import …
import javax.servlet.http.HttpServletRequest;

@RestController
public class CustomController {
```

```
    @Autowired
    ConsumerTokenServices consumerTokenServices;
    @Autowired
    UserService userService;

    @GetMapping("/permis")
    public Authentication getUser(Authentication authentication) {
        return authentication;}
```

⑤ 当用户登录成功后，前端会发送获取权限请求，获取当前用户的权限，并在项目的 src\views\User 目录下的 Point.vue 中追加判断当前用户是否有权限兑换礼品，代码如下所示。

```
<div class="no" v-if="!canExchange">
      <a-empty>
        <template #description>
          <span>您没有权限兑换礼品</span>
        </template>
      </a-empty>
</div>
const canExchange = ref<boolean>(false)
onMounted(() => {
  getUserPermission().then(res => {
    let permissonArr = res.data.authorities
    let temp: string[] = []
    // @ts-ignore
    permissonArr.map(item => {
      temp.push(item.authority)
      if (temp.includes('redeemGifts')) {
        canExchange.value = true
      }
    })
  })
```

首先启动 Nacos，然后启动 SweetFlower 商城网关、商品、金币、礼品和用户微服务，最后启动 SweetFlower 商城项目前端。打开浏览器访问 SweetFlower 商城首页，使用“zhangsan”用户登录 SweetFlower 商城，选择“用户中心”→“我的金币”，有金币兑换礼品权限页面如图 5-16 所示，显示了用户“zhangsan”可以兑换的礼品。

图 5-16 有金币兑换礼品权限页面

使用“lisi”用户登录 SweetFlower 商城，选择“用户中心”→“我的金币”，无金币兑换礼品权限，页面如图 5-17 所示，显示了用户“lisi”没有权限兑换礼品。

图 5-17　无金币兑换礼品权限页面

以上就是使用基于角色的访问控制模型为 SweetFlower 商城创建用户授权服务器的过程。

拓展实践

实践任务	基于 Redis 实现 SweetFlower 商城授权数据存储
任务描述	在任务 5.2 的基础上，对 SweetFlower 商城用户授权服务进行扩展，使用 Redis 进行授权数据存储
主要思路及步骤	1. 针对用户与客户端的授权信息，在 Redis 中定义相应的数据结构进行数据存储 2. 修改用户详情、客户端详情的获取逻辑，实现该类数据在 Redis 中进行存取 3. 使用 Spring Cloud OAuth 2.0 实现授权逻辑
任务总结	

单元小结

本单元主要介绍了 Spring Cloud OAuth 2.0 技术，其中包括 4 种授权方式，并介绍了如何将令牌等授权信息存储到数据库；此外，还介绍了基于角色的访问控制模型，并据此实现了 SweetFlower 商城的用户细粒度权限管理。

单元习题

一、单选题

1. 以下不是 Spring Cloud OAuth 2.0 授权方式的是（　　）。

A. 授权码方式　　B. 隐私方式　　C. 密码方式　　D. 客户端方式

2. Spring Cloud OAuth 2.0 将令牌等信息存储到数据库时，需要的依赖是（　　）。
   A. jdbc　　B. seata　　C. nacos　　D. sentinel
3. 实现基于角色的访问控制时，不需要创建（　　）。
   A. 用户表　　B. 角色表　　C. 权限表　　D. 访问令牌表
4. （　　）是一个代表授予客户端权限的字符串。
   A. 访问令牌　　B. 密码　　C. 客户端信息　　D. 用户名
5. 代表资源所有者发起对受保护资源的请求的应用程序是（　　）。
   A. 授权服务器　　B. 客户端　　C. 资源服务器　　D. 资源所有者
6. 将资源所有者的密码凭据直接当作一种获取令牌的权限授予方式的是（　　）。
   A. 授权码方式　　B. 隐私方式　　C. 密码方式　　D. 客户端方式

二、填空题

1. Spring Cloud OAuth 2.0 是 Spring Cloud 体系对________________协议的实现。
2. 授权服务器是颁发________________给客户端的服务器。
3. 在授权码方式中________________是通过授权服务器来获得的。
4. ________________是信息安全领域中，一种较新且广泛使用的访问控制机制。

单元 6 Seata 分布式事务

在微服务架构中，完成一次业务请求需要操作多个数据源或需要进行远程调用，此时会产生分布式事务问题。Seata 作为一种开源的分布式事务解决方案，为开发者提供了高性能和简单易用的分布式事务服务。本单元以 SweetFlower 商城项目的下单业务中，订单微服务调用金币微服务更新用户金币数量为例，介绍分布式事务概念、常用的分布式事务解决方案、Seata 的 4 种事务模式、Seata Server 的部署及基于 Seata AT 模式实现分布式事务等相关知识。

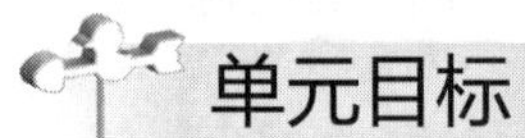

单元目标

【知识目标】

- 掌握分布式事务的概念
- 熟悉分布式事务的 3 种模型
- 掌握分布式事务的 4 种解决方案
- 熟悉 Seata 的 4 种事务模式

【能力目标】

- 能够熟练安装 Seata Server
- 能基于 Seata AT 模式实现分布式事务

【素质目标】

- 培养较强的自我更新知识和提高技能的能力
- 培养良好的自我表现、与人沟通的能力

任务 SweetFlower 商城的分布式事务管理

任务描述

在 SweetFlower 商城中，用户购买商品后，订单微服务创建订单，之后订单微服务调用金币微服务更新用户的金币数量。这个跨服务调用需要在一个分布式事务中，请整合 Seata 对该分布式事务进行控制。

技术分析

在 SweetFlower 商城中创建订单时需要调用金币微服务更新用户的金币数量，该业务的分布式事务可使用 Seata 的 AT 模式实现。该业务中涉及两个微服务：订单微服务和金币微服务。首先，这两个微服务需要连接 Seata Server；其次，订单微服务作为事务的发起方，可使用@GlobalTransactional 注解声明开启一个全局事务；最后，订单微服务和金币微服务一样是事务的参与者，需要使用 Seata 提供的数据源代理来操作数据库，并且在数据库中创建日志回滚表（undo_log）来记录订单表、用户金币表和金币详细表操作的回滚日志。

支撑知识

微课 34

分布式事务简介

1. 分布式事务简介

分布式事务是指事务的参与者、支持事务的服务器、资源服务器以及事务管理器分别位于不同的分布式系统的不同节点之上。

（1）事务介绍

数据库事务简称事务（Transaction），是访问并可能操作各种数据项的数据库操作序列，这些操作要么全部执行，要么全部不执行，是一个不可分割的工作单位。

事务具有以下 4 个特性。

① 原子性。

原子性（Atomicity）是指事务包含的所有操作要么全部成功执行，要么全部失败回滚，因此事务的操作如果成功执行就必须完全应用到数据库，如果操作执行失败则不能对数据库有任何影响。

② 一致性。

一致性（Consistency）是指操作前后数据总数保持不变。例如，用户 A 和用户 B 的钱加起来一共是 3000 元，那么不管 A 和 B 之间如何转账、转几次账，事务结束后两个用户的钱加起来应该还是 3000 元，这就是事务的一致性。

③ 隔离性。

隔离性（Isolation）是指多个事务并发执行时，一个事务的执行不应影响其他事务的执行。也就是说，在事务中查看数据更新时，数据所处的状态要么是另一事务修改它之前的状态，要么是另一事务修改它之后的状态，事务不会查看到中间状态的数据。例如，在 A 事务中，查看 B 事务（修改张三的账户余额）中张三的账户余额，这时，要么查看到 B 事务执行之前的张三的账户余额，要么查看到 B 事务执行结束之后的张三的账户余额。

④ 持久性。

持久性（Durability）是指已被提交的事务对数据库的修改应该永久保存在数据库中，在事务结束时，相应操作将不可逆转。

（2）分布式事务介绍

在微服务架构中，随着业务服务的拆分及数据库的拆分，原本的单个数据库的事务操作变成了多个数据库的事务操作。每个数据库的事务执行情况只有数据库自己知道，因此可能会出现全局数据不一致的问题。如何保证全局数据的一致性呢？这就是分布式事务要解决的问题。分布式事务有以下几种模式。

① 单一服务分布式事务。

单一服务分布式事务是指在单体应用架构中，一个服务操作不涉及服务间的相互调用，但是这个服务会涉及多个数据库资源的访问。单一服务分布式事务模型如图 6-1 所示。

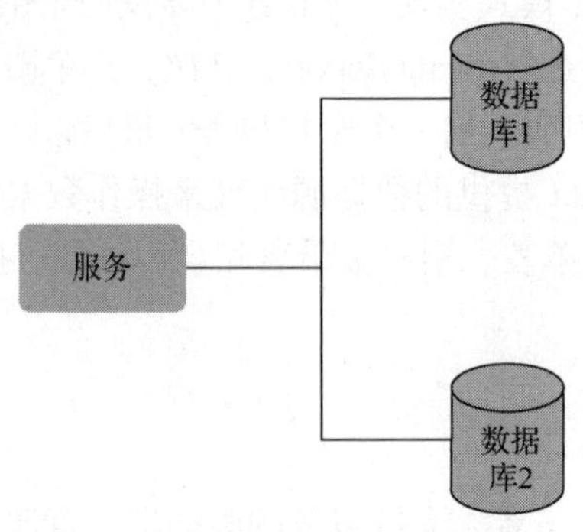

图 6-1　单一服务分布式事务模型

② 多服务分布式事务。

单一服务分布式事务虽然涉及多个不同的数据库资源，但是整个事务还是在一个服务的内部实现。如果一个微服务需要调用另一个微服务，例如，在用户下单业务中，订单微服务要调用账户微服务扣钱，此时事务就涉及多个微服务。在这种情况下，起始于某个服务的事务在调用另一个服务时需要以一定的机制流转到另一个服务，从而使被调用的服务访问的数据库资源被纳入该事务的管理中。这种架构就称为多服务分布式事务，其模型如图 6-2 所示。

③ 多服务多数据源分布式事务。

将以上两种分布式事务的应用场景整合，即在一个业务中，一个微服务调用其他微服务，而每个微服务对应不同的数据库。例如，在用户下单业务中，要调用仓储微服务操作商品数据库扣减库存，调用订单微服务操作订单数据库创建订单，订单微服务调用账户微服务，账户微服务操作用户数据库扣除余额。这样，一个下单业务需要调用多个微服务，访问多个数据库。当一个业务在处理过程中涉及多服务操作多个数据库时，这种架构就被称为多服务多数据源分布式事务。其模型如图 6-3 所示。

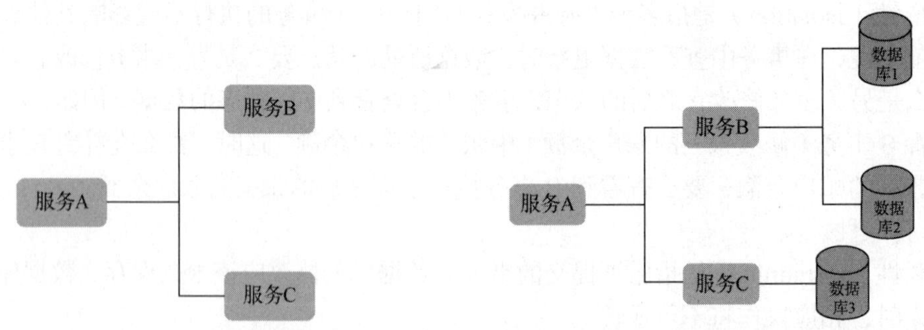

图 6-2　多服务分布式事务模型

图 6-3　多服务多数据源分布式事务模型

以上 3 种模式中，多服务多数据源分布式事务是微服务中的典型模式。

2. 分布式事务解决方案

常见的分布式事务解决方案有 2PC 协议、TCC 方案、基于可靠性消息的最终一致性方案和最大努力通知型方案。

（1）2PC 协议

两阶段提交（Two Phase Commit，2PC）协议，是一个非常经典的强一致性、中心化的原子提交协议。

在分布式系统中，每个节点都只知道自身的状态，而无法获知其他节点的状态，在有多个节点参与的分布式事务中，这是一个非常致命的问题，而使用 2PC 协议可以很好地解决这个问题。

在 2PC 协议中，节点被分为两类：一类是协调者，通常只有一个节点，主要用来控制事务；另一类是参与者，由多个节点组成，主要用来存储数据，执行具体的事务操作。在 2PC 协议中，协调者向参与者发送消息，要求参与者执行操作，如执行事务提交操作或者事务回滚操作等；参与者向协调者通告自身的状态信息，并且执行协调者发送的命令。

该协议将整个事务流程分为准备阶段和提交阶段。

① 准备阶段（Prepare Phase）：协调者给每个参与者发送准备（Prepare）消息，参与者收到消息后执行相应的本地事务，但是不提交事务。

② 提交阶段（Commit Phase）：协调者根据参与者准备阶段的执行情况决定给每个参与者发送回滚（Rollback）消息或提交（Commit）消息。参与者根据事务管理器的指令执行提交或者回滚操作，并释放事务处理过程中使用的锁资源。

2PC 协议的整体执行流程分为以下两种情况。

① 阶段 2 发送提交消息情况。

阶段 1 执行步骤如图 6-4 所示。

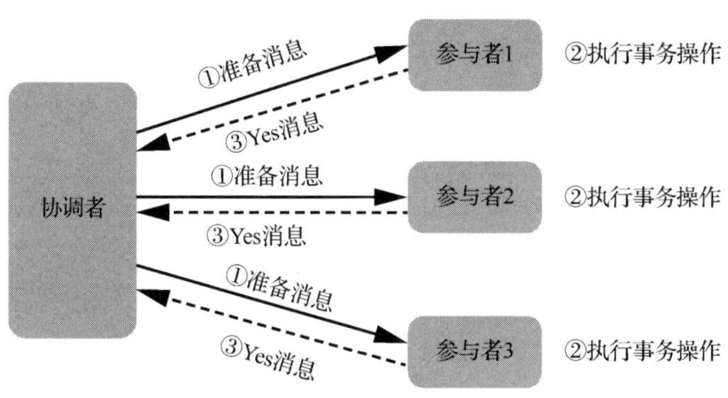

图 6-4　阶段 1 执行步骤（1）

- 协调者向参与者发出准备消息，通知它们进入 2PC 处理逻辑，并等待它们的响应。
- 参与者收到消息后执行各自的事务，但不提交。
- 各参与者执行成功后向协调者返回 Yes 消息。

当阶段 1 的所有参与者均反馈 Yes 消息时，阶段 2 执行步骤如图 6-5 所示。

- 协调者向所有参与者发出提交消息。
- 参与者执行提交消息，提交事务，并释放事务处理期间占用的资源。
- 各参与者向协调者返回 Ack（应答）消息。
- 协调者收到所有参与者反馈的 Ack 消息后，即完成事务提交。

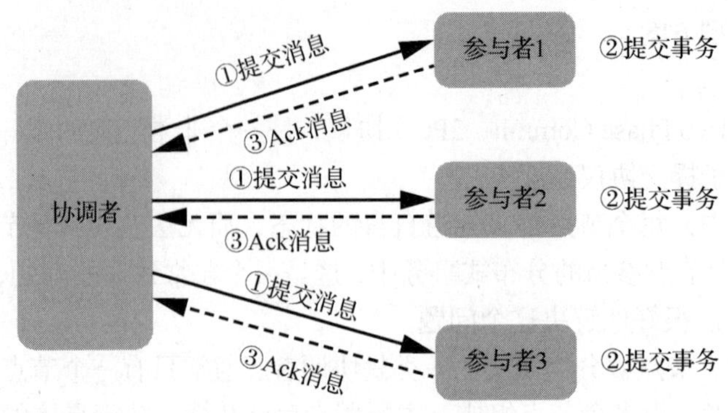

图 6-5　阶段 2 执行步骤（1）

② 阶段 2 发送回滚消息情况。

阶段 1 执行步骤如图 6-6 所示。

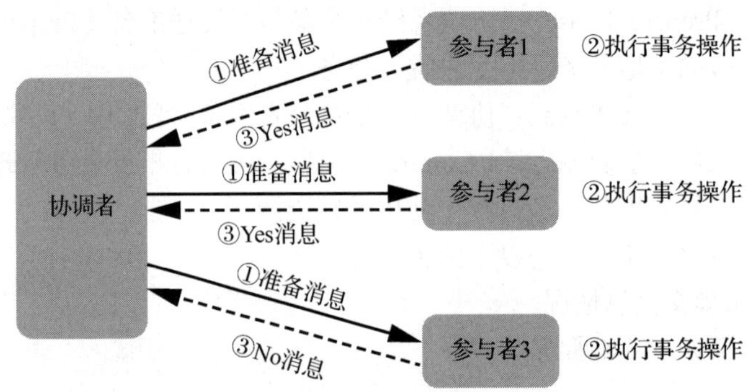

图 6-6　阶段 1 执行步骤（2）

- 协调者向参与者发出准备消息，通知它们进入 2PC 处理逻辑，并等待它们的响应。
- 参与者收到消息后执行各自的事务，但不提交。
- 参与者 1 和参与者 2 执行成功后向协调者返回 Yes 消息。参与者 3 执行失败后向协调者返回 No 消息。

当阶段 1 的一个参与者反馈 No 消息时，阶段 2 执行步骤如图 6-7 所示。

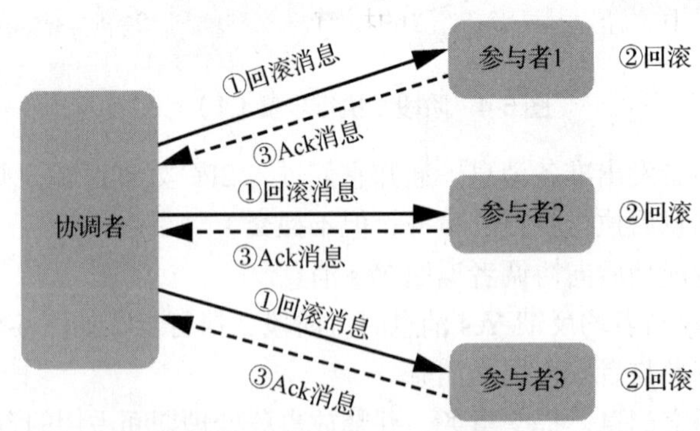

图 6-7　阶段 2 执行步骤（2）

- 协调者向所有参与者发出回滚消息。
- 参与者执行事务回滚操作，并释放事务处理期间占用的资源。

- 各参与者向协调者返回 Ack 消息。
- 协调者收到所有参与者反馈的 Ack 消息后，即完成事务中断。

上述就是 2PC 协议的两种执行流程，但是存在非常明显的问题。

① 性能问题。

在 2PC 协议执行的整个过程中，参与者都需要等待其他参与者执行完并向协调者响应 Yes 消息或 No 消息后才能执行提交或回滚操作。在等待的过程中资源是被锁定的，只有执行完提交或回滚操作才会释放，显然性能低下。

② 单点问题。

- 协调者单点。若协调者在发送完准备消息后宕机，参与者执行完相应逻辑回复 Yes/No 消息后，无法收到协调者的消息，会一直等待直到超时。

若协调者在发送完提交回滚消息后宕机，只有部分参与者收到了提交消息，那么就会导致数据不一致。若只有部分参与者收到了回滚消息，则不会导致数据不一致。因为未收到回滚消息的参与者会在等待超时后自动回滚。

- 参与者单点。若参与者在收到准备消息后宕机，那么它就无法向协调者响应 Yes/No 消息，协调者会一直等待直到超时，最后向其他参与者发送回滚消息进行回滚。

若参与者在收到提交消息后宕机，那么就会出现数据不一致，因为其他参与者收到提交消息后进行提交操作。

若参与者在收到回滚消息后宕机，不会出现数据不一致，因为数据库会在事务超时后自动回滚。

由此可见 2PC 协议是一种尽量保证强一致性的分布式事务解决方案，因此它是同步阻塞的。而同步阻塞会导致长久的资源锁定问题，效率较低，且存在单点问题，在极端情况下存在数据不一致的风险。

（2）TCC

TCC（Try-Confirm-Cancel）方案采用补偿机制，是一种比较成熟的分布式事务解决方案。TCC 的概念最早由帕特·海伦德（Pat Helland）在 2007 年发表的一篇名为“Life beyond Distributed Transactions:an Apostate’s Opinion”的论文中提出。在该论文中，TCC 的全称还是 Tentative-Confirmation-Cancellation。之后 Atomikos 公司正式将其全称改为 Try-Confirm-Cancel 并注册了 TCC 商标。国内最早关于 TCC 的报道，出现在 InfoQ 上对程立博士的一次采访。此后 TCC 在国内逐渐被大家了解并接受。

TCC 将事务提交流程拆分为以下两个阶段。

① 第一阶段（Try 阶段），该阶段主要预留业务资源和对数据进行校验。

② 第二阶段（Confirm 阶段/ Cancel 阶段）：Confirm 阶段确认真正执行的业务，只操作 Try 阶段预留的业务资源。Cancel 阶段取消执行的业务，释放 Try 阶段预留的业务资源。

TCC 的事务处理流程和 2PC 的类似，不过 2PC 通常在跨库的数据库层面，而 TCC 本质上是应用层面的 2PC。第一阶段通过 Try 阶段进行准备工作，第二阶段 Confirm/Cancel 表示 Try 阶段操作的确认和回滚。在分布式事务场景中，每个服务实现 TCC 之后，就作为其中的一个资源，参与到整个分布式事务中。主业务服务在每一个阶段中分别调用所有 TCC 服务的 Try 方法。最后根据第一个阶段的执行情况来决定对第二阶段的 Confirm 或者 Cancel。TCC 的执行流程如图 6-8 所示。

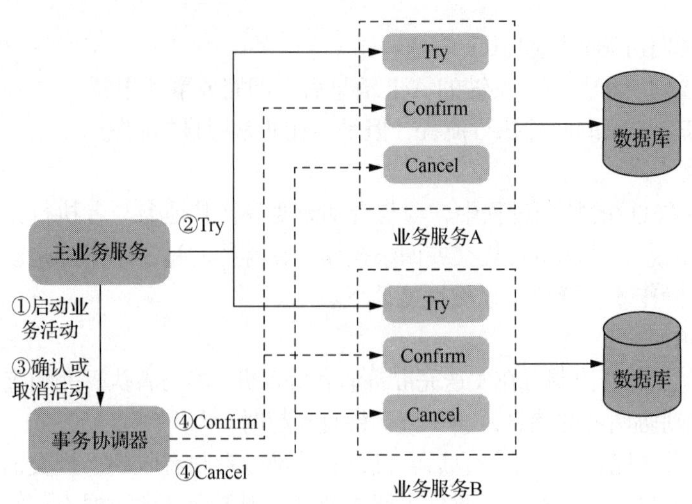

图 6-8　TCC 的执行流程

为了便于读者理解 TCC 的工作机制，这里举一个简单的例子。以电商平台的支付场景为例，当用户单击“支付”按钮后，会涉及以下两个事务操作。

① 在账户服务中，对用户的账户余额进行扣减。

② 在库存服务中，对商品库存进行扣减。

参照 TCC 的工作机制，账户服务和库存服务中分别提供 Try、Confirm 和 Cancel 3 个方法。

在账户服务的 Try 方法中对实际申购金额进行冻结，Confirm 方法用于把 Try 方法冻结的金额进行扣减，Cancel 方法用于把 Try 方法冻结的金额进行解冻。

在库存服务的 Try 方法中对实际申购商品数量进行冻结，Confirm 方法用于把 Try 方法冻结的商品数量进行扣减，Cancel 方法用于把 Try 方法冻结的商品数量进行解冻。

在支付业务方法中，先调用账户服务和库存服务的 Try 方法做业务资源预留，若这两个方法处理都正常，TCC 事务协调器就会调用账户服务和库存服务的 Confirm 方法对预留资源进行实际应用。若其中任何一个方法处理失败，TCC 事务协调器就会调用账户服务和库存服务的 Cancel 方法进行回滚，从而保证数据的一致。

TCC 事务具有以下优点。

① 2PC 是资源层面的，而 TCC 把资源层面的 2PC 上升到业务层面来实现。有效避免 2PC 占用资源锁时间过长导致的性能低下问题。

② 和 2PC 比起来，TCC 的实现和流程相对简单。

但是 TCC 的缺点也比较明显。因为 TCC 属于应用层的一种补偿方案，所以需要程序员在实现的时候多写很多补偿代码。例如，在上文的账户服务中，2PC 只需要提供一个扣款方法即可，但 TCC 需要提供 Try、Confirm、Cancel 这 3 个方法，大大增加了开发量。

（3）基于可靠性消息的最终一致性方案

微课 36

分布式事务解决方案 2

基于可靠性消息的最终一致性是互联网公司比较常用的分布式事务解决方案，它主要利用消息中间件（RocketMQ）的可靠性机制来实现数据一致性。以电商平台的支付场景为例，用户完成订单的支付后不需要等待支付结果，可以继续做其他事情。当系统收到第三方支付平台提供的支付结果后，根据支付结果更新该订单的支付状态，若支付成功，则给用户的账户增加相应的积分奖励。此时就涉及支付服务和账户服务的数据一致性问题。这个场景中的数据一致性并不要求实时性，可以采用基于可靠性消息的最终一致性方案来保证支付服务和账户服务的数据一致性。即支付服务收到支付结果后，先更新订单状态，再发送一条消息到分布式消息队列中，账户服务监听到指定队列的消息并进行相应的处理，完成数据的同步。

在上述解决方案中，若在数据库事务中支付服务先发送消息，再执行数据库操作，如下面的伪代码所示，可能会出现消息发送成功但本地事务更新失败的情况。虽然数据库操作回滚了，但是消息已经发送成功无法进行回滚，从而导致数据不一致。

```
@Transactional
public void pay1(){
    //1. 发送 MQ 消息
    //2. 数据库操作
}
```

若在数据库事务中支付服务先执行数据库操作，再发送消息，如下面的伪代码所示，可能会出现消息发送成功但响应超时的异常情况，从而导致数据库操作回滚。但是 MQ 消息已经发送成功了，从而导致数据不一致。

```
@Transactional
public void pay2(){
    //1. 数据库操作
    //2. 发送 MQ 消息
}
```

以上问题可归纳为消息的不可靠性导致的数据不一致。那如何保证消息的可靠性呢？可以利用消息中间件 RocketMQ 来解决该类问题。

下面以 RocketMQ 为例来讲解消息中间件如何保证消息的可靠性。RocketMQ 提供了事务消息模型，如图 6-9 所示，具体的执行逻辑如下。

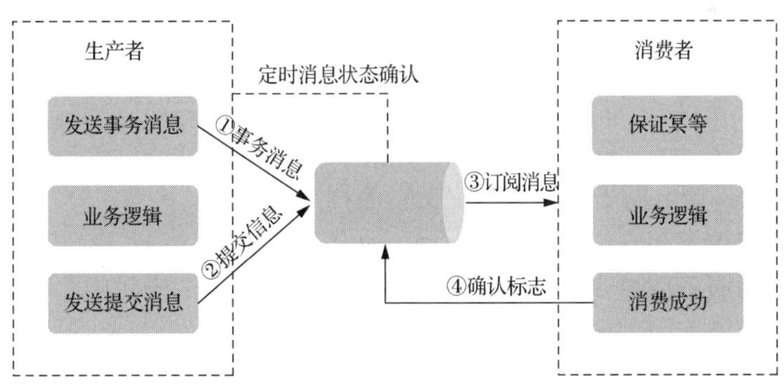

图 6-9　RocketMQ 事务消息模型

① 生产者先发送一条事务消息到消息队列中，RocketMQ 将消息状态标记为已准备好，此时消费者无法消费这条消息。

② 生产者执行本地业务逻辑，完成本地事务后，根据本地事务的执行结果发送一条确认消息给 RocketMQ。若本地事务执行成功，则发送一条提交消息，RocketMQ 将第①步中存储的消息状态标记为可消费。若本地事务执行失败，则生产者发送一条回滚消息，RocketMQ 删除第一步中存储的消息。

③ 消费者对 RocketMQ 中存储的消息进行订阅。

④ RocketMQ 中存储的消息被生产者确认后，消费者就可以消费这条消息了。消息消费之后消费者发送一个确认标识给 RocketMQ，表示消息投递成功。

若确认标识发送失败，RocketMQ 会定期扫描消息集群中的事务消息，若发现已准备好的消息，会主动向生产者确认，然后根据生产者的响应来决定这条消息是否需要投递给消费者。这样就可以保证消息发送与本地事务同时成功或同时失败。

（4）最大努力通知型方案

最大努力通知型（Best-Effort Delivery）是较简单的一种分布式事务解决方案，适用于对数据一致性要求不高的场景，典型的使用场景有交易结果的通知、短信通知等。最大努力通知型的实现方案一般具有以下特点。

① 不可靠消息：业务活动主动方在完成业务处理之后，向业务活动被动方发送消息，直到尝试最大通知次数后不再通知，允许消息丢失。

② 定期校对：业务活动被动方根据定时策略，向业务活动主动方查询业务结果（业务活动主动方提供查询接口），恢复丢失的业务消息。

为了便于读者理解最大努力通知型的工作流程，这里以支付宝的支付结果通知为例进行说明，某电商平台基于支付宝的支付流程如图 6-10 所示。

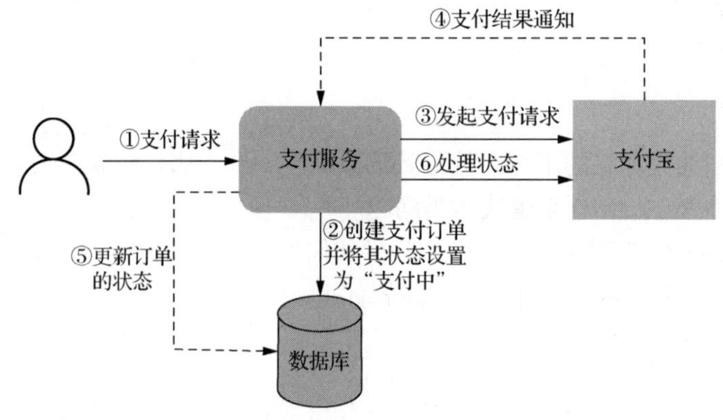

图 6-10　基于支付宝的支付流程

由图 6-10 可知，该电商平台的支付宝支付流程具体如下。

① 用户从客户端发起支付请求。

② 系统的支付服务创建支付订单，并将订单状态设置为“支付中”。

③ 系统的支付服务向支付宝发起支付请求。

④ 支付宝收到请求后，进行支付操作，同时会针对该电商平台创建一个支付交易，记录支付状态，之后发送支付结果给电商平台。

⑤ 电商平台收到通知后，调用支付微服务更新订单的状态。

⑥ 支付微服务完成第⑤步操作后，返回一个处理状态码“SUCCESS”给支付宝。

上述步骤是在理想的状态下完成的，在实际生活中，由于网络的不稳定，电商平台可能收到支付结果通知后却没有返回“SUCCESS”状态码，支付宝的支付结果回调请求会以衰减重试机制（逐步拉大通知的时间间隔）继续触发，比如 1min、5min、10min、30min……直到达到最大通知次数。

若达到最大通知次数，支付宝仍没收到状态码，电商平台可定时或人工根据支付订单号在支付宝查询支付状态，然后根据返回的结果更新用户的订单状态。

从上述分析可以发现，使用最大努力通知型解决方案时，当电商平台没有返回状态码时，支付宝会不断地发出支付结果回调请求，尝试了最大通知次数后就不再尝试，并提供一个支付结果查询接口，让电商平台可以进行定期的校对。

微课 37

Seata 简介

3. Seata 简介

Seata 是一种开源的分布式事务解决方案，致力于提供高性能和简单易用的分布式事务服务。Seata 为用户提供 AT、TCC、Saga 和 XA 事务模式，打造一站式的分布式解决方案。

（1）AT 模式

AT 模式是一种无侵入且基于两阶段提交协议的分布式事务解决方案。在 AT 模式下，用户只需关注自己的“业务 SQL”，用户的“业务 SQL” 作为一阶段，Seata 会自动生成事务的二阶段提交和回滚操作。

AT 模式是 Seata 主推的分布式事务解决方案，可分为三大模块，分别是事务管理器（Transaction Manager，TM）、资源管理器（Resource Manager，RM）和事务协调器（Transaction Coordinator，TC），其中 TM 和 RM 作为 Seata 的客户端与业务系统集成，TC 作为 Seata 的服务器独立部署。TM 负责向 TC 注册一个全局事务，并发出获取事务标识符（Transaction ID，XID）的请求。在 AT 模式下，每个数据库资源被当作一个 RM，在业务层面通过 JDBC 标准的接口访问 RM 时，Seata 会对所有请求进行拦截。每个本地事务进行提交时，RM 都会向 TC 注册一个分支事务。Seata AT 模式的工作流程如图 6-11 所示。

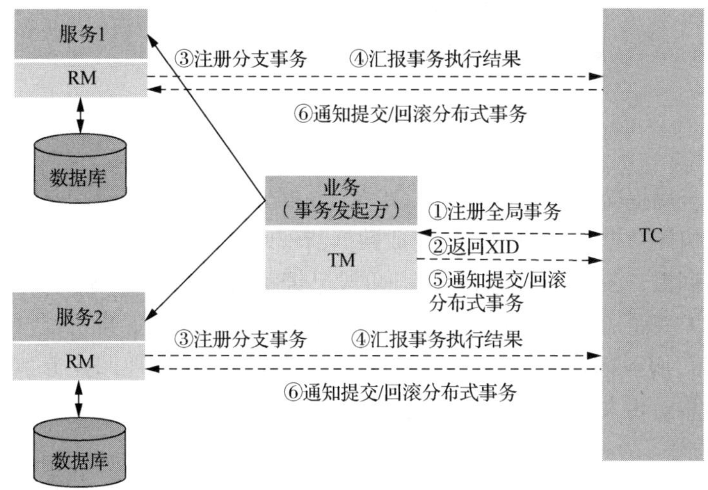

图 6-11　AT 模式的工作流程

具体执行流程如下。

① TM 向 TC 注册全局事务，并发出获取 XID 的请求。

② TC 生成全局唯一的 XID，返回给 TM。

③ RM 向 TC 注册分支事务，并将其纳入 XID 对应的全局事务范围。

④ RM 向 TC 汇报事务执行结果。

⑤ TM 通知 TC 提交/回滚分布式事务。

⑥ TC 汇总所有事务参与者的执行状态，决定分布式事务是全部回滚还是提交。TC 通知所有 RM 提交/回滚分布式事务。

AT 模式是一个改进版的 2PC 协议，可分为以下两个阶段。

一阶段：业务数据和回滚日志记录在同一个本地事务中提交，释放本地锁和连接资源。

二阶段：

- 全局提交，非常快速地完成；
- 回滚，通过一阶段的回滚日志进行反向补偿。

在一阶段，Seata 会拦截“业务 SQL”，解析 SQL 语义，提取表元数据找到“业务 SQL”要更新的业务数据，在业务数据被更新前，将其保存为原快照。之后执行“业务 SQL”更新业务数据，在业务数据更新之后，将其保存为新快照，最后生成行锁。以上操作全部在一个数据库事务内完成，这样可保证一阶段操作的原子性。AT 模式第一阶段的执行过程如图 6-12 所示。

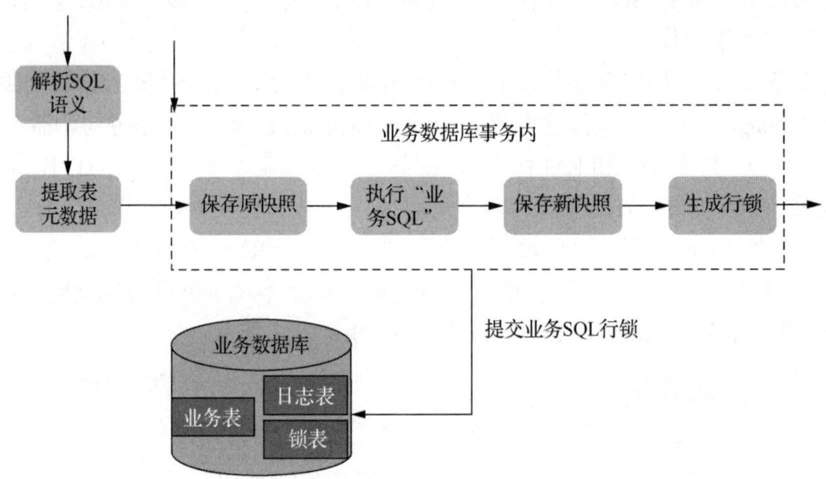

图 6-12　AT 模式第一阶段的执行过程

二阶段若是全局提交，因为“业务 SQL”在一阶段已经提交至数据库，所以 Seata 只需将一阶段保存的快照数据和行锁删掉，完成数据清理即可。

二阶段若是回滚，Seata 就需要回滚一阶段已经执行的“业务 SQL”，还原业务数据。回滚方式便是用原快照还原业务数据，但在还原前先要校验脏写，即对比“数据库当前业务数据”和 新快照，若两份数据完全一致就说明没有脏写，可以还原业务数据；若不一致就说明有脏写，则需要转人工处理。

（2）TCC 模式

使用 AT 模式时，Seata 在技术底层处理数据库，虽然使用方便，但也有局限性，因为它只能使用 JDBC。若不同服务使用了不同的数据库，例如 服务 1 使用了 MySQL，服务 2 使用了 MongoDB，此时底层不统一，则不能使用 AT 模式，那么如何处理分布式事务呢？这时可使用 TCC 模式在业务层进行事务处理。之前已经对 TCC 进行了介绍，这里不再进行分析，读者可参照之前的介绍。

（3）Saga 模式

Saga 模式又称长事务解决方案，由普林斯顿大学的赫克托·加西亚-莫利纳（Hector Garcia-Molina）和肯尼思·萨利姆（Kenneth Salem）提出，主要用于在没有 2PC 的情况下解决分布式事务问题。长事务指的是业务流程长、执行时间长的事务。例如，在电商平台的下单业务中，会涉及订单服务、支付服务、库存服务等。

在 Saga 模式中，把一个业务流程中的长事务拆分为多个子事务，每个子事务包括正向操作和补偿操作。若所有子事务的正向操作执行成功，则长事务执行成功，若某一个子事务的正向操作执行失败，则依次执行前面子事务对应的补偿操作，如图 6-13 所示。

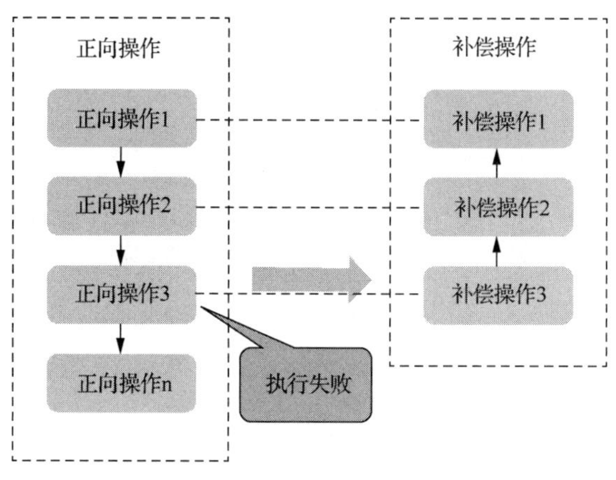

图 6-13　Saga 模式

Saga 模式的实现方式有两种，分别是事件/编排式和命令/协调式。

- 事件/编排式：每个服务发布事件并监听其他服务的事件，然后决定是否执行本地事务。
- 命令/协调式：中央协调器负责集中处理事件的决策和业务逻辑排序。

在事件/编排式中，第一个服务执行完一个本地事务后，发布一个事件。该事件被一个或多个服务监听，监听到事件的服务执行本地事务并发布新的事件或不发布事件，直到业务流程中最后一个服务的本地事务执行结束，至此整个分布式长事务执行结束，如图 6-14 所示。

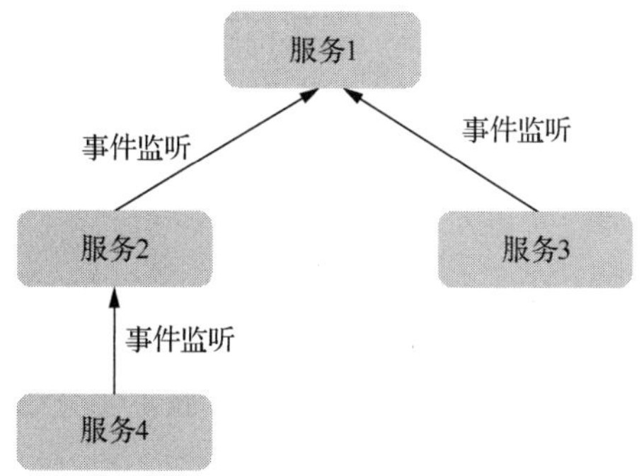

图 6-14　Saga 事件/编排式的工作流程

该方式简单，但是当事务参与者过多时，事件监听关系会变得混乱，可能会出现循环监听情况，因此该方式不适合事务参与者过多的场景。

命令/协调式需要定义一个 Saga 协调器，它负责告诉每一个参与者要做什么。Saga 协调器以命令/回复的方式与每个服务进行通信，如图 6-15 所示。

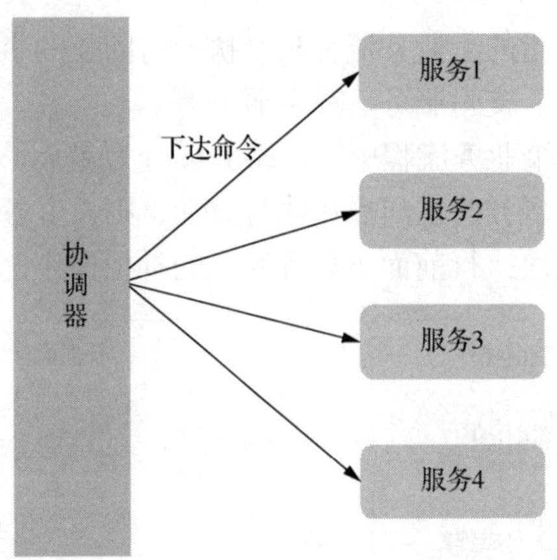

图 6-15　Saga 命令/协调式的工作流程

同 AT、TCC 模式相比，Saga 模式在第一阶段直接提交本地事务，没有锁等待，性能较高；在事件驱动的模式下，参与者可以异步执行，吞吐量大；补偿服务易于实现。Saga 模式的缺点也非常明显，它不保证事务的隔离性。

（4）XA 模式

XA 模式是 Seata 模式的另一种无侵入的分布式事务解决方案，它在 Seata 定义的分布式事务框架内，利用事务资源（数据库、消息服务等）对 XA 协议进行支持，以 XA 协议的机制来管理分支事务。

从编程模型上看，XA 模式与 AT 模式完全相同，只需要修改数据源代理，即可实现 XA 模式与 AT 模式之间的切换，代码如下所示。

```
@Bean("dataSource")
public DataSource dataSource(DruidDataSource druidDataSource) {
    // 返回 AT 模式的数据源
    // return new DataSourceProxy(druidDataSource);

    // 返回 XA 模式的数据源
    return new DataSourceProxyXA(druidDataSource);
}
```

【课堂实践】请对 AT、TCC、Saga 和 XA 模式进行比较。

微课 38

Seata Server 的部署

4. Seata Server 的部署

Seata 分为 TC、TM 和 RM 这 3 个模块，TC（即 Seata Server）需要独立部署，TM 和 RM 由业务系统集成。Seata Server 除直接部署外，还支持多种部署方式，比如 Docker、Kubernetes、Helm。下面主要介绍直接部署的方式。Seata Server 的部署步骤如下。

① 本书编写时 Seata 的最新稳定版本为 1.4.2，因此这里从官网下载 Seata 1.4.2 的安装包。

② 安装包下载完成后，将其解压得到一个名为“seata”的文件夹，修改 seata\seata-server-1.4.2\conf 目录下的 file.conf 文件，配置 Seata Server 的存储模式。Seata Server 目前支持 3 种存储模式（file、db、redis），可以通过 file.conf 文件中的 store 模块的 mode 属性进行

配置，默认存储方式是 file。这里选用 db 存储模式，修改 file.conf 文件中的 store 模块的 mode 属性为 db，并修改 db 模块中的数据库配置信息，即 MySQL 驱动类名、数据库连接地址、用户名和密码，具体代码如下所示。

```
#*************** Config Module Related Configurations ***************#
### If use MySQL as datasource:
 spring.datasource.platform=mysql

store {
  ## store mode: file、db、redis
  mode = "db"
  ## rsa decryption public key
  publicKey = ""
    ## database store property
  db {
    ## the implement of javax.sql.DataSource, such as DruidDataSource(druid)/
    BasicDataSource(dbcp)/HikariDataSource(hikari) etc.
    datasource = "druid"
    ## mysql/oracle/postgresql/h2/oceanbase etc.
    dbType = "mysql"
    driverClassName = "com.mysql.cj.jdbc.Driver"
    ## if using mysql to store the data, recommend add rewriteBatchedStatements=
    true in jdbc connection param
    url = "jdbc:mysql://127.0.0.1:3306/seata?rewriteBatchedStatements=true&use
    Unicode=true&characterEncoding=utf-8&useSSL=false&serverTimezone=UTC"
    user = "root"
    password = "123"
    minConn = 5
    maxConn = 100
    globalTable = "global_table"
    branchTable = "branch_table"
    lockTable = "lock_table"
    queryLimit = 100
    maxWait = 5000
  }
}
```

不同的存储模式，其性能存在差异，读者可以根据自己的需求进行选择。

- file 存储模式为单机模式，在该模式下，Seata 的事务相关信息会存储到内存中，并持久化到本地 root.data 文件中，性能较高。
- db 存储模式为高可用模式，在该模式下，Seata 的全局事务、分支事务和锁都存储到数据库中，性能相对差一些。
- redis 存储模式在 Seata Server 1.3 及以上版本中支持，性能较高，使用该模式时存在事务信息丢失风险，需要提前配置适合当前场景的 Redis 持久化配置。

③ 从官网下载 Seata 1.4.2 源代码，下载完成后，将其解压，得到一个名为“seata-1.4.2”的文件夹，在 seata-1.4.2\script\config-center 目录下有一个 config.txt 文件。该文件包含 Seata 客户端和服务端的所有配置信息，修改数据库配置信息，即 MySQL 驱动类名、数据库连接地址、用户名和密码，具体代码如下所示。

```
store.db.dbType=mysql
```

```
store.db.driverClassName=com.mysql.cj.jdbc.Driver
store.db.url=jdbc:mysql://127.0.0.1:3306/seata?useUnicode=true&rewriteBat
chedStatements=true
store.db.user=root
store.db.password=123
```

④ 以单机模式启动 Nacos，创建 Seata 命名空间，如图 6-16 所示。在该命名空间下创建一个 Data ID 为“seataServer.properties”的配置集，设置其 Group 为 SEATA_GROUP，配置内容为步骤③中修改后的 config.txt 文件中的所有配置，如图 6-17 所示。

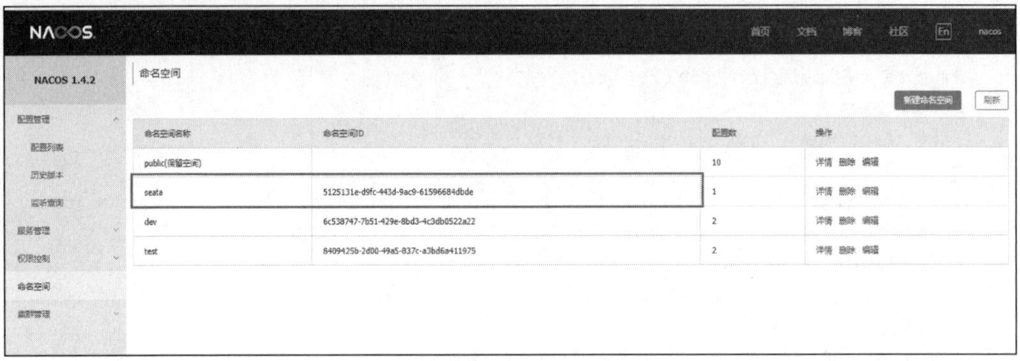

图 6-16　创建 Seata 命名空间

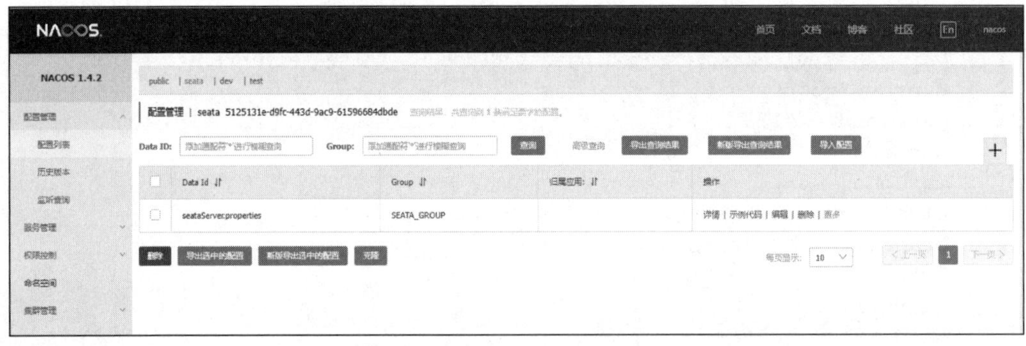

图 6-17　seataServer.properties Data ID 及相关配置

⑤ 修改 seata\seata-server-1.4.2\conf 目录下的 registry.conf 文件中的 registry 模块，配置 Seata 服务注册的组件为 Nacos，即修改 registry.conf 文件中 registry 模块的 type 属性值为 nacos，并修改 namespace 的值为步骤④中创建的 Seata 命名空间 ID，修改连接 Nacos 的用户名和密码，代码如下所示。

```
registry {
  # file 、nacos 、eureka、redis、zk、consul、etcd3、sofa
  type = "nacos"

  nacos {
    application = "seata-server"
    serverAddr = "127.0.0.1:8848"
    group = "SEATA_GROUP"
    namespace = "5125131e-d9fc-443d-9ac9-61596684dbde"
    cluster = "default"
    username = "nacos"
```

```
    password = "nacos"
  }
}
```

⑥ 修改 seata\seata-server-1.4.2\conf 目录下的 registry.conf 文件中的 config 模块，让 Seata 从 Nacos 中加载配置，即修改文件中 config 模块的 type 属性值为 nacos，并修改 namespace 的值为步骤④中创建的 Seata 命名空间 ID，修改连接 Nacos 的用户名和密码，代码如下所示。

```
config {
  # file、nacos 、apollo、zk、consul、etcd3
  type = "nacos"

  nacos {
    serverAddr = "127.0.0.1:8848"
    namespace = "5125131e-d9fc-443d-9ac9-61596684dbde"
    group = "SEATA_GROUP"
    username = "nacos"
    password = "nacos"
    dataId = "seataServer.properties"
  }
}
```

⑦ 创建 Seata db 存储模式下需要的事务表。打开 Navicat，创建数据库 seata，在该数据库中执行步骤③下载的 seata-1.4.2 源代码文件夹 script\server\db 目录下的 mysql.sql 文件，创建全局事务表（global_table）、分支信息表（branch_table）和加锁的表（lock_table）。

⑧ 进入 Seata Server 的 bin 目录下，执行 seata-server.bat，启动 Seata，如图 6-18 所示。

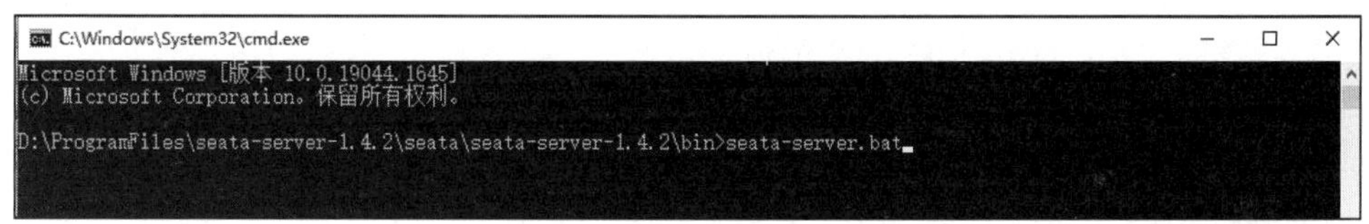

图 6-18　启动 Seata Server

Seata 启动成功，访问 Nacos 控制台，在其服务列表的 Seata 命名空间下，可看到注册的 seata-server 服务，如图 6-19 所示。

图 6-19　seata-server 服务

至此以 db 存储模式，从 Nacos 配置中心加载 Seata 配置的方式部署 Seata Server 成功。

【课堂实践】以 db 存储模式和从 Nacos 配置中心加载配置的方式部署最新稳定版本的 Seata Server。

5. 基于 Seata AT 模式实现分布式事务

微课 39

Seata AT 模式

下面以一个简单的电商平台的下单流程来演示如何使用 Seata AT 模式实现分布式事务控制。

【案例 6-1】模拟某电商平台的下单流程，在下单、扣减库存时通过 Seata AT 模式对分布式事务进行控制。

整个业务流程分为两个步骤：①通过订单服务创建订单；②使用 OpenFeign 远程调用库存服务，扣减库存。基于 Seata AT 模式实现该业务的分布式事务控制，基本步骤如下。

（1）数据库准备

创建两个数据库 seata_order、seata_storage，并分别在两个数据库中创建对应的订单表（t_order）、库存表（t_storage）和回滚日志表（undo_log），其 SQL 语句如下所示。

```
-- 对应 seata_order 数据库--
CREATE TABLE t_order (
  'id' BIGINT(11) NOT NULL AUTO_INCREMENT PRIMARY KEY,
  'user_id' BIGINT(11) DEFAULT NULL COMMENT '用户 id',
  'product_id' BIGINT(11) DEFAULT NULL COMMENT '产品 id',
  'count' INT(11) DEFAULT NULL COMMENT '数量',
  'money' DECIMAL(11,0) DEFAULT NULL COMMENT '金额',
  'status' INT(1) DEFAULT NULL COMMENT '订单状态: 0: 创建中; 1: 已完结'
) ENGINE=INNODB AUTO_INCREMENT=1 DEFAULT CHARSET=utf8;

CREATE TABLE IF NOT EXISTS 'undo_log'
(
    'branch_id'     BIGINT       NOT NULL COMMENT 'branch transaction id',
    'xid'          VARCHAR(128) NOT NULL COMMENT 'global transaction id',
    'context'       VARCHAR(128) NOT NULL COMMENT 'undo_log context,such as
    serialization',
    'rollback_info' LONGBLOB     NOT NULL COMMENT 'rollback info',
    'log_status'    INT(11)      NOT NULL COMMENT '0:normal status,1:defense
    status',
    'log_created'   DATETIME(6)  NOT NULL COMMENT 'create datetime',
    'log_modified'  DATETIME(6)  NOT NULL COMMENT 'modify datetime',
    UNIQUE KEY 'ux_undo_log' ('xid', 'branch_id')
) ENGINE = InnoDB
  AUTO_INCREMENT = 1
  DEFAULT CHARSET = utf8 COMMENT ='AT transaction mode undo table';

--对应 seata_storage 数据库--
CREATE TABLE t_storage (
 'id' BIGINT(11) NOT NULL AUTO_INCREMENT PRIMARY KEY,
 'product_id' BIGINT(11) DEFAULT NULL COMMENT '产品 id',
 'total' INT(11) DEFAULT NULL COMMENT '总库存',
 'used' INT(11) DEFAULT NULL COMMENT '已用库存',
 'residue' INT(11) DEFAULT NULL COMMENT '剩余库存'
) ENGINE=INNODB AUTO_INCREMENT=2 DEFAULT CHARSET=utf8;
```

```
CREATE TABLE IF NOT EXISTS 'undo_log'
(
    'branch_id'     BIGINT       NOT NULL COMMENT 'branch transaction id',
    'xid'           VARCHAR(128) NOT NULL COMMENT 'global transaction id',
    'context'       VARCHAR(128) NOT NULL COMMENT 'undo_log context,such as
    serialization',
    'rollback_info' LONGBLOB     NOT NULL COMMENT 'rollback info',
    'log_status'    INT(11)      NOT NULL COMMENT '0:normal status,1:defense
    status',
    'log_created'   DATETIME(6)  NOT NULL COMMENT 'create datetime',
    'log_modified'  DATETIME(6)  NOT NULL COMMENT 'modify datetime',
    UNIQUE KEY 'ux_undo_log' ('xid', 'branch_id')
) ENGINE = InnoDB
  AUTO_INCREMENT = 1
  DEFAULT CHARSET = utf8 COMMENT ='AT transaction mode undo table';
--初始数据--
INSERT INTO seata_storage.t_storage('id', 'product_id', 'total', 'used',
'residue')
VALUES ('1', '1', '600', '0', '600');
```

（2）微服务

① 父工程。

创建父工程 unit6Demo1 统一管理 Spring Boot、Spring Cloud 和 Spring Cloud Alibaba。pom.xml 文件代码如下所示。

```
<?xml version="1.0" encoding="UTF-8"?>

<project xmlns="http://maven.apache.org/POM/4.0.0"
xmlns:xsi="http://www.w3.org/2001/XMLSchema-instance"
  xsi:schemaLocation="http://maven.apache.org/POM/4.0.0
  http://maven.apache.org/xsd/maven-4.0.0.xsd">
  <modelVersion>4.0.0</modelVersion>

  <groupId>cn.js.ccit</groupId>
  <artifactId>unit6Demo1</artifactId>
  <packaging>pom</packaging>
  <version>1.0-SNAPSHOT</version>
  <modules>
    <module>seata-order</module>
    <module>seata-storage</module>
  </modules>

  <!-- 统一管理 JAR 包版本 -->
  <properties>
    <project.build.sourceEncoding>UTF-8</project.build.sourceEncoding>
    <maven.compiler.source>1.8</maven.compiler.source>
    <maven.compiler.target>1.8</maven.compiler.target>
    <lombok.version>1.18.20</lombok.version>
    <mysql.version>8.0.18</mysql.version>
    <druid.version>1.2.8</druid.version>
    <mybatis.spring.boot.version>2.2.2</mybatis.spring.boot.version>
  </properties>
```

```
  <dependencyManagement>
    <dependencies>
      <!--Spring Boot 2.6.3-->
      <dependency>
        <groupId>org.springframework.boot</groupId>
        <artifactId>spring-boot-dependencies</artifactId>
        <version>2.6.3</version>
        <type>pom</type>
        <scope>import</scope>
      </dependency>
      <!--Spring Cloud 2021.0.1-->
      <dependency>
        <groupId>org.springframework.cloud</groupId>
        <artifactId>spring-cloud-dependencies</artifactId>
        <version>2021.0.1</version>
        <type>pom</type>
        <scope>import</scope>
      </dependency>
      <!--Spring Cloud Alibaba 2021.0.1.0-->
      <dependency>
        <groupId>com.alibaba.cloud</groupId>
        <artifactId>spring-cloud-alibaba-dependencies</artifactId>
        <version>2021.0.1.0</version>
        <type>pom</type>
        <scope>import</scope>
      </dependency>
      <dependency>
        <groupId>mysql</groupId>
        <artifactId>mysql-connector-java</artifactId>
        <version>${mysql.version}</version>
      </dependency>
      <dependency>
        <groupId>com.alibaba</groupId>
        <artifactId>druid</artifactId>
        <version>${druid.version}</version>
      </dependency>
      <dependency>
        <groupId>org.mybatis.spring.boot</groupId>
        <artifactId>mybatis-spring-boot-starter</artifactId>
        <version>${mybatis.spring.boot.version}</version>
      </dependency>
      <dependency>
        <groupId>org.projectlombok</groupId>
        <artifactId>lombok</artifactId>
        <version>${lombok.version}</version>
        <optional>true</optional>
      </dependency>
    </dependencies>
  </dependencyManagement>
</project>
```

② 库存微服务。

在父工程下，创建库存微服务 seata-storage，步骤如下。

- 修改 pom.xml 文件，追加 Seata、OpenFeign、nacos-discovery 等依赖，修改后的 pom.xml 文件代码如下所示。

```
<?xml version="1.0" encoding="UTF-8"?>
<project xmlns="http://maven.apache.org/POM/4.0.0"
        xmlns:xsi="http://www.w3.org/2001/XMLSchema-instance"
        xsi:schemaLocation="http://maven.apache.org/POM/4.0.0
        http://maven.apache.org/xsd/maven-4.0.0.xsd">
    <parent>
        <artifactId>unit6Demo1</artifactId>
        <groupId>cn.js.ccit</groupId>
        <version>1.0-SNAPSHOT</version>
    </parent>
    <modelVersion>4.0.0</modelVersion>

    <artifactId>seata-storage</artifactId>
    <dependencies>
        <!--Seata-->
        <dependency>
            <groupId>com.alibaba.cloud</groupId>
            <artifactId>spring-cloud-starter-alibaba-seata</artifactId>
        </dependency>
        <!-- OpenFeign-->
        <dependency>
            <groupId>org.springframework.cloud</groupId>
            <artifactId>spring-cloud-starter-openfeign</artifactId>
        </dependency>
        <dependency>
            <groupId>org.springframework.cloud</groupId>
            <artifactId>spring-cloud-loadbalancer</artifactId>
        </dependency>
        <!-- nacos-discovery -->
        <dependency>
            <groupId>com.alibaba.cloud</groupId>
            <artifactId>spring-cloud-starter-alibaba-nacos-discovery</artifactId>
        </dependency>
        <dependency>
            <groupId>org.springframework.boot</groupId>
            <artifactId>spring-boot-starter-web</artifactId>
        </dependency>
        <dependency>
            <groupId>org.springframework.boot</groupId>
            <artifactId>spring-boot-starter-jdbc</artifactId>
            <exclusions>
                <exclusion>
                    <groupId>org.apache.tomcat</groupId>
                    <artifactId>tomcat-jdbc</artifactId>
                </exclusion>
            </exclusions>
        </dependency>
        <dependency>
            <groupId>mysql</groupId>
            <artifactId>mysql-connector-java</artifactId>
```

```
            <scope>runtime</scope>
        </dependency>
        <dependency>
            <groupId>org.mybatis.spring.boot</groupId>
            <artifactId>mybatis-spring-boot-starter</artifactId>
        </dependency>
        <dependency>
            <groupId>org.projectlombok</groupId>
            <artifactId>lombok</artifactId>
            <scope>provided</scope>
        </dependency>
    </dependencies>

</project>
```

- 在 seata-storage 微服务的 src/main/resources 目录下创建 application.yml 文件，配置服务端口号为 8002、微服务名为“seata-storage”、Nacos 注册中心地址为“localhost:8848”，并对数据源和 Seata 进行配置，代码如下所示。

```
server:
  port: 8002

spring:
  application:
    name: seata-storage
  cloud:
    nacos:
      discovery:
        server-addr: localhost:8848
  datasource:
    driver-class-name: com.mysql.cj.jdbc.Driver
    url: jdbc:mysql://localhost:3306/seata_storage?useUnicode=true&charact
    erEncoding=utf-8&useSSL=false&serverTimezone=UTC
    username: root
    password: 123

logging:
  level:
    io:
      seata: info

mybatis:
  mapperLocations: classpath:mapper/*.xml
seata:
  enabled: true
enable-auto-data-source-proxy: true #是否开启数据源自动代理，默认为 true
  application-id: ${spring.application.name}
  # 事务组的名称，对应 service.vgroupMapping.default_tx_group=xxx 中配置的 default_
  tx_group
  tx-service-group: default_tx_group
  # 配置事务组与集群的对应关系
  service:
    vgroup-mapping:
```

```
      # default_tx_group 为事务组的名称，default 为集群名称（与 registry.conf 中的一致）
      default_tx_group: default
    disable-global-transaction: false
  registry:
    type: nacos
    nacos:
      application: seata-server
      server-addr: localhost:8848
      group: SEATA_GROUP
      namespace: 5125131e-d9fc-443d-9ac9-61596684dbde
      username: nacos
      password: nacos
      cluster: default
  config:
    type: nacos
    nacos:
      server-addr: localhost:8848
      group: SEATA_GROUP
      namespace: 5125131e-d9fc-443d-9ac9-61596684dbde
      username: nacos
      password: nacos
      # Nacos 配置中心配置的 Data ID
      data-id: seataServer.properties
```

- 按照 Spring Boot 规范创建项目启动类 SeataStorageApplication，在该启动类上追加 @EnableAutoDataSourceProxy 注解，开启 Seata 的数据源自动代理，代码如下所示。

```
import io.seata.spring.annotation.datasource.EnableAutoDataSourceProxy;
import org.mybatis.spring.annotation.MapperScan;
import org.springframework.boot.SpringApplication;
import org.springframework.boot.autoconfigure.SpringBootApplication;
import org.springframework.cloud.client.discovery.EnableDiscoveryClient;
import org.springframework.cloud.openfeign.EnableFeignClients;

@EnableAutoDataSourceProxy//开启 Seata 的数据源自动代理，因为 Seata 采用了 DataSource
代理方式操作数据
@MapperScan("cn.js.ccit.mapper")
@SpringBootApplication
@EnableDiscoveryClient
@EnableFeignClients
public class SeataStorageApplication {

    public static void main(String[] args) {
        SpringApplication.run(SeataStorageApplication.class, args);
    }
}
```

- 在 seata-storage 微服务的 cn.js.ccit.domain 包下创建 Storage 类和 CommonResult 类，Storage 类用于封装 Storage 对象的属性，CommonResult 类用于封装返回结果，代码如下所示。

```
package cn.js.ccit.domain;

import lombok.Data;

@Data
```

```
public class Storage {

    private Long id;

    /**
     * 产品 ID
     */
    private Long productId;

    /**
     * 总库存
     */
    private Integer total;

    /**
     * 已用库存
     */
    private Integer used;

    /**
     * 剩余库存
     */
    private Integer residue;
}

@Data
@AllArgsConstructor
@NoArgsConstructor
public class CommonResult<T>
{
    private Integer code;
    private String  message;
    private T       data;

    public CommonResult(Integer code, String message)
    {
        this(code,message,null);
    }
}
```

- 在 seata-storage 微服务的 cn.js.ccit.mapper 包下创建 StorageMapper 接口，在该接口中定义扣减库存方法，代码如下所示。

```
package cn.js.ccit.mapper;

import org.apache.ibatis.annotations.Mapper;
import org.apache.ibatis.annotations.Param;

@Mapper
public interface StorageMapper {

    /**
```

```
     * 扣减库存
     */
    void reduce(@Param("productId") Long productId, @Param("count") Integer
count);
}
```

- 在 seata-storage 微服务的 src/main/resources 目录下创建 mapper 文件夹，在 mapper 文件夹下创建映射文件 StorageMapper.xml，用于实现扣减库存，代码如下所示。

```
<?xml version="1.0" encoding="UTF-8" ?>
<!DOCTYPE mapper PUBLIC "-//mybatis.org//DTD Mapper 3.0//EN"
"http://mybatis.org/dtd/mybatis-3-mapper.dtd" >


<mapper namespace="cn.js.ccit.mapper.StorageMapper">
    <update id="reduce" >
        UPDATE t_storage
        SET used    = used + #{count},
            residue = residue - #{count}
        WHERE product_id = #{productId}
    </update>
</mapper>
```

- 在 seata-storage 微服务的 cn.js.ccit.service 包下创建 StorageService 接口，在该接口中定义扣减库存方法，代码如下所示。

```
package cn.js.ccit.service;

public interface StorageService {
    /**
     * 扣减库存
     */
    void reduce(Long productId, Integer count);
}
```

- 在 seata-storage 微服务的 cn.js.ccit.service.impl 包下创建 StorageService 接口的实现类，在该类中调用 StorageMapper 接口实现扣减库存，代码如下所示。

```
package cn.js.ccit.service.impl;

import cn.js.ccit.mapper.StorageMapper;
import cn.js.ccit.service.StorageService;
import org.springframework.stereotype.Service;
import javax.annotation.Resource;

@Service
public class StorageServiceImpl implements StorageService {

    @Resource
    private StorageMapper storageMapper;

    /**
     * 扣减库存
     */
    @Override
```

```
    public void reduce(Long productId, Integer count) {
        storageMapper.reduce(productId,count);
    }
}
```

• 在seata-storage微服务的cn.js.ccit.controller包下创建库存控制器StorageController类，在该类中定义扣减库存的方法，代码如下所示。

```
package cn.js.ccit.controller;

import cn.js.ccit.domain.CommonResult;
import cn.js.ccit.service.StorageService;
import org.springframework.beans.factory.annotation.Autowired;
import org.springframework.web.bind.annotation.RequestMapping;
import org.springframework.web.bind.annotation.RestController;

@RestController
public class StorageController {

    @Autowired
    private StorageService storageService;

    /**
     * 扣减库存
     */
    @RequestMapping("/storage/reduce")
    public CommonResult reduce(Long productId, Integer count) {
        storageService.reduce(productId, count);
        return new CommonResult(200,"扣减库存成功！");
    }
}
```

③ 订单微服务。

在父工程下，创建订单微服务 seata-order，其步骤如下。

• 修改 pom.xml 文件，追加 Seata、OpenFeign、nacos-discovery 等依赖，修改后的 pom.xml 文件代码如下所示。

```
<?xml version="1.0" encoding="UTF-8"?>
<project xmlns="http://maven.apache.org/POM/4.0.0"
         xmlns:xsi="http://www.w3.org/2001/XMLSchema-instance"
         xsi:schemaLocation="http://maven.apache.org/POM/4.0.0
http://maven.apache.org/xsd/maven-4.0.0.xsd">
    <parent>
        <artifactId>unit6Demo1</artifactId>
        <groupId>cn.js.ccit</groupId>
        <version>1.0-SNAPSHOT</version>
    </parent>
    <modelVersion>4.0.0</modelVersion>

    <artifactId>seata-order</artifactId>
    <dependencies>
        <!--Seata-->
        <dependency>
            <groupId>com.alibaba.cloud</groupId>
```

```
            <artifactId>spring-cloud-starter-alibaba-seata</artifactId>
        </dependency>
        <!-- OpenFeign-->
        <dependency>
            <groupId>org.springframework.cloud</groupId>
            <artifactId>spring-cloud-starter-openfeign</artifactId>
        </dependency>
        <dependency>
            <groupId>org.springframework.cloud</groupId>
            <artifactId>spring-cloud-loadbalancer</artifactId>
        </dependency>
        <!-- nacos-discovery -->
        <dependency>
            <groupId>com.alibaba.cloud</groupId>
            <artifactId>
            spring-cloud-starter-alibaba-nacos-discovery
          </artifactId>
        </dependency>
        <dependency>
            <groupId>org.springframework.boot</groupId>
            <artifactId>spring-boot-starter-web</artifactId>
        </dependency>
        <dependency>
            <groupId>org.springframework.boot</groupId>
            <artifactId>spring-boot-starter-jdbc</artifactId>
            <exclusions>
                <exclusion>
                    <groupId>org.apache.tomcat</groupId>
                    <artifactId>tomcat-jdbc</artifactId>
                </exclusion>
            </exclusions>
        </dependency>
        <dependency>
            <groupId>mysql</groupId>
            <artifactId>mysql-connector-java</artifactId>
            <scope>runtime</scope>
        </dependency>
        <dependency>
            <groupId>org.mybatis.spring.boot</groupId>
            <artifactId>mybatis-spring-boot-starter</artifactId>
        </dependency>
        <dependency>
            <groupId>org.projectlombok</groupId>
            <artifactId>lombok</artifactId>
            <scope>provided</scope>
        </dependency>
    </dependencies>

</project>
```

- 在 seata-order 微服务的 src/main/resources 目录下创建 application.yml 文件，配置服务端口号为 8001、微服务名为“seata-order”、Nacos 注册中心地址为“localhost:8848”，并对数据源和 Seata 进行配置，代码如下所示。

```yaml
server:
  port: 8001

spring:
  application:
    name: seata-order
  cloud:
    nacos:
      discovery:
        server-addr: localhost:8848
  datasource:
    driver-class-name: com.mysql.cj.jdbc.Driver
    url: jdbc:mysql://localhost:3306/seata_order?useUnicode=true&character
    Encoding=utf-8&useSSL=false&serverTimezone=UTC
    username: root
    password: 123

logging:
  level:
    io:
      seata: info

mybatis:
  mapperLocations: classpath:mapper/*.xml

seata:
  enabled: true
  application-id: ${spring.application.name}
  # 事务组的名称,对应service.vgroupMapping.default_tx_group=xxx中配置的default_
  tx_group
  tx-service-group: default_tx_group
  # 配置事务组与集群的对应关系
  service:
    vgroup-mapping:
      # default_tx_group为事务组的名称，default为集群名称（与registry.conf中的一致）
      default_tx_group: default
    disable-global-transaction: false
  registry:
    type: nacos
    nacos:
      application: seata-server
      server-addr: localhost:8848
      group: SEATA_GROUP
      namespace: 5125131e-d9fc-443d-9ac9-61596684dbde
      username: nacos
      password: nacos
      cluster: default
  config:
    type: nacos
    nacos:
      server-addr: localhost:8848
      group: SEATA_GROUP
```

```
        namespace: 5125131e-d9fc-443d-9ac9-61596684dbde
        username: nacos
        password: nacos
        # Nacos 配置中心配置的 DataID
        data-id: seataServer.properties
```

• 按照 Spring Boot 规范创建项目启动类 SeataOrderApplication，在该启动类上追加@EnableAutoDataSourceProxy 注解，开启 Seata 的数据源自动代理，代码如下所示。

```
package cn.js.ccit;

import io.seata.spring.annotation.datasource.EnableAutoDataSourceProxy;
import org.mybatis.spring.annotation.MapperScan;
import org.springframework.boot.SpringApplication;
import org.springframework.boot.autoconfigure.SpringBootApplication;
import org.springframework.cloud.client.discovery.EnableDiscoveryClient;
import org.springframework.cloud.openfeign.EnableFeignClients;
@EnableAutoDataSourceProxy//开启数据源自动代理
@MapperScan("cn.js.ccit.mapper")
@EnableDiscoveryClient
@EnableFeignClients
@SpringBootApplication
public class SeataOrderApplication
{

    public static void main(String[] args)
    {
        SpringApplication.run(SeataOrderApplication.class, args);
    }
}
```

• 在 seata-order 微服务的 cn.js.ccit.domain 包下创建 Order 类和 CommonResult 类，Order 类用于封装 Order 对象的属性，CommonResult 类用于封装返回结果，代码如下所示。

```
package cn.js.ccit.domain;

import lombok.AllArgsConstructor;
import lombok.Data;
import lombok.NoArgsConstructor;
import java.math.BigDecimal;

@Data
@AllArgsConstructor
@NoArgsConstructor
public class Order
{
    private Long id;

    private Long userId;

    private Long productId;

    private Integer count;

    private BigDecimal money;
```

```
        /**
         * 订单状态为 0 表示创建中；1 表示已完结
         */
        private Integer status;
    }

    @Data
    @AllArgsConstructor
    @NoArgsConstructor
    public class CommonResult<T>
    {
        private Integer code;
        private String  message;
        private T       data;

        public CommonResult(Integer code, String message)
        {
            this(code,message,null);
        }
    }
```

- 在 seata-order 微服务的 cn.js.ccit.mapper 包下创建 OrderMapper 接口，在该接口中定义创建订单和更新订单状态的方法，代码如下所示。

```
    package cn.js.ccit.mapper;

    import cn.js.ccit.domain.Order;
    import org.apache.ibatis.annotations.Mapper;
    import org.apache.ibatis.annotations.Param;

    @Mapper
    public interface OrderMapper {

        /**
         * 创建订单
         */
        void create(Order order);

        /**
         * 更新订单状态
         */
        void update(@Param("userId") Long userId, @Param("status") Integer
status);
    }
```

- 在 seata-order 微服务的 src/main/resources 目录下创建 mapper 文件夹，在 mapper 文件夹下创建映射文件 OrderMapper.xml，用于实现创建订单和更新订单状态，代码如下所示。

```
    <?xml version="1.0" encoding="UTF-8" ?>
    <!DOCTYPE mapper PUBLIC "-//mybatis.org//DTD Mapper 3.0//EN"
    "http://mybatis.org/dtd/mybatis-3-mapper.dtd" >
```

```
<mapper namespace="cn.js.ccit.mapper.OrderMapper">

    <insert id="create">
        INSERT INTO 't_order' ('id', 'user_id', 'product_id', 'count', 'money',
        'status')
        VALUES (NULL, #{userId}, #{productId}, #{count}, #{money}, 0);
    </insert>

    <update id="update">
        UPDATE 't_order'
        SET status = 1
        WHERE user_id = #{userId} AND status = #{status};
    </update>
</mapper>
```

- 在 seata-order 微服务的 cn.js.ccit.service 包下创建 OrderService 和 StorageService 接口。在 OrderService 接口中定义创建订单方法，在 StorageService 接口中定义扣减库存方法，用于实现通过 OpenFeign 调用库存微服务扣减库存，代码如下所示。

```
package cn.js.ccit.service;

import cn.js.ccit.domain.Order;

public interface OrderService {
    void create(Order order);

}

------ StorageService 接口------
package cn.js.ccit.service;

import cn.js.ccit.domain.CommonResult;
import org.springframework.cloud.openfeign.FeignClient;
import org.springframework.web.bind.annotation.PostMapping;
import org.springframework.web.bind.annotation.RequestParam;

@FeignClient(value = "seata-storage")
public interface StorageService {

    /**
     * 扣减库存
     */
    @PostMapping(value = "/storage/reduce")
    CommonResult reduce(@RequestParam("productId") Long productId,
    @RequestParam("count") Integer count);
}
```

- 在 seata-order 微服务的 cn.js.ccit.service.impl 包下创建 OrderService 接口的实现类。在 create()方法中追加@GlobalTransactional 注解，开启分布式事务控制。Create()方法中首先调用 orderMapper 创建订单，然后远程调用库存服务扣减库存，最后调用 orderMapper 修改订单状态为已完成，代码如下所示。

```
@Service
@Slf4j
```

```
public class OrderServiceImpl implements OrderService
{
    @Resource
    private OrderMapper orderMapper;

    @Resource
    private StorageService storageService;


    /**
     * 创建订单->调用库存服务扣减库存->修改订单状态
     */
    @Override
    @GlobalTransactional
    public void create(Order order) {
        log.info("========>下单开始");
        //创建订单
        orderMapper.create(order);
        //远程调用库存服务扣减库存
        storageService.reduce(order.getProductId(),order.getCount());
        //修改订单状态为已完成
        orderMapper.update(order.getUserId(),0);
        log.info("========>下单结束");
    }
}
```

- 在 seata-order 微服务的 cn.js.ccit.controller 包下创建订单控制器 OrderController 类，在该类中定义创建订单的方法，代码如下所示。

```
package cn.js.ccit.controller;

import cn.js.ccit.domain.CommonResult;
import cn.js.ccit.domain.Order;
import cn.js.ccit.service.OrderService;
import org.springframework.beans.factory.annotation.Autowired;
import org.springframework.web.bind.annotation.GetMapping;
import org.springframework.web.bind.annotation.RestController;

@RestController
public class OrderController {

    @Autowired
    private OrderService orderService;

    /**
     * 创建订单
     */
    @GetMapping("/order/create")
    public CommonResult create(Order order) {
        orderService.create(order);
        return new CommonResult(200, "订单创建成功!");
    }
}
```

（3）分布式事务测试

以单机模式启动 Nacos，启动 Seata Server，在 Nacos 服务列表的 Seata 命名空间下，可以看到注册的 seata-server 服务，如图 6-20 所示。

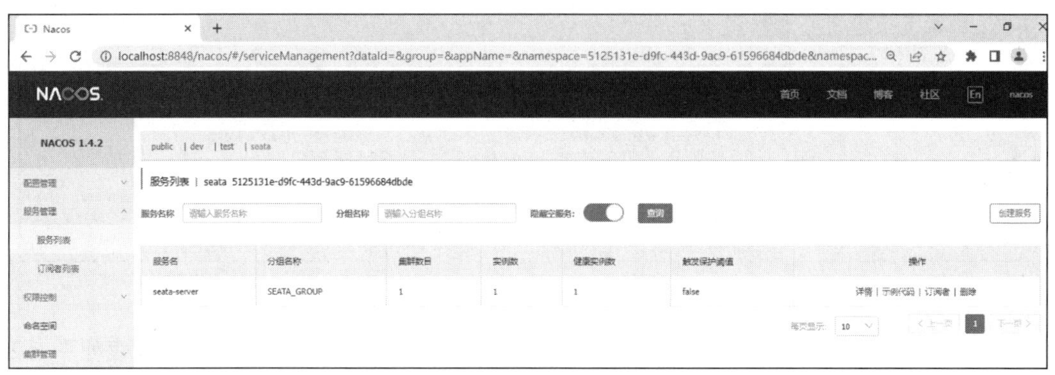

图 6-20　seata-server 服务

在 IDEA 中依次启动库存微服务和订单微服务。在浏览器中访问 http://localhost:8001/order/create?userId=1&productId=1&count=10&money=100，返回“订单创建成功!”的消息，如图 6-21 所示。用户下单成功，购买了 product_id 为 1 的商品 10 个，花了 100 元，seata_order 数据库的订单表中追加了一条订单记录，如图 6-22 所示。seata_storage 数据库的库存表中 product_id 为 1 的商品的已用库存（used）更新为 10，剩余库存（residue）更新为 590，如图 6-23 所示。

图 6-21　用户下单后的响应页面

id	user_id	product_id	count	money	status
1	1	1	10	100	1

图 6-22　订单表中的数据（1）

id	product_id	total	used	residue
1	1	600	10	590

图 6-23　库存表中的数据（1）

在 IDEA 中暂停库存微服务。在浏览器中访问 http://localhost:8001/order/create?userId=1&productId=1&count=10&money=100，此时订单微服务远程调用库存微服务失败，控制台显

示“Connection refused”的连接异常信息，如图 6-24 所示。

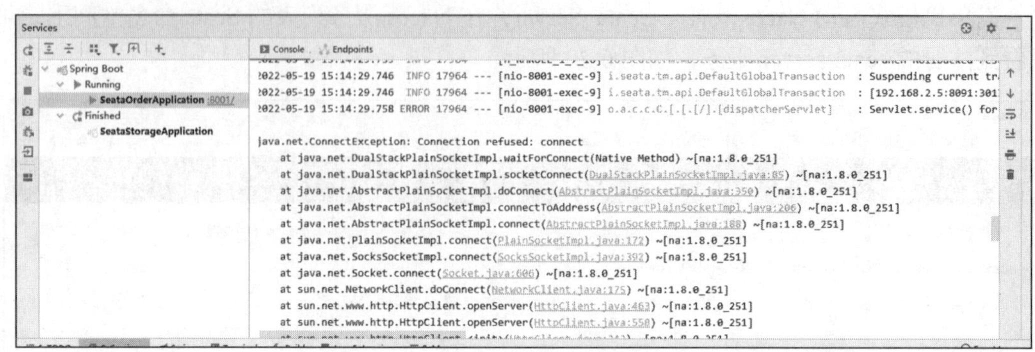

图 6-24　连接异常信息

此时 seata_order 数据库的订单表如图 6-25 所示。seata_storage 数据库的库存表如图 6-26 所示。

id	user_id	product_id	count	money	status
1	1	1	10	100	1

图 6-25　订单表中的数据（2）

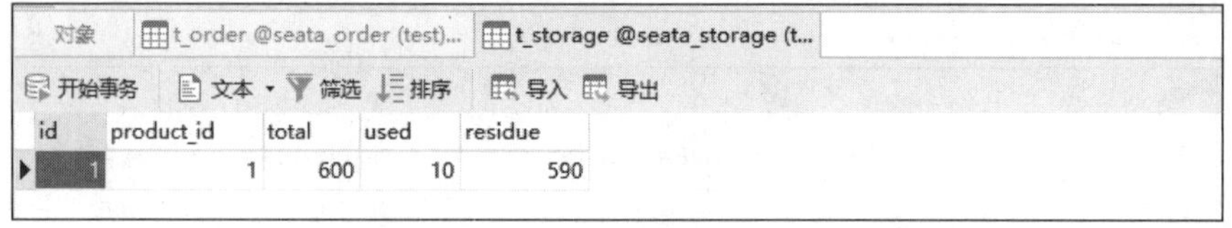

id	product_id	total	used	residue
1	1	600	10	590

图 6-26　库存表中的数据（2）

从图 6-25 和图 6-26 可以看出，暂停库存微服务后，用户下单失败，订单表中没有追加新的记录，库存表中的数据也没发生变化，说明分布式事务管理成功。

【课堂实践】基于 Seata TCC 模式实现案例 6-1 中业务的分布式事务控制。

任务实现

在 SweetFlower 商城中，用户下单的业务涉及订单微服务、金币微服务及订单数据库和金币数据库，该业务的分布式事务可使用 Seata 的 AT 模式实现，具体步骤如下。

1. 数据库

通过 navicat 登录 mySQL 数据库，然后创建 mall_goldCoin 和 mall_order 数据库，并在两个数据库中分别创建回滚日志表（undo_log），其 SQL 语句如下所示。

```
-- 创建 mall_goldCoin 数据库--
CREATE DATABASE mall_goldCoin;
-- 创建 mall_order 数据库--
CREATE DATABASE mall_order;
```

```
-- 创建回滚日志表--
CREATE TABLE 'undo_log'  (
  'id' bigint(0) NOT NULL AUTO_INCREMENT,
  'branch_id' bigint(0) NOT NULL,
  'xid' varchar(100) CHARACTER SET utf8 COLLATE utf8_general_ci NOT NULL,
  'context' varchar(128) CHARACTER SET utf8 COLLATE utf8_general_ci NOT NULL,
  'rollback_info' longblob NOT NULL,
  'log_status' int(0) NOT NULL,
  'log_created' datetime(0) NULL DEFAULT NULL,
  'log_modified' datetime(0) NULL DEFAULT NULL,
  'ext' varchar(100) CHARACTER SET utf8 COLLATE utf8_general_ci NULL DEFAULT
  NULL,
  PRIMARY KEY ('id') USING BTREE,
  UNIQUE INDEX 'ux_undo_log'('xid', 'branch_id') USING BTREE
) ENGINE = InnoDB AUTO_INCREMENT = 119 CHARACTER SET = utf8 COLLATE =
  utf8_general_ci ROW_FORMAT = Dynamic;
```

该业务涉及的表如图 6-27 所示，相关说明如下。

图 6-27　用户下单业务对应的表

goldCoin_detail：该表用于记录用户金币明细。

goldCoin_user：该表用于记录用户所有金币数量。

orders：该表用于记录用户订单明细。

undo_log：该表用于记录 Seata 处理分布式事务过程中的日志。

2. 微服务

（1）金币微服务

修改金币微服务，为其增加 Seata 事务控制，步骤如下。

① 修改 pom.xml 文件，追加 seata 依赖，修改后的 pom.xml 文件代码如下所示。

```
<?xml version="1.0" encoding="UTF-8"?>
<project xmlns="http://maven.apache.org/POM/4.0.0"
         xmlns:xsi="http://www.w3.org/2001/XMLSchema-instance"
         xsi:schemaLocation="http://maven.apache.org/POM/4.0.0
         http://maven.apache.org/xsd/maven-4.0.0.xsd">
    <parent>
        <artifactId>flowersmall</artifactId>
```

```
        <groupId>cn.js.ccit</groupId>
        <version>1.0-SNAPSHOT</version>
    </parent>
    <modelVersion>4.0.0</modelVersion>

    <artifactId>flowersmall-goldcoin</artifactId>
    <dependencies>
      <!-- nacos-config-->
        <dependency>
            <groupId>com.alibaba.cloud</groupId>
            <artifactId>spring-cloud-starter-alibaba-nacos-config</artifactId>
        </dependency>
        <dependency>
            <groupId>org.springframework.cloud</groupId>
            <artifactId>spring-cloud-starter-bootstrap</artifactId>
        </dependency>
        <dependency>
        <groupId>com.alibaba.cloud</groupId>
        <artifactId>spring-cloud-starter-alibaba-seata</artifactId>
        </dependency>
        <!-- dubbo-api、dubbo -->
        <dependency>
            <groupId>cn.js.ccit</groupId>
            <artifactId>flowersmall-commom</artifactId>
            <version>1.0-SNAPSHOT</version>
        </dependency>
        <dependency>
            <groupId>com.alibaba.cloud</groupId>
            <artifactId>spring-cloud-starter-dubbo</artifactId>
        </dependency>
       <dependency>
            <groupId>org.apache.dubbo</groupId>
            <artifactId>dubbo-registry-nacos</artifactId>
           <version>2.7.15</version>
        </dependency>
        <!-- security、oauth2-->
        <dependency>
            <groupId>org.springframework.cloud</groupId>
            <artifactId>spring-cloud-starter-security</artifactId>
            <version>2.2.5.RELEASE</version>
        </dependency>
        <dependency>
            <groupId>org.springframework.cloud</groupId>
            <artifactId>spring-cloud-starter-oauth2</artifactId>
            <version>2.2.5.RELEASE</version>
        </dependency>
        <!-- nacos-discovery -->
        <dependency>
            <groupId>com.alibaba.cloud</groupId>
            <artifactId>spring-cloud-starter-alibaba-nacos-discovery</artifactId>
        </dependency>
        <dependency>
```

```
            <groupId>org.springframework.boot</groupId>
            <artifactId>spring-boot-starter-web</artifactId>
        </dependency>
        <dependency>
            <groupId>org.springframework.boot</groupId>
            <artifactId>spring-boot-starter-jdbc</artifactId>
            <exclusions>
                <exclusion>
                    <groupId>org.apache.tomcat</groupId>
                    <artifactId>tomcat-jdbc</artifactId>
                </exclusion>
            </exclusions>
        </dependency>

        <dependency>
            <groupId>mysql</groupId>
            <artifactId>mysql-connector-java</artifactId>
            <scope>runtime</scope>
        </dependency>
        <dependency>
            <groupId>org.mybatis.spring.boot</groupId>
            <artifactId>mybatis-spring-boot-starter</artifactId>
        </dependency>

        <dependency>
            <groupId>org.projectlombok</groupId>
            <artifactId>lombok</artifactId>
            <scope>provided</scope>
        </dependency>
    </dependencies>
    </project>
```

② 在 flowersmall-goldcoin 微服务的 src/main/resources 目录下的 application.yml 文件中对 Seata 进行配置，代码如下所示。

```
seata:
  enabled: true
  application-id: ${spring.application.name}
  # 事务组的名称,对应 service.vgroupMapping.default_tx_group=xxx 中配置的 default_
  tx_group
  tx-service-group: default_tx_group
  # 配置事务组与集群的对应关系
  service:
    vgroup-mapping:
      # default_tx_group 为事务组的名称，default 为集群名称（与 registry.conf 中的一致）
      default_tx_group: default
    disable-global-transaction: false
  registry:
    type: nacos
    nacos:
      application: seata-server
      # 在本机 hosts 文件中配置了 serverIP: 127.0.0.1
      server-addr: serverIP:8848
```

```
      group: SEATA_GROUP
      namespace: 6457ec95-2252-4b83-a480-8459f9f77238
      username: nacos
      password: nacos
      # 在 registry.conf 中，配置 cluster 名称
      cluster: default
  config:
    type: nacos
    nacos:
      server-addr: serverIP:8848
      group: SEATA_GROUP
      namespace: 6457ec95-2252-4b83-a480-8459f9f77238
      username: nacos
      password: nacos
      # Nacos 配置中心配置的 Data ID
      data-id: seataServer.properties
scan-packages: cn.js.ccit.flowersmall.goldCoin
```

③ 在项目启动类 FlowersmallGoldCoinApplication 上追加@EnableAutoDataSourceProxy 注解，开启 Seata 的数据源自动代理，代码如下所示。

```java
package cn.js.ccit.flowersmall.goldCoin;

import io.seata.spring.annotation.datasource.EnableAutoDataSourceProxy;
import org.mybatis.spring.annotation.MapperScan;
import org.springframework.boot.SpringApplication;
import org.springframework.boot.autoconfigure.SpringBootApplication;
import org.springframework.cloud.client.discovery.EnableDiscoveryClient;
import org.springframework.security.oauth2.config.annotation.web.
configuration.EnableResourceServer;

@EnableAutoDataSourceProxy
// 开启资源服务器
@EnableResourceServer
// 开启服务发现
@EnableDiscoveryClient
@MapperScan("cn.js.ccit.flowersmall.goldCoin.mapper")
@SpringBootApplication
public class FlowersmallGoldCoinApplication {
    public static void main(String[] args) {
        SpringApplication.run(FlowersmallGoldCoinApplication.class,args);
    }
}
```

在任务 3.2 中，已详细描述了基于 Dubbo 的订单微服务调用金币微服务的方法，这里不再详述，本任务主要介绍 Seata 分布式事务的控制。

（2）订单微服务

修改订单微服务，为其增加 Seata 事务控制，步骤如下。

① 修改订单微服务的 pom.xml 文件，追加 seata 依赖，修改后的 pom.xml 文件代码如下所示。

```xml
<?xml version="1.0" encoding="UTF-8"?>
<project xmlns="http://maven.apache.org/POM/4.0.0"
```

```
        xmlns:xsi="http://www.w3.org/2001/XMLSchema-instance"
        xsi:schemaLocation="http://maven.apache.org/POM/4.0.0
        http://maven.apache.org/xsd/maven-4.0.0.xsd">
    <parent>
        <artifactId>flowersmall</artifactId>
        <groupId>cn.js.ccit</groupId>
        <version>1.0-SNAPSHOT</version>
    </parent>
    <modelVersion>4.0.0</modelVersion>

    <artifactId>flowersmall-order</artifactId>

    <dependencies>
     <!-- nacos-config-->
    <dependency>
        <groupId>com.alibaba.cloud</groupId>
        <artifactId>spring-cloud-starter-alibaba-nacos-config</artifactId>
    </dependency>
        <dependency>
            <groupId>org.springframework.cloud</groupId>
            <artifactId>spring-cloud-starter-bootstrap</artifactId>
        </dependency>
    <!--Seata 依赖-->
    <dependency>
            <groupId>com.alibaba.cloud</groupId>
            <artifactId>spring-cloud-starter-alibaba-seata</artifactId>
     </dependency>
     <!-- dubbo-api、dubbo -->
    <dependency>
        <groupId>cn.js.ccit</groupId>
        <artifactId>flowersmall-commom</artifactId>
        <version>1.0-SNAPSHOT</version>
    </dependency>
    <dependency>
        <groupId>com.alibaba.cloud</groupId>
        <artifactId>spring-cloud-starter-dubbo</artifactId>
    </dependency>
    <dependency>
        <groupId>org.apache.dubbo</groupId>
        <artifactId>dubbo-registry-nacos</artifactId>
        <version>2.7.15</version>
    </dependency>
<!-- security、oauth2-->
<dependency>
    <groupId>org.springframework.cloud</groupId>
    <artifactId>spring-cloud-starter-security</artifactId>
    <version>2.2.5.RELEASE</version>
</dependency>
<dependency>
    <groupId>org.springframework.cloud</groupId>
    <artifactId>spring-cloud-starter-oauth2</artifactId>
    <version>2.2.5.RELEASE</version>
```

```
</dependency>
    <!-- nacos-discovery -->
   <dependency>
       <groupId>com.alibaba.cloud</groupId>
       <artifactId>spring-cloud-starter-alibaba-nacos-discovery</artifactId>
   </dependency>

   <dependency>
       <groupId>org.springframework.boot</groupId>
       <artifactId>spring-boot-starter-web</artifactId>
   </dependency>
   <dependency>
       <groupId>org.springframework.boot</groupId>
       <artifactId>spring-boot-starter-jdbc</artifactId>
       <exclusions>
           <exclusion>
               <groupId>org.apache.tomcat</groupId>
               <artifactId>tomcat-jdbc</artifactId>
           </exclusion>
       </exclusions>
   </dependency>
   <dependency>
       <groupId>mysql</groupId>
       <artifactId>mysql-connector-java</artifactId>
       <scope>runtime</scope>
   </dependency>
   <dependency>
       <groupId>org.mybatis.spring.boot</groupId>
       <artifactId>mybatis-spring-boot-starter</artifactId>
   </dependency>
   <dependency>
       <groupId>org.projectlombok</groupId>
       <artifactId>lombok</artifactId>
       <scope>provided</scope>
   </dependency>
   </dependencies>
</project>
```

② 在 flowersmall-order 微服务的 src/main/resources 目录下的 application.yml 文件中，追加 Seata 配置，代码如下所示。

```
seata:
  enabled: true
  application-id: ${spring.application.name}
  # 事务组的名称,对应 service.vgroupMapping.default_tx_group=xxx 中配置的 default_tx_group
  tx-service-group: default_tx_group
  # 配置事务组与集群的对应关系
  service:
    vgroup-mapping:
      # default_tx_group 为事务组的名称，default 为集群名称（与 registry.conf 中的一致）
      default_tx_group: default
    disable-global-transaction: false
  registry:
```

```
    type: nacos
    nacos:
      application: seata-server
      server-addr: serverIP:8848
      group: SEATA_GROUP
      namespace: 6457ec95-2252-4b83-a480-8459f9f77238
      username: nacos
      password: nacos
      # 在 registry.conf 中，配置 cluster 名称
      cluster: default
  config:
    type: nacos
    nacos:
      server-addr: serverIP:8848
      group: SEATA_GROUP
      namespace: 6457ec95-2252-4b83-a480-8459f9f77238
      username: nacos
      password: nacos
      # Nacos 配置中心配置的 Data ID
      data-id: seataServer.properties
```

③ 在项目启动类 FlowersmallOrderApplication 上追加@EnableAutoDataSourceProxy 注解，开启 Seata 的数据源自动代理，代码如下所示。

```
package cn.js.ccit.flowersmall.order;

import io.seata.spring.annotation.datasource.EnableAutoDataSourceProxy;
import org.mybatis.spring.annotation.MapperScan;
import org.springframework.boot.SpringApplication;
import org.springframework.boot.autoconfigure.SpringBootApplication;
import org.springframework.cloud.client.discovery.EnableDiscoveryClient;
import org.springframework.security.oauth2.config.annotation.web.
configuration.EnableResourceServer;
@EnableAutoDataSourceProxy
// 开启资源服务器
@EnableResourceServer
// 开启服务发现
@EnableDiscoveryClient
@MapperScan("cn.js.ccit.flowersmall.order.mapper")
@SpringBootApplication
public class FlowersmallOrderApplication {
    public static void main(String[] args) {
        SpringApplication.run(FlowersmallOrderApplication.class,args);
    }
}
```

④ 在 flowersmall-order 微服务的 cn.js.ccit.flowersmall.order.controller 包下的 OrderController 类的 order()方法上追加@GlobalTransactional 注解，开启分布式事务控制。Order()方法中首先调用 orderService 创建订单，然后远程调用金币微服务更新用户金币数量，代码如下所示。

```
package cn.js.ccit.flowersmall.order.controller;

import cn.js.ccit.common.dubbo.GoldCoinService;
import cn.js.ccit.flowersmall.order.entity.GiftOrderEntity;
```

```
import cn.js.ccit.flowersmall.order.entity.OrderEntity;
import cn.js.ccit.flowersmall.order.service.GiftGoldCoinService;
import cn.js.ccit.flowersmall.order.service.OrderService;
import io.seata.spring.annotation.GlobalTransactional;
import org.apache.dubbo.config.annotation.DubboReference;
import org.springframework.beans.factory.annotation.Autowired;
import org.springframework.security.core.context.SecurityContextHolder;
import org.springframework.security.core.userdetails.UserDetails;
import org.springframework.web.bind.annotation.GetMapping;
import org.springframework.web.bind.annotation.PostMapping;
import org.springframework.web.bind.annotation.RequestBody;
import org.springframework.web.bind.annotation.RestController;

import javax.servlet.http.HttpServletRequest;
import java.sql.Date;
import java.util.List;

@RestController
public class OrderController {
    @Autowired
    OrderService orderService;
    @Autowired
    GiftGoldCoinService giftGoldCoinService;

    @DubboReference(check = false)
    GoldCoinService goldCoinService;

    @GlobalTransactional
    @PostMapping("/order")
    public String order(HttpServletRequest request, @RequestBody OrderEntity
    order) {
        String username = "";
        Object principal = SecurityContextHolder.getContext().
        getAuthentication().getPrincipal();
        if (principal instanceof UserDetails) {
            username = ((UserDetails) principal).getUsername();
        } else {
            username = principal.toString();
        }
        order.setUserName(username);
        order.setOrderNo(Long.toString(System.currentTimeMillis()));
        order.setCreateTime(new Date(System.currentTimeMillis()));
        //System.out.println(order);
        orderService.addOrder(order);

        // 调用金币微服务
        int goldCoinNums = (new Double(order.getAmount() / 10)).intValue();
        goldCoinService.updateGoldCoin(username, goldCoinNums, order.getOrderNo());
        return "ok";
    }
}
```

3．分布式事务测试微服务

启动 Nacos 和 Seata Server，在 Nacos 服务列表的 seata-config 命名空间下，可以看到注

册的 seata-server 服务，如图 6-28 所示。

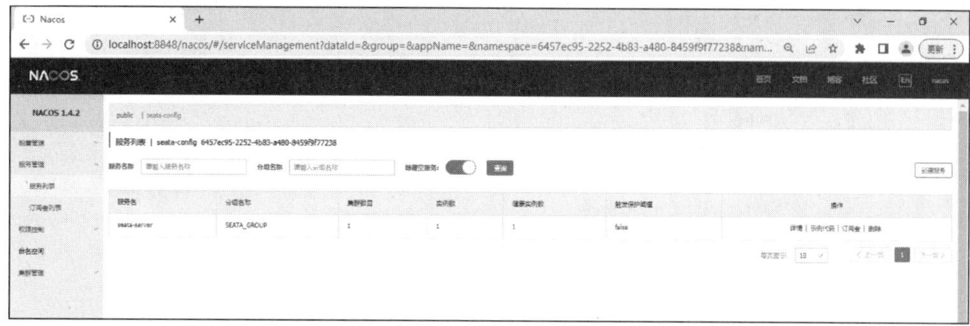

图 6-28　seata-server 服务

在 IDEA 中依次启动 SweetFlower 商城的所有微服务，启动 SweetFlower 商城前端。在浏览器中访问 http://localhost:3000/，显示 SweetFlower 商城的首页，如图 6-29 所示。

图 6-29　SweetFlower 商城首页

以用户名“lisi”登录，并下单红玫瑰，如图 6-30 所示。

图 6-30　用户“lisi”购买红玫瑰页面

购买成功后，选择“用户中心”→“我的订单”，可看到刚才生成的订单，如图 6-31 所示。

图 6-31　用户“lisi”订单页面

选择“用户中心”→“我的金币”，可看到用户“lisi”获得的金币数量为 25，如图 6-32 所示。

图 6-32　用户“lisi”的金币页面

在 IDEA 中停掉金币微服务。用户“lisi”购买粉玫瑰，如图 6-33 所示。

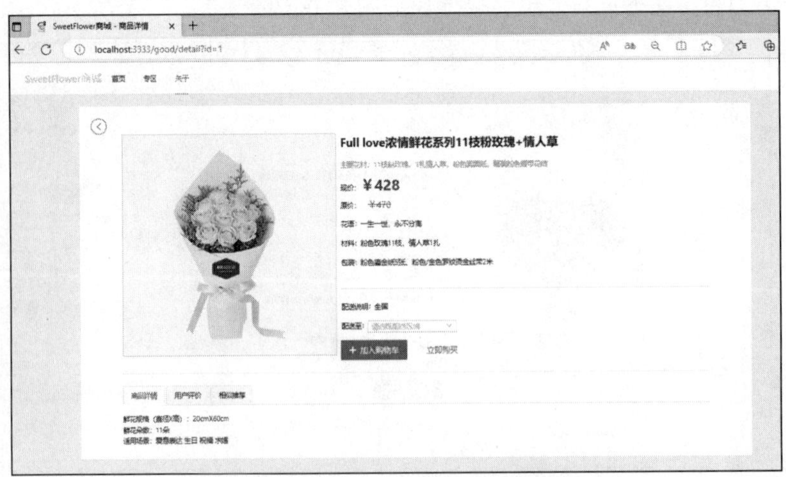

图 6-33　用户“lisi”购买粉玫瑰页面

用户单击“购买”按钮后，显示购买失败，如图 6-34 所示。

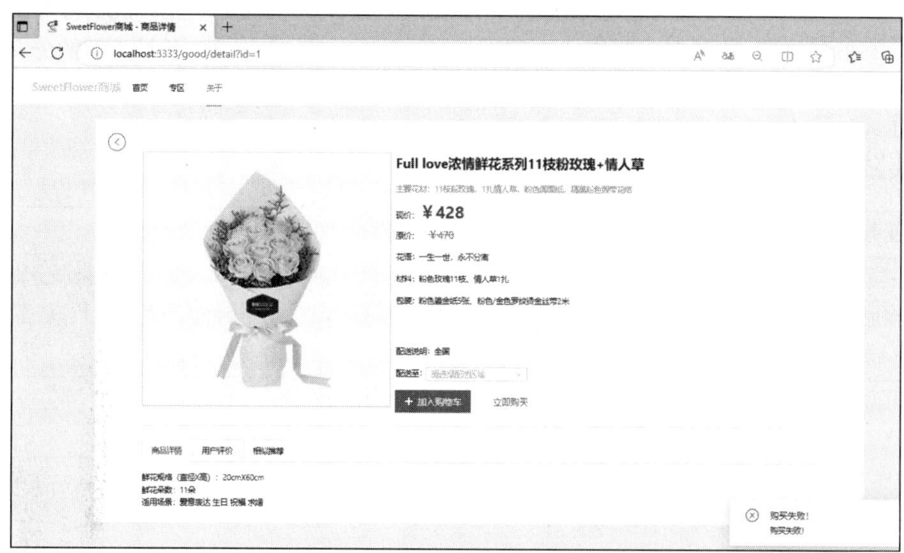

图 6-34　用户“lisi”购买粉玫瑰失败页面

选择“用户中心”→“我的订单”，发现没有生成新的订单，如图 6-35 所示。

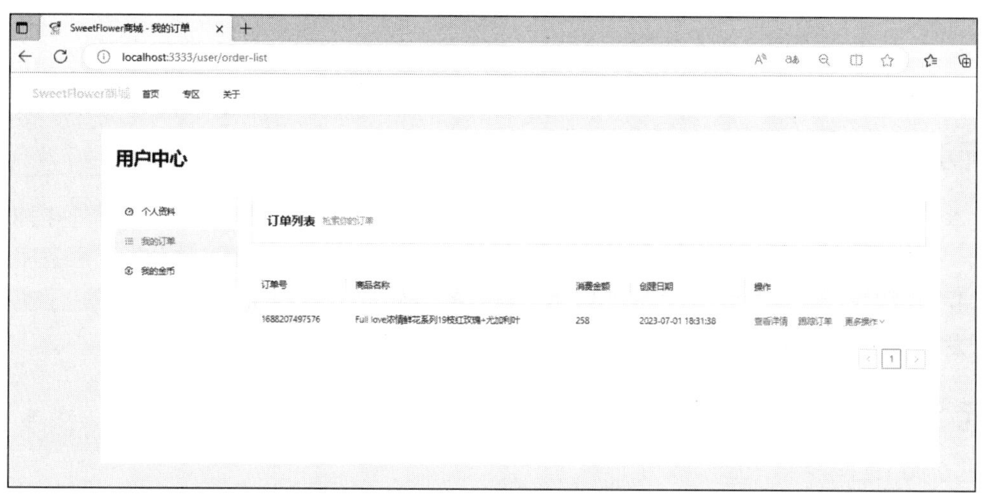

图 6-35　用户“lisi”的订单页面

查看 SweetFlower 商城项目中 mall_goldCoin 数据库的金币表，发现用户“lisi”的金币数量为 25，金币数量没有增加，如图 6-36 所示。

id	userId	goldCoin	userName
48	(Null)	25	lisi

图 6-36　金币表中的数据

从图 6-35 和图 6-36 可以看出，暂停了金币微服务后，用户"lisi"购买粉玫瑰下单失败，系统中没有追加新的订单记录，数据库中金币表中的数据也没发生变化，说明分布式事务管理成功。至此，使用 Seata 的 AT 模式实现了 SweetFlower 商城中用户下单业务的分布式事务控制。

拓展实践

实践任务	SweetFlower 商城中金币兑换礼品的分布式事务控制
任务描述	SweetFlower 商城中用户兑换礼品后调用订单微服务创建订单，之后订单微服务调用金币微服务更新用户的金币数量。这个跨服务调用需要在一个分布式事务中进行，请整合 Seata 对该分布式事务进行控制
主要思路及步骤	1. 在订单微服务和金币微服务中追加 Seata 相关依赖 2. 在订单微服务和金币微服务中追加 Seata 配置 3. 在订单微服务和金币微服务启动类上追加@EnableAutoDataSourceProxy 注解，开启 Seata 的数据源自动代理 4. 在订单微服务的 OrderController 类中的 giftOrder()方法上追加@GlobalTransactional 注解，开启分布式事务控制
任务总结	

单元小结

本单元主要介绍了事务和分布式事务的概念、分布式事务的 3 种模型和常见的 4 种解决方案、Seata 的 4 种事务模式、Seata Server 的部署和基于 Seata AT 模式的分布式事务实现步骤；并通过实现 SweetFlower 商城的用户下单业务中分布式事务的控制，详细描述了实际项目开发过程中基于 Seata AT 模式的分布式事务实现步骤。

单元习题

一、单选题

1. 以下不是事务的特性的是（　　）。

   A. 原子性　　B. 隔离性　　C. 并发性　　D. 持久性

2. 以下不是分布式事务常见的解决方案的是（　　）。

   A. 2PC　　B. SNMP

   C. TCC　　D. 最大努力通知型

3. 以下不是 TCC 事务优点的是（　　）。

   A. 流程简单　　B. 实现简单　　C. 性能提高　　D. 开发量减小

4. 以下不是 TCC 提交事务的步骤的是（　　）。

   A. Try 阶段　　B. Confirm 阶段　　C. 准备阶段　　D. Cancel 阶段

5. Seata Server 不支持的部署方式是（　　）。

A. 金丝雀发布　B. Kubernetes　C. Docker　D. 直接部署

6. Seata Server 不支持的存储模式是（　　）。

A. redis　B. file　C. db　D. OSS

二、填空题

1. 数据库事务简称事务，是访问并可能操作各种数据项的一个数据库操作序列，这些操作要么全部执行，要么全部不执行，是一个________________的工作单位。

2. 2PC 协议将整个事务流程分为________________和________________。

3. TCC 方案采用____________，是一种比较成熟的分布式事务解决方案。

4. 最大努力通知型的实现方案一般具有____________和____________特点。

单元 7 基于 Sentinel 的服务限流与熔断降级

随着微服务的流行，服务和服务之间的稳定性变得越来越重要。Sentinel 以流量为切入点，从流量控制、熔断降级、系统负载保护等多个维度实现服务的稳定性。本单元以 SweetFlower 商城的服务限流以及熔断降级为例，介绍基于 Sentinel 的控制台搭建、Sentinel 限流以及熔断降级机制等相关知识。

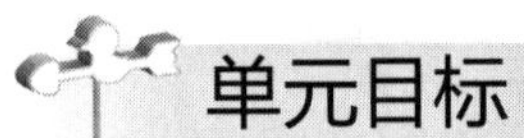

单元目标

【知识目标】

- 熟悉 Sentinel 的功能
- 熟悉 Sentinel 的服务限流配置
- 了解熔断降级机制的概念
- 熟悉 Sentinel 的熔断降级机制

【能力目标】

- 能够熟练安装并以单机模式运行 Sentinel
- 能整合 Sentinel 服务
- 能基于 Sentinel 实现微服务的流量控制
- 能实现 Sentinel 的热点限流
- 能实现基于 Sentinel 的熔断降级

【素质目标】

- 认识到软件产品中非功能性需求的重要性
- 培养勇于探索的创新精神

任务 7.1 SweetFlower 商城网关限流

任务描述

SweetFlower 商城是一个基于 Spring Cloud Alibaba 的微服务项目。在该项目中，为了能在大量用户高并发使用的情况下保证项目正常运转，可使用 Sentinel+Gateway 对系统服务进行集群防护。

技术分析

上面的任务描述涉及微服务的流量控制问题，即当服务请求过多时，为保证服务的正常运转对某些请求进行控制。该问题有很多种解决方案，其中一种是使用 Sentinel 来控制流量。首先需要将 Sentinel 整合到项目中，然后在 Sentinel 控制台追加新的网关流量规则即可。

支撑知识

微课 41

Sentinel 简介

1. Sentinel 简介

Sentinel 是 Spring Cloud Alibaba 组件之一，主要负责服务的限流控制。

Sentinel 以流量为切入点，从流量控制、熔断降级、系统负载保护等多个维度实现服务的稳定性。在 Sentinel 中，资源是关键概念。它可以是 Java 应用程序中的任何内容，例如，由应用程序提供的服务或由应用程序调用的其他应用程序提供的服务，甚至可以是一段代码。Sentinel 围绕资源的实时状态来设定规则，实现流量控制规则、熔断降级规则以及实现系统保护。

Sentinel 分为以下两个部分。

- 核心库（Java 客户端）：不依赖任何框架库，能够运行于所有 Java 运行时环境中，同时对 Dubbo、Spring Cloud 等框架也有较好的支持。
- 控制台（Dashboard）：基于 Spring Boot 开发，打包后可以直接运行，不需要使用额外的 Tomcat 等应用容器。

微课 42

Sentinel 的使用

2. Sentinel 的使用

Sentinel 的使用方法很简单，主要步骤如下。

（1）整合 Sentinel 服务

① 在 Spring Cloud 项目中的 pom.xml 文件中添加 sentinel 和 actuator 依赖，如图 7-1 所示。

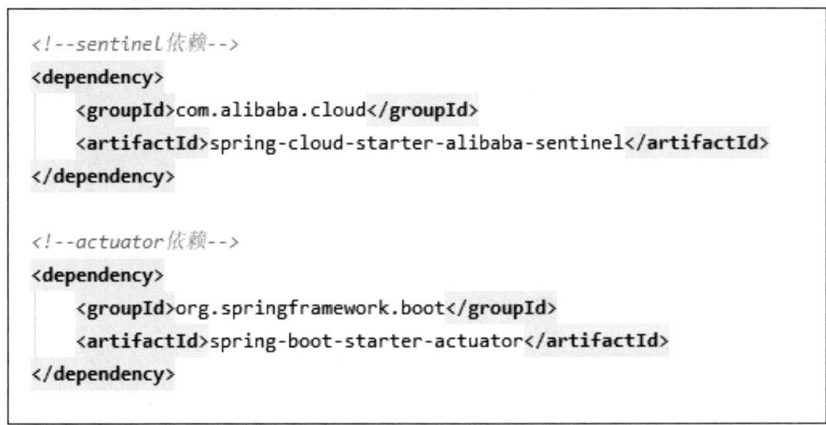

```
<!--sentinel依赖-->
<dependency>
    <groupId>com.alibaba.cloud</groupId>
    <artifactId>spring-cloud-starter-alibaba-sentinel</artifactId>
</dependency>

<!--actuator依赖-->
<dependency>
    <groupId>org.springframework.boot</groupId>
    <artifactId>spring-boot-starter-actuator</artifactId>
</dependency>
```

图 7-1　添加 Sentinel 和 actuator 依赖

② 在 applicaition.yaml 文件中开启属性配置，如图 7-2 所示。

```yaml
server:
  port: 8089
spring:
  application:
    name: sentinel-service
  cloud:
    sentinel:
      transport:
        dashboard: localhost:8080
#开启属性配置
management:
  endpoints:
    web:
      exposure:
        include: '*'
```

图 7-2 Sentinel 服务开启属性配置

③ 打开浏览器访问 https://localhost:8080/actuator/sentinel 来验证端点信息，信息显示正确，如图 7-3 所示。


```
{"blockPage":null,"appName":"service-
sentinel","consoleServer":"localhost:8080","coldFactor":"3","rules":{"systemRules":
[],"authorityRule":[],"paramFlowRule":[],"flowRules":[],"degradeRules":
[]},"metricsFileCharset":"UTF-8","filter":{"order":-2147483648,"urlPatterns":
["/*"],"enabled":true},"totalMetricsFileCount":6,"datasource":
{},"clientIp":"192.168.31.250","clientPort":"8719","logUsePid":false,"metricsFileSize":52428
800,"logDir":"C:\\Users\\CH\\logs\\csp\\","heartbeatIntervalMs":10000}
```


图 7-3 Sentinel 服务启动验证端点信息

至此，Sentinel 服务整合结束。

【课堂实践】在 Spring Cloud 项目中整合 Sentinel 服务，并通过浏览器来验证端点信息。

（2）搭建 Sentinel 控制台

① 这里是在 Windows 上搭建 Sentinel 控制台，因此从 https://github.com/alibaba/Sentinel/releases 下载 sentinel-dashboard.jar 文件（使用的是 1.7 版本），下载页面如图 7-4 所示。

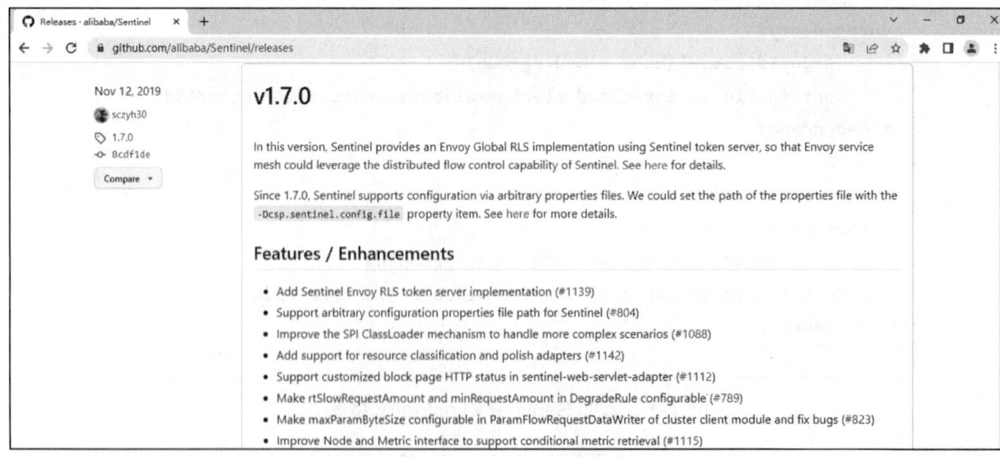

图 7-4 Sentinel 下载页面

② 下载好之后，首先打开命令提示符窗口进入下载好的.jar 文件的目录下，然后在命令提示符窗口中运行命令“java -jar sentinel-dashboard-1.7.0.jar”，运行成功后的界面如图 7-5 所示。

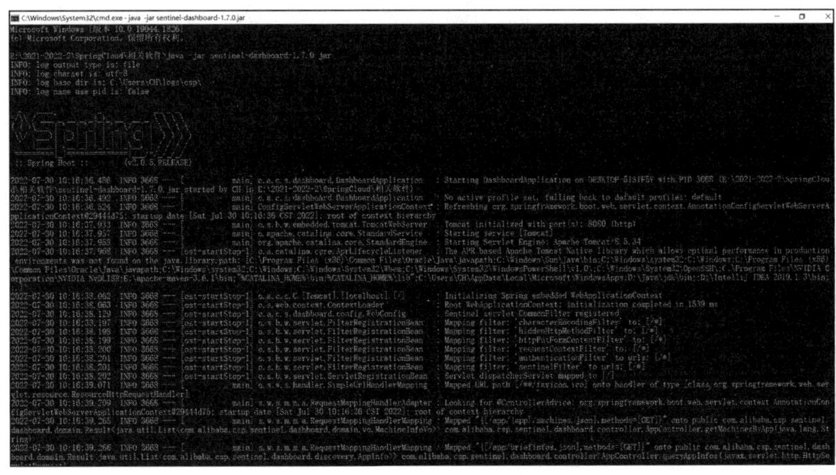

图 7-5 命令运行成功后的界面

③ 在服务中整合 Sentinel 控制台。在项目的 application.yaml 文件中添加代码，设置控制台的端口号为 8080，代码如下所示。

```
spring:
  application:
    name: service-sentinel
  cloud:
    sentinel:
      transport:
        dashboard: localhost:8080
```

注意，Sentinel 控制台的端口号必须设为 8080，为了避免端口冲突，需修改 Unit7Demol-service-sentinel 项目中 application.yaml 文件的端口号配置，代码如下所示。

```
server:
  port: 8089
spring:
  application:
    name: service-sentinel
  cloud:
    sentinel:
      transport:
        dashboard: localhost:8080
#开启属性配置
management:
  endpoints:
    web:
      exposure:
        include: '*'
```

在浏览器中访问 https://localhost:8080/，出现登录页面，用户名和密码都为 sentinel，如图 7-6 所示。

图 7-6　Sentinel 服务登录页面

至此，Sentinel 控制台搭建完成。

【**课堂实践**】完成 Sentinel 服务整合，并访问 Sentinel 控制台。

3. 流控规则

在 Sentinel 控制台中，可以设置流控规则。登录 Sentinel 控制台后，在左侧的菜单栏中选择“流控规则”选项，如图 7-7 所示。

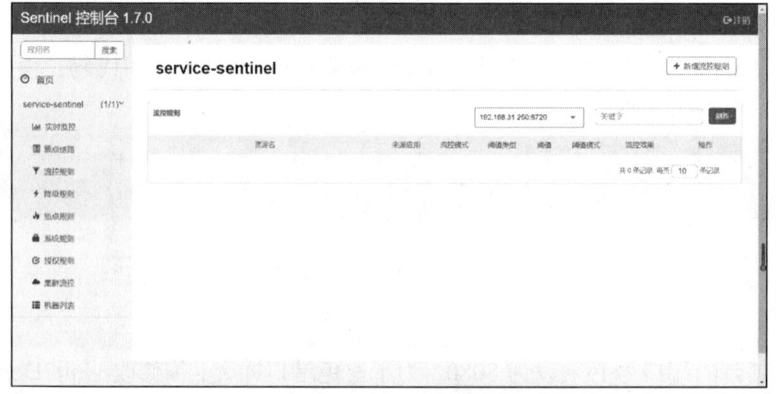

图 7-7　Sentinel 控制台界面

单击界面右上角的“新增流控规则”按钮，弹出“新增流控规则”对话框，添加新的流控规则，如图 7-8 所示。

图 7-8　“新增流控规则”对话框

在“新增流控规则”对话框中，有“资源名”、“针对来源”、“阈值类型”及“是否集群”等选项，下面对其进行介绍。

- 资源名：默认是请求路径。
- 针对来源：Sentinel 可以针对调用者进行限流，在此处填写微服务名，默认为 default（不区分来源）。
- “阈值类型”部分有以下两个单选项。

QPS（每秒请求数量）：当调用某服务的 QPS 达到阈值的时候，进行限流。

线程数：当调用某服务的线程数达到阈值的时候，进行限流。

- 单机阈值：表示单台设备设定的流量阈值。
- 是否集群：是否需要集群。
- “流控模式”部分有以下 3 个单选项。

直接：当服务达到限流条件时，直接限流。

关联：当关联的资源达到阈值时，就限流自己。

链路：只记录指定链路上的流量（指定资源从入口资源进来的流量，如果达到阈值，就进行限流）。

- “流控效果”部分有以下 3 个单选项。

快速失败：直接失败，抛出异常。

Warm Up：根据 codeFactor（冷加载因子，默认值为 3）的值，从阈值/codeFactor，经过预热时长，才达到设置的 QPS 阈值。

排队等待：匀速排队，让请求匀速通过，阈值类型必须设置为 QPS，否则无效。

接下来通过一个案例演示流控规则的设置及效果。

【案例 7-1】创建一个项目，在项目中对资源设置一个流控规则，查看效果。基本步骤如下。

① 这里不再讲解项目创建的具体步骤，项目 Mysentinel-service 的目录结构如图 7-9 所示。

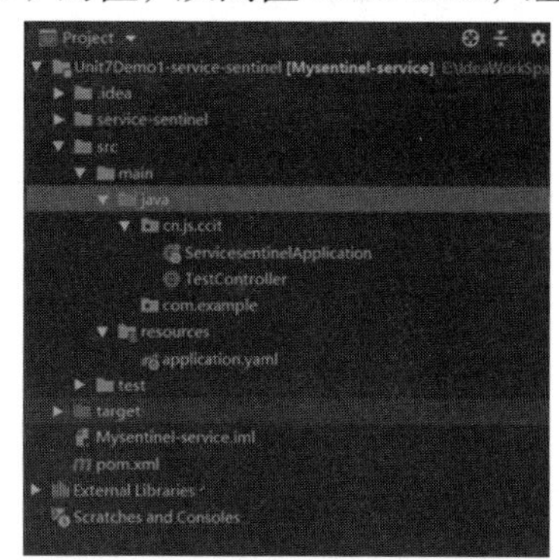

图 7-9 项目 Mysentinel-service 目录结构

ServicesentinelApplication.java 文件用于实现项目启动类，代码如下所示。

```
package com.example.demo;

import org.springframework.boot.SpringApplication;
import org.springframework.boot.autoconfigure.SpringBootApplication;


@SpringBootApplication

public class ServicesentinelApplication {

  public static void main(String[] args) {
    SpringApplication.run(ServicesentinelApplication.class, args);
  }

}
```

TestController.java 文件中定义了 hi 和 hello 方法，代码如下所示。

```
package com.example.demo;

import org.springframework.web.bind.annotation.GetMapping;
import org.springframework.web.bind.annotation.RequestParam;
import org.springframework.web.bind.annotation.RestController;

@RestController
public class TestController {

    @GetMapping("/")
    public String hi() {
        return "hi";
    }

    @GetMapping("/Hello")
    public String hello(@RequestParam String name) {
        return "Hello " + name + "!";
    }
}
```

② 启动 Sentinel 控制台并把 Sentinel 服务整合到项目中。具体步骤在前面已讲解，这里不赘述。

③ 添加流控规则。

在 Sentinel 控制台中，打开“新增流控规则”对话框，设置一个流控规则。具体设置如图 7-10 所示。

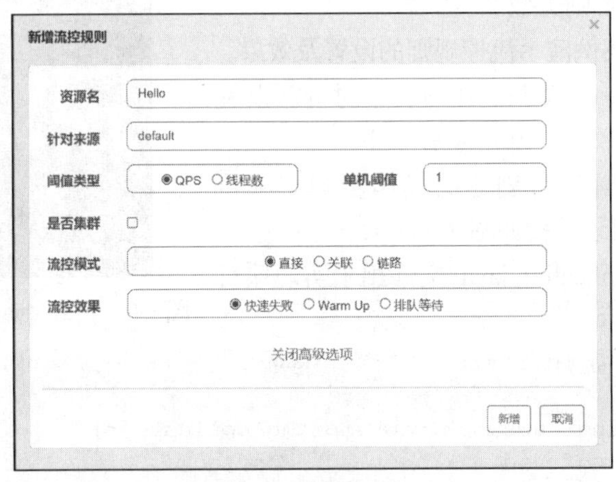

图 7-10　设置的流控规则

“资源名”设为“Hello”，对应项目中的 TestController.java 文件中的 Hello 映射。“阈值类型”设为“QPS”，“单机阈值”设为 1，表示当 QPS 大于 1 时，就进行限流。

④ 规则生效测试。

上述 3 个步骤完成后，接下来验证规则的效果。通过快速地多次访问 https://localhost:8089/Hello?name=ch 来触发流控规则。当流控规则触发后，效果如图 7-11 所示，说明已实现了流控效果。

```
localhost:8089/Hello?name=ch

Blocked by Sentinel (flow limiting)
```

图 7-11　流控规则生效

【课堂实践】编写一个简单的服务，设置一个流控规则，验证流控效果。

4. 热点限流

微课 44

热点限流简介

在接口限流中，有时来自多个 API 的资源请求的 URL 是不同的，但是它们包含一定的相同关键字。此时可采用热点限流来对资源请求进行限制。比如请求中使用 age 属性比较多，那么可以将它设定为“热点参数”，表示只要请求中包含 age，就可以针对它设置接口的限流。当请求中包含热点参数时，如果达到流控规则中的阈值就触发限流，否则不限流。

下面通过一个案例来演示如何进行热点限流。

【案例 7-2】创建一个项目，在项目中对资源请求设置一个热点规则，基本步骤如下。

（1）构建请求接口

在项目中创建一个 TestController.java 文件，定义一个 hotpoint 方法，该方法上追加 @SentinelResource 注解，定义一个名为 hotpoint 的资源，代码如下所示。

```
package com.example.demo;

import com.alibaba.csp.sentinel.annotation.SentinelResource;
import org.springframework.beans.factory.annotation.Autowired;
import org.springframework.web.bind.annotation.GetMapping;
import org.springframework.web.bind.annotation.RequestParam;
import org.springframework.web.bind.annotation.RestController;

@RestController
public class TestController {

    @GetMapping("/hotpoint")
    @SentinelResource("hotpoint")
    public String hotpoint(String type, String name) {
        return "type: " + type + ", name: " + name + "\n";
    }
}
```

（2）设置热点规则

在上述代码中，参数索引从 0 开始，按照接口中参数声明的顺序，“0”指“type”，“1”指“name”。可以对资源 hotpoint 设置热点规则，例如设置参数 0 的“单机阈值”为 0、“统计窗口时长”为 1，在窗口时长内，带有指定索引参数的 QPS 达到阈值后就会触发限流。还可以对参数的值进行特殊控制，根据设定的不同阈值控制热点限流。

在 Sentinel 控制台中完成上述设置，新增热点规则，如图 7-12 所示。

设置热点规则时，不在簇点链路中对应的资源处添加热点规则，而是通过左侧热点规则中的新增来添加，先单击“添加”按钮，设置参数值，之后再单击“新增”按钮，如图 7-13 所示。

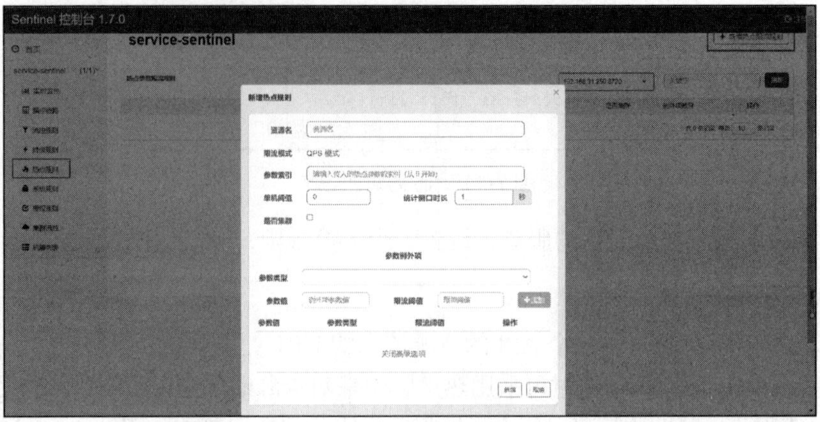

图 7-12　新增热点规则

图 7-13　设置热点规则

（3）验证热点规则

新增的热点规则设定第一个参数为热点参数。访问 http://localhost:8089/hotpoint?type=b 时，对应的 type 参数的值不是“a”时，访问 10 次后才会被限流。当访问 http://localhost:8089/hotpoint?type=a 时，访问一次就会被限流，触发结果如图 7-14 所示。

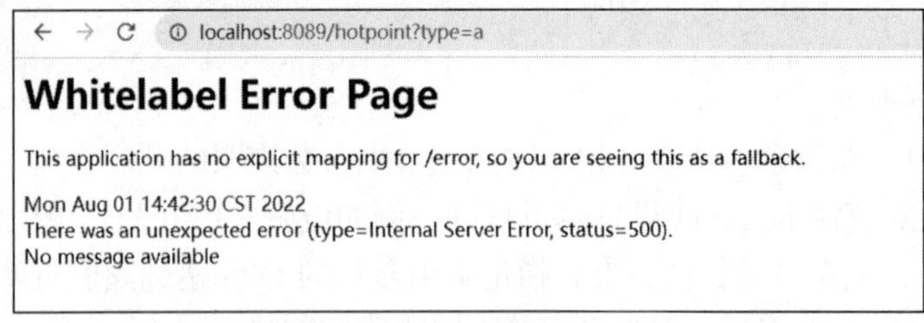

图 7-14　热点规则触发

在触发热点限流后，再访问 http://localhost:8089/hotpoint?type=b，热点规则未触发，可以正常访问。再访问一个非热点参数时，即访问 http://localhost:8089/hotpoint?name=b，热点规则依然未触发，可以正常访问，如图 7-15 所示。

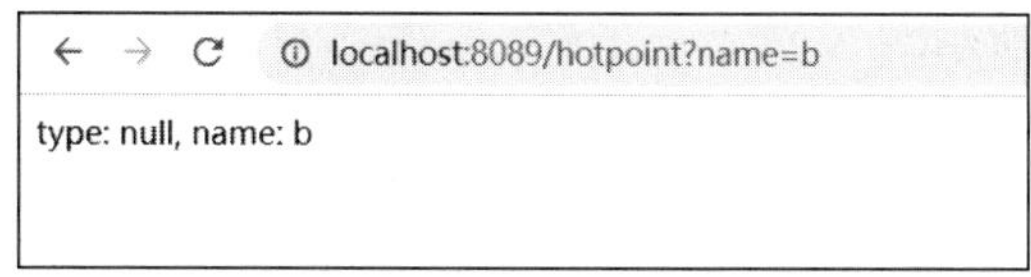

图 7-15 热点规则未触发

注意，在热点规则中，只支持 QPS 限流模式，且参数的类型必须是基本类型（byte、int、long、float、double、boolean、char 或者 string）。

微课 45

系统限流简介

【课堂实践】编写一个简单的服务，设置一个热点规则，验证限流效果。

5. 系统限流

之前介绍的限流规则都是针对接口定义的，如果每个资源的阈值都没有达到，但系统响应能力又不足怎么办？所以，需要针对系统情况来设置一定的规则，即系统保护规则。系统保护规则是整体维度的，而不是资源维度的。系统保护规则从应用级别的入口流量进行控制，从单台机器的 load 自适应、CPU 使用率、平均 RT、入口 QPS 和并发线程数等几个方面监控应用指标，让系统尽可能在维持最大吞吐量的同时保证整体的稳定性。

下面对系统限流中重要的概念进行简单介绍。

- LOAD 自适应（仅对 Linux/Unix-like 机器生效）：将系统的 load1 作为限流指标，进行自适应系统保护。这个指标由系统决定，所以无法更改，具体数据设定参考值为 CPU 核数 × 2.5。
- CPU 使用率：当系统 CPU 使用率（取值范围为 0.0 ~ 1.0）超过阈值时即触发系统保护，比较灵敏。
- RT：当单台机器上所有入口流量的平均 RT 达到阈值时即触发系统保护，单位是毫秒。
- 线程数：当单台机器上所有入口流量的并发线程数达到阈值时即触发系统保护。
- 入口 QPS：当单台机器上所有入口流量的 QPS 达到阈值时即触发系统保护。

下面重点介绍 3 种系统限流。

（1）RT

创建一个微服务，在 TestController 类中定义一个 testRT 方法，代码如下所示。

```
@GetMapping("/test-sys-rt")
public String testRT() throws InterruptedException {
    Thread.sleep(200);
    return "test sys rt";
}
```

在浏览器中先访问 http://localhost:8089/test-sys-rt，使得 Sentinel 可检测到请求。之后在 Sentinel 控制台中新增一个系统保护规则，如图 7-16 所示。

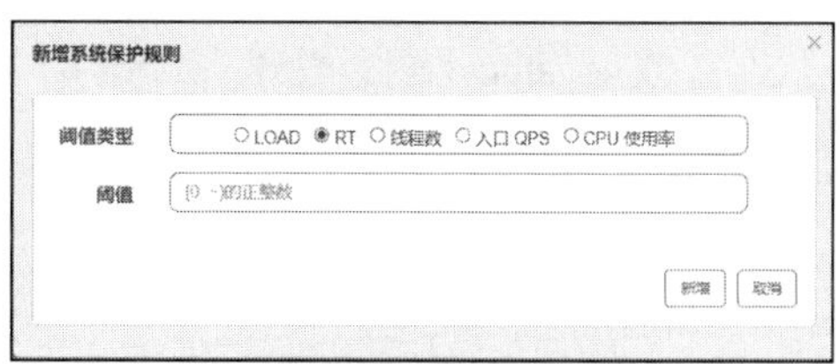

图 7-16 新增系统保护规则

执行结果如图 7-17 所示。

localhost:8089/test-sys-rt

Blocked by Sentinel (flow limiting)

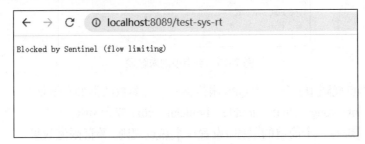

图 7-17　系统保护规则触发

至此，基于平均 RT 的系统限流设置完成。

（2）入口 QPS

在 TestController 类中，定义了三个方法，分别是 testQps1、testQps2 和 testQps3，代码如下所示。

```
@GetMapping("/test-sys-qps1")
public String testQps1(){
    return "test qps 1";
}
@GetMapping("/test-sys-qps2")
public String testQps2(){
    return "test qps 2";
}
@GetMapping("/test-sys-qps3")
public String testQps3(){
    return "test qps 3";
}
```

新增系统保护规则，“阈值类型”选择“入口 QPS”，“阈值”设定为 3，如图 7-18 所示。

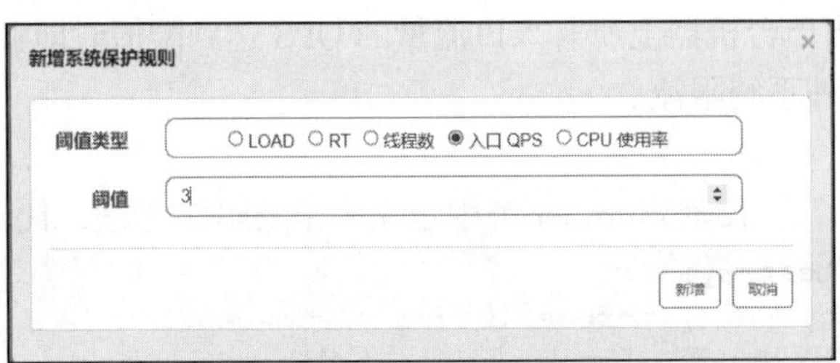

图 7-18　QPS 系统保护规则

持续访问 http://localhost:8089/test-sys-qps1、http://localhost:8089/test-sys-qps2 及 http://localhost:8089/test-sys-qps3，限流效果如图 7-19、图 7-20 及图 7-21 所示。

localhost:8089/test-sys-qps1

Blocked by Sentinel (flow limiting)

图 7-19　QPS 限流效果展示（1）

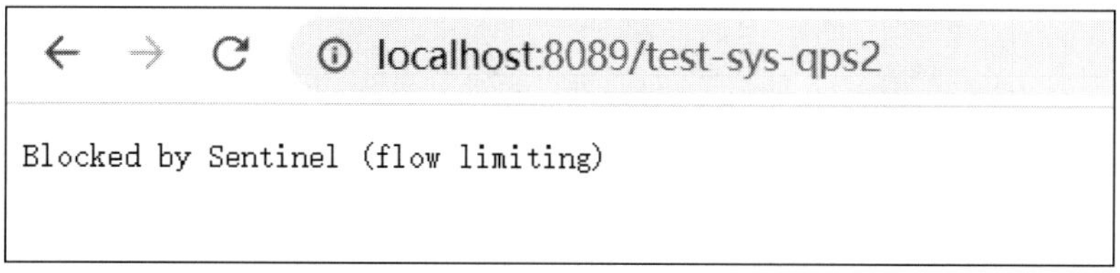

Blocked by Sentinel (flow limiting)

图 7-20 QPS 限流效果展示（2）

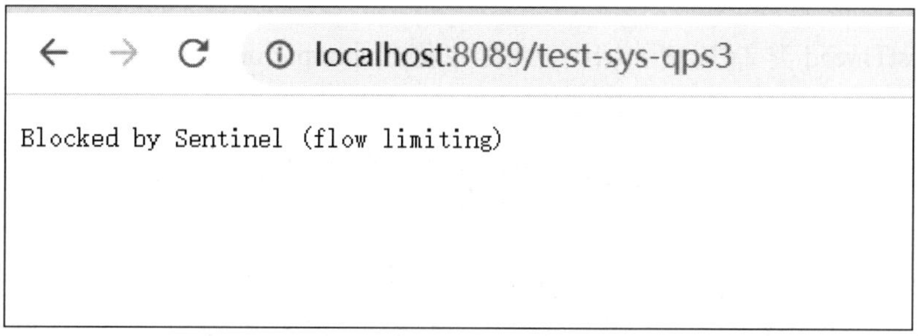

Blocked by Sentinel (flow limiting)

图 7-21 QPS 限流效果展示（3）

至此，基于入口 QPS 的系统限流设置完成。

（3）线程数

在项目中新建一个线程测试类 TestThread，用于模拟多线程并发访问资源，代码如下所示。

```
import org.springframework.web.client.RestTemplate;

import java.util.concurrent.ExecutorService;
import java.util.concurrent.Executors;

public class TestThread {
    public static void main(String[] args) {
        // 创建一个 RestTemplate 对象
        RestTemplate restTemplate = new RestTemplate();
        // 定义一个线程池
        ExecutorService executorService = Executors.newFixedThreadPool(10);
        // 循环启动线程发送请求
        for (int i= 0; i< 50; i++){
            executorService.submit(() -> {
                try{

  System.out.println(restTemplate.getForObject("http://localhost:8089/hi",
  String.class));
                }catch (Exception e){
                    System.out.println("exception: " + e.getMessage());
                }
            });
        }
    }
}
```

在 Sentinel 控制台中设置基于并发线程数的系统保护规则，如图 7-22 所示。

图 7-22　基于并发线程数设置系统保护规则

运行 TestThread 类文件，模拟 10 个线程并发访问 http://localhost:8089/hi，系统限流发挥作用后，在 IDEA 控制台输出被限流的提示信息，如图 7-23 所示。

```
16:19:30.748 [pool-1-thread-7] DEBUG org.springframework.web.client.RestTemplate - Reading to [java.lang.String]
 as "text/plain;charset=UTF-8"
hi
16:19:30.748 [pool-1-thread-7] DEBUG org.springframework.web.client.RestTemplate - HTTP GET http://localhost:8089/hi
16:19:30.748 [pool-1-thread-7] DEBUG org.springframework.web.client.RestTemplate - Accept=[text/plain,
 application/json, application/*+json, */*]
16:19:30.750 [pool-1-thread-4] DEBUG org.springframework.web.client.RestTemplate - Response 200 OK
16:19:30.750 [pool-1-thread-4] DEBUG org.springframework.web.client.RestTemplate - Reading to [java.lang.String]
 as "text/plain;charset=UTF-8"
hi
16:19:30.750 [pool-1-thread-6] DEBUG org.springframework.web.client.RestTemplate - Response 429 TOO_MANY_REQUESTS
16:19:30.750 [pool-1-thread-7] DEBUG org.springframework.web.client.RestTemplate - Response 429 TOO_MANY_REQUESTS
```

图 7-23　并发线程数限流效果

至此，基于并发线程数的系统限流设置完成。

【课堂实践】编写一个简单的微服务，分别基于平均 RT、入口 QPS 及并发线程数实现系统限流。

微课 46

任务 7.1 分析与实现

任务实现

实现 Sentinel+Gateway 集群防护 SweetFlower 商城的具体步骤如下。

1. 网关

① 修改网关微服务的 pom.xml 文件，追加 sentinel 和 sentinel-gateway 依赖，修改后的 pom.xml 文件代码如下所示。

```xml
<?xml version="1.0" encoding="UTF-8"?>
<project xmlns="http://maven.apache.org/POM/4.0.0"
         xmlns:xsi="http://www.w3.org/2001/XMLSchema-instance"
         xsi:schemaLocation="http://maven.apache.org/POM/4.0.0
         http://maven.apache.org/xsd/maven-4.0.0.xsd">
    <parent>
        <artifactId>flowersmall</artifactId>
        <groupId>cn.js.ccit</groupId>
        <version>1.0-SNAPSHOT</version>
    </parent>
    <modelVersion>4.0.0</modelVersion>

    <artifactId>flowersmall-gateway</artifactId>
    <dependencies>
        <!—sentinel、sentinel-gateway -->
        <dependency>
            <groupId>com.alibaba.cloud</groupId>
```

```
            <artifactId>
              spring-cloud-starter-alibaba-sentinel
            </artifactId>
        </dependency>
        <dependency>
            <groupId>com.alibaba.cloud</groupId>
            <artifactId>
              spring-cloud-alibaba-sentinel-gateway
          </artifactId>
        </dependency>
        <!--nacos-discovery、gateway -->
        <dependency>
            <groupId>com.alibaba.cloud</groupId>
            <artifactId>
              spring-cloud-starter-alibaba-nacos-discovery
          </artifactId>
            <exclusions>
                <exclusion>
                    <artifactId>guava</artifactId>
                    <groupId>com.google.guava</groupId>
                </exclusion>
            </exclusions>
        </dependency>
        <dependency>
            <groupId>org.springframework.cloud</groupId>
            <artifactId>spring-cloud-starter-gateway</artifactId>
        </dependency>
    </dependencies>
</project>
```

② 修改网关微服务的 application.yaml 配置文件，追加 Sentinel 配置，代码如下所示。

```
spring:
  application:
    name: gateway
  cloud:
    sentinel:
      transport:
        dashboard: serverIP:8881
        # 与控制台通信的端口号，默认是 8719，不可用时会一直在原端口号的基础上加 1
        port: 8719
        # 发送心跳的周期，默认是 10s
        heartbeat-interval-ms: 10000
      eager: true #微服务配置好 Sentinel，启动之后查看日志
      #添加 Sentinel 配置，启动后立即初始化，而不是有流量之后再和控制台交互
```

2. 限流测试

① 在 IDEA 中启动商品、网关微服务；本地运行 sentinel-dashboard-1.7.0.jar 并启动 Nacos Server。

② 打开浏览器访问 http://localhost:9000/product/products，打开 Sentinel 控制台，在控制台中显示了 service-gateway，单击“请求链路”，对 CompositeDiscoveryClient_product 进行编

辑，此时的界面如图 7-24 所示。

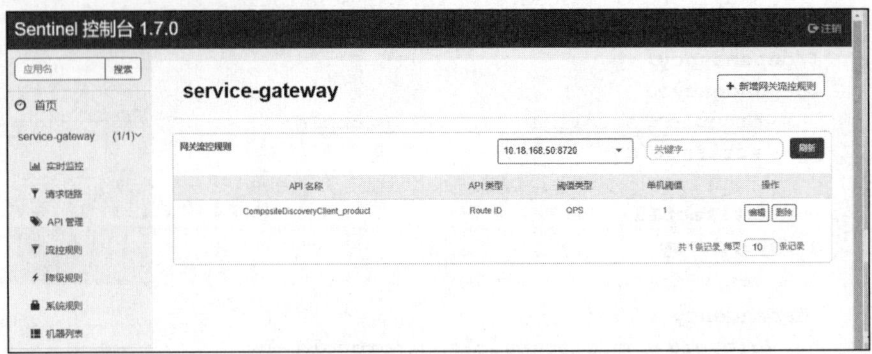

图 7-24　Sentinel 控制台的界面

③ 单击“编辑”按钮，在“编辑网关流控规则”对话框中，将“QPS 阈值”设为 1，如图 7-25 所示。

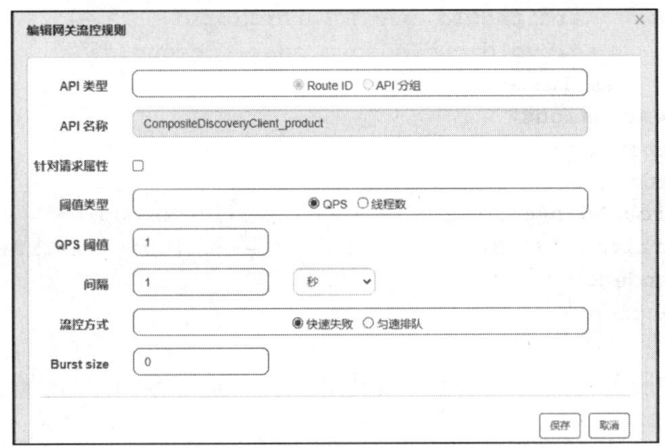

图 7-25　编辑网关流控规则

④ 在浏览器中多次访问 http://localhost:9000/product/products，限流效果如图 7-26 所示。

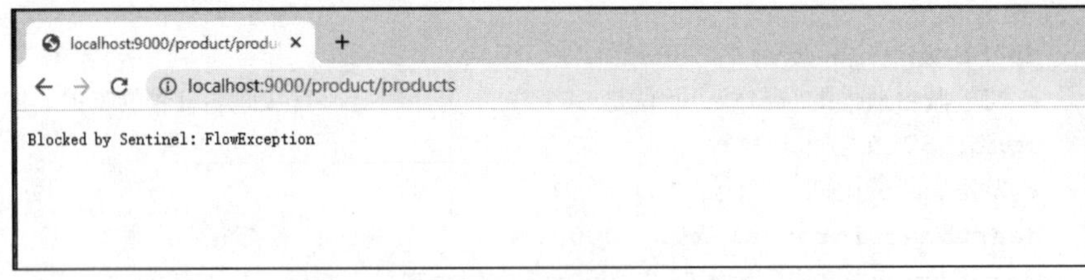

图 7-26　限流效果

至此实现了 Sentinel+Gateway 对 SweetFlower 商城的集群防护。

任务 7.2　SweetFlower 商城服务熔断降级

任务描述

保证 SweetFlower 商城项目高可用时，仅使用限流机制显然无法实现，还需要使用熔断降级机制对调用链中不稳定的资源进行熔断降级。RT 降级是熔断降级中常用的降级策略。请对 SweetFlower 商城的商品列表接口设置 RT 降级。

技术分析

想要实现 RT 降级，首先需要将 Sentinel 整合到 SweetFlower 商城项目中，然后在 Sentinel 控制台中为商品列表接口新增 RT 降级规则。

微课 47

熔断降级简介

支撑知识

1. 熔断降级简介

除了流量控制以外，还可使用熔断降级机制来保证服务的稳定性。熔断降级也是保证服务高可用的重要措施之一。

Sentinel 的熔断降级会在调用链中某个资源不正常时，对该资源的调用进行限制，让请求快速失败，避免出现级联错误。当资源被降级后，在接下来的降级时间窗口之内，对该资源的调用进行自动熔断。

2. 设置熔断降级

在 Sentinel 控制台中，有 3 种降级规则，分别为 RT 降级规则、异常比例降级规则及异常数降级规则，下面分别简单介绍。

（1）RT 降级规则

在浏览器中访问 Sentinel 控制台，单击左侧的“降级规则”，出现图 7-27 所示的界面。

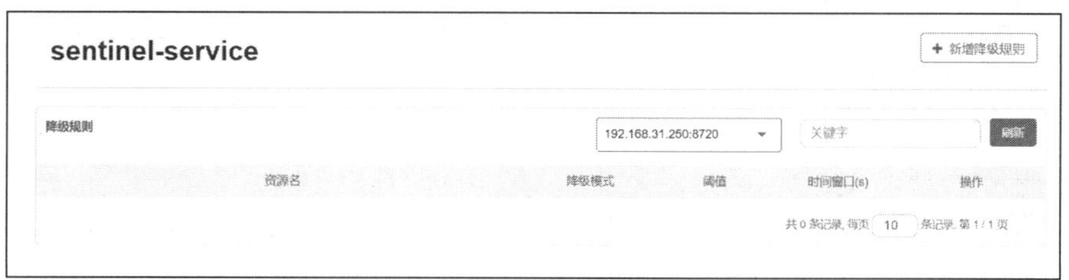

图 7-27 降级规则界面

单击“新增降级规则”按钮，弹出“新增降级规则”对话框，可设置“降级策略”为“RT”“异常比例”和“异常数”，如图 7-28 所示。

图 7-28 “新增降级规则”对话框

RT 策略又叫平均应用响应时间策略，主要思想如图 7-29 所示。若系统的秒级平均响应时间大于阈值且时间窗口内请求数大于 5 则触发降级。

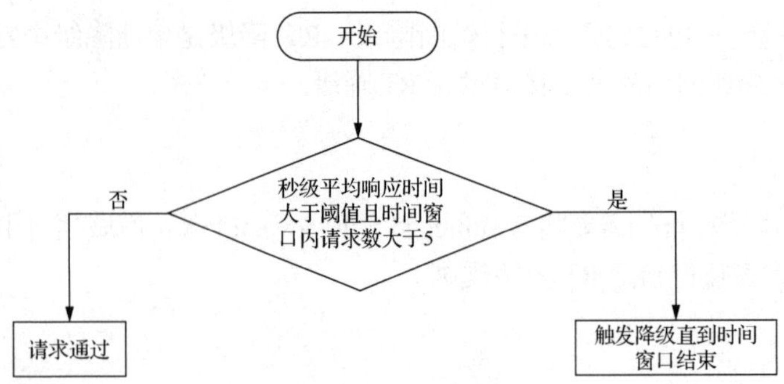

图 7-29　RT 策略主要思想

接下来通过一个案例演示基于 RT 策略的熔断降级。

【案例 7-3】创建一个项目，采用 RT 策略对项目中的资源进行熔断降级，基本步骤如下。

① 创建项目并实现测试接口。

创建项目 degrade-test，并在该项目中创建 TestController 类，在该类中定义一个 test_grade_rt 方法，用来测试 RT 策略，代码如下所示。

```java
package com.example.demo;

import org.springframework.web.bind.annotation.GetMapping;
import org.springframework.web.bind.annotation.RestController;

@RestController
public class TestController {
    @GetMapping("/degrade-rt")
    public String test_degrade_rt() throws InterruptedException {
        Thread.sleep(200);
        return "ok";
    }
}
```

② 先运行 Sentinel 控制台，然后在 IDEA 工具中运行项目 degrade-test。在浏览器中访问 http://localhost:8089/degrade-rt，在 Sentinel 控制台中可监测到对资源/degrade-rt 的访问，如图 7-30 所示。

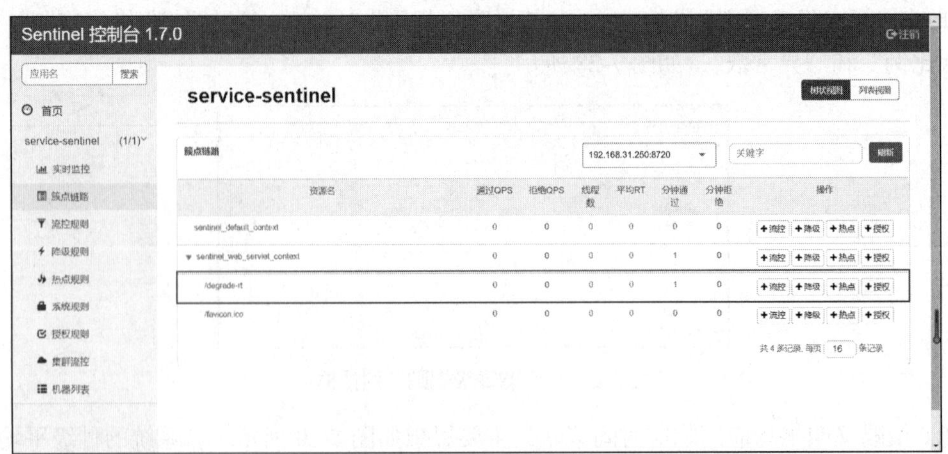

图 7-30　资源展示

③ 添加降级规则。

单击资源/degrade-rt 后的“降级”按钮，添加降级规则，如图 7-31 所示。

图 7-31　添加降级规则

在没有设置降级规则之前，访问 http://localhost:8089/degrade-rt，结果如图 7-32 所示。

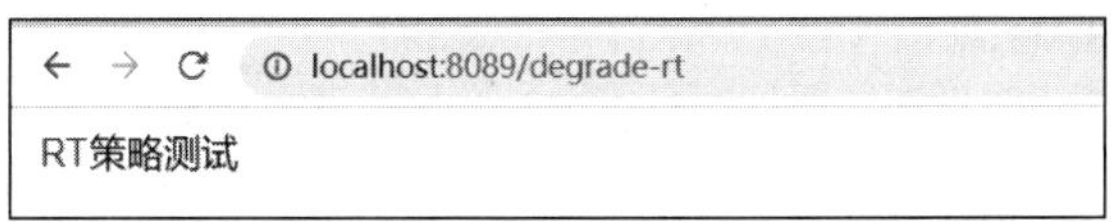

图 7-32　未设置降级规则未触发成功

持续访问 http://localhost:8089/degrade-rt，会出现降级，如图 7-33 所示。

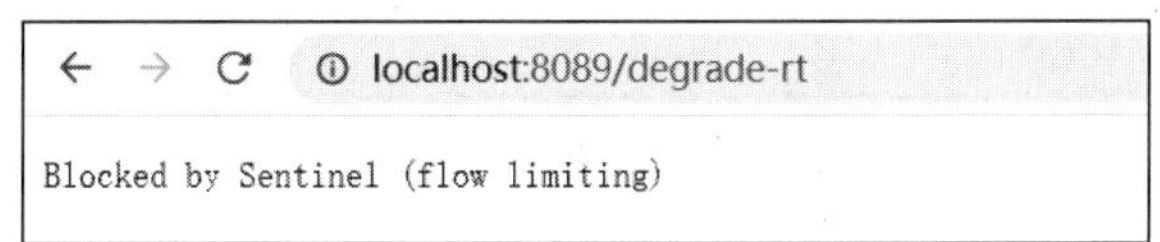

图 7-33　设置降级规则触发成功

至此，实现了基于 RT 策略的熔断降级。

【课堂实践】编写一个简单的服务，设置一个基于 RT 策略的降级规则，并进行验证。

（2）异常比例降级规则

异常比例降级规则的工作流程如图 7-34 所示。若系统的每秒异常比例大于阈值且 QPS 大于 5 则触发降级。

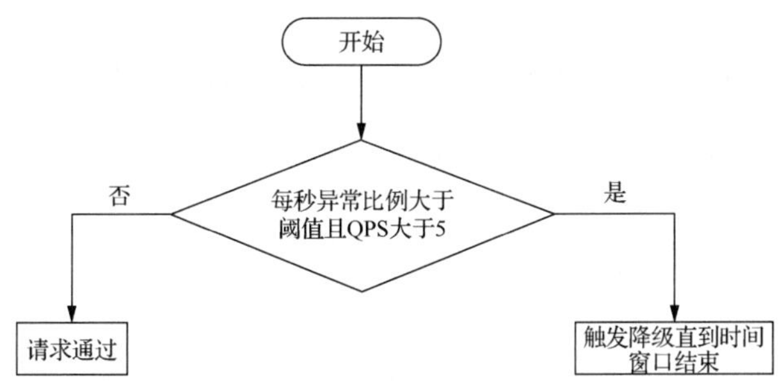

图 7-34　异常比例降级规则的工作流程

在 degrade_test 项目中定义一个 test_degrade_rate 方法，用来测试异常比例降级规则，代码如下所示。

```
package com.example.demo;
import org.springframework.web.bind.annotation.GetMapping;
```

```
import org.springframework.web.bind.annotation.RestController;

@RestController
public class TestController {


    @GetMapping("/degrade-rate-test")
    public String test_degrade_rate() throws Exception{
        throw new Exception("test_degrade_rate");
    }

}
```

在 Sentinel 控制台中设置异常比例降级规则，设置“异常比例”为 0.1、“时间窗口”为 60，如图 7-35 所示。

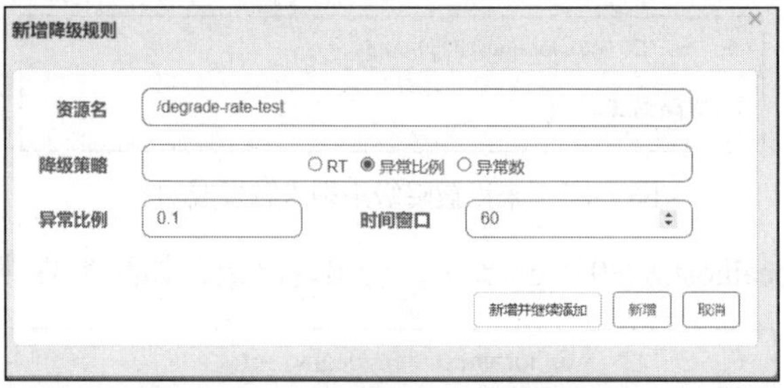

图 7-35　设置异常比例降级规则

持续访问 http://localhost:8089/degrade-rate-test，达到阈值后会降级，结果如图 7-36 所示。

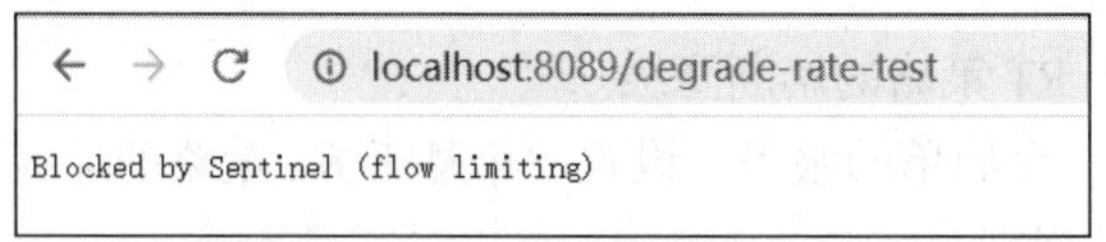

图 7-36　异常比例降级规则触发成功

至此，实现了基于异常比例降级规则的熔断降级。

（3）异常数降级规则

异常数降级规则的工作流程如图 7-37 所示。若系统 1min 内的异常数大于阈值则触发降级。

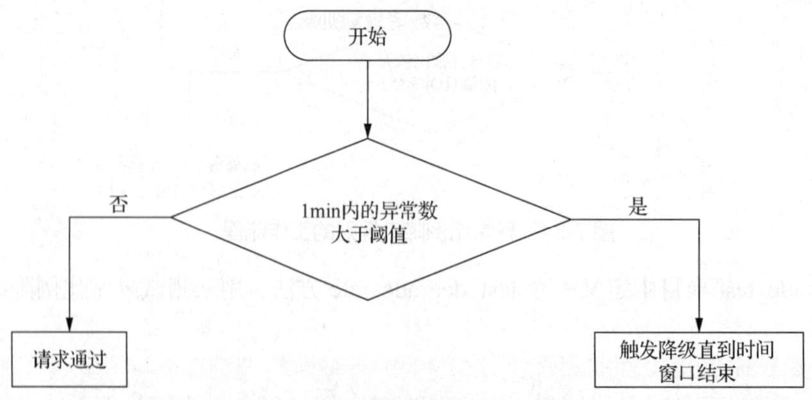

图 7-37　异常数降级规则的工作流程

在 degrade_test 项目中定义一个 test_degrade_num 方法，用来测试异常数降级规则，代码如下所示。

```
package com.example.demo;


import org.springframework.web.bind.annotation.GetMapping;
import org.springframework.web.bind.annotation.RestController;

@RestController
public class TestController {


    @GetMapping("/degrade-num-test")
    public String test_degrade_num() throws Exception{
        throw new Exception("test_degrade_num");
    }
}
```

在 Sentinel 控制台中设置异常数降级规则，设置“异常数”为 3、“时间窗口”为 60，如图 7-38 所示。

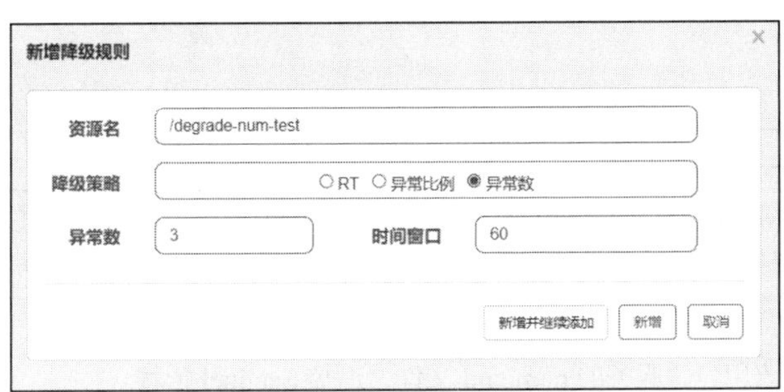

图 7-38 设置异常数降级规则

持续访问 http://localhost:8089/degrade-num-test，达到阈值后降级，结果如图 7-39 所示。

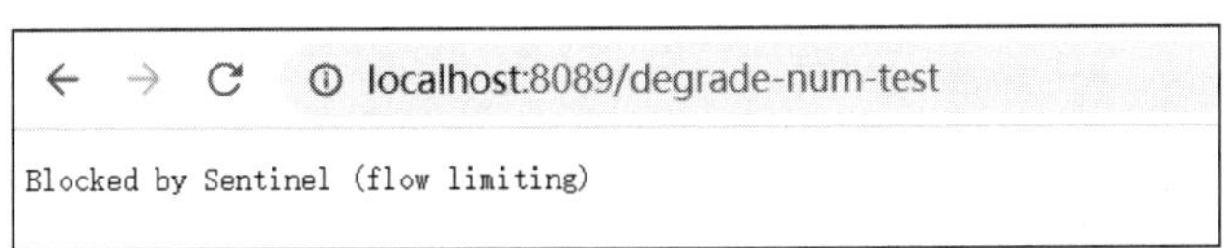

图 7-39 异常数降级规则触发

至此，实现了基于异常数降级规则的熔断降级。

微课 48

任务 7.2 分析与实现

任务实现

在 Sentinel 控制台为 SweetFlower 商城商品列表接口新增 RT 降级规则的步骤如下。

① 在 Sentinel 控制台中为商品列表接口设置降级规则，RT 降级规则设置包括以下内容：平均响应时间为 1ms；时间窗口为 1s。具体设置如图 7-40 所示。RT 降级规则的含义：若 1s 内访问商品列表接口（http://localhost:9000/product/products）的所有请求的平均响应时间大于 1ms，并且 1s 内请求数量大于 5，则触发降级。

图 7-40　商品列表接口 RT 降级规则设置

② 多次请求访问商品列表接口，出现了熔断降级，如图 7-41 所示。

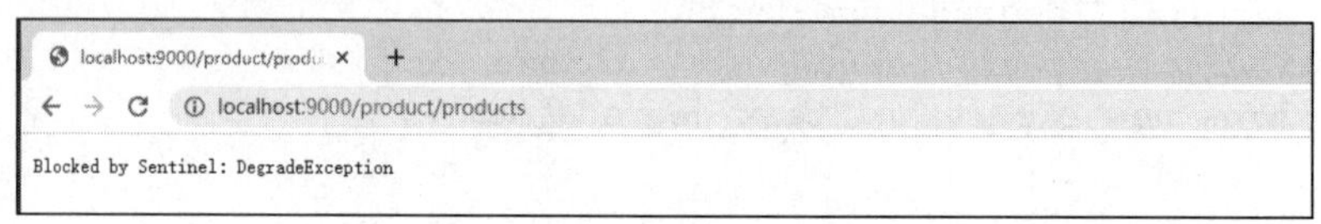

图 7-41　商品列表接口降级效果

至此实现了 SweetFlower 商城的商品列表接口的基于 RT 降级规则的熔断降级。

拓展实践

实践任务	为 SweetFlower 商城中更新金币数量接口设置 RT 降级规则
任务描述	为了保证在高并发情况下下单接口能正常使用，请使用 Sentinel 对更新金币数量接口进行熔断降级
主要思路及步骤	1. 配置 Sentinel 控制台 2. 修改用户微服务的 pom.xml 文件，追加 Sentinel 依赖 3. 在用户微服务的 application.yml 文件中追加 Sentinel 配置 4. 在 Sentinel 控制台中为更新金币数量接口设置 RT 降级规则
任务总结	

单元小结

本单元主要介绍了 Sentinel 的功能、Sentinel 的安装及以单机模式启动的方法、基于 Sentinel 的服务限流与熔断降级的实现步骤；并通过实现 SweetFlower 商城项目中微服务的限流控制和熔断降级，详细描述了实际项目开发过程中基于 Sentinel 的服务限流和熔断降级的实现步骤。

单元习题

一、单选题

1. 整合 Sentinel 需要添加的依赖是（　　）。

A. spring-cloud-starter-alibaba-sentinel　　B. spring-starter-alibaba-sentinel
C. cloud-starter-alibaba-sentinel　　D. spring-cloud-alibaba-sentinel

2. Sentinel 的默认端口号是（　　）。
A. 8080　　B. 8848　　C. 8088　　D. 8828

3. 下列属于流控规则中的阈值类型的是（　　）。
A. QPS 和线程数　　B. 多线程和 QPS
C. GRID 和 QPS　　D. 单机阈值和多线程

4. 下面不是 Sentinel 中的限流方式的是（　　）。
A. 热点限流　　B. 降级规则　　C. 限制规则　　D. 流控规则

5. 以下不能作为热点规则中的参数类型的是（　　）。
A. int　　B. string　　C. double　　D. Consul

6. 经常使用的系统保护规则不包含（　　）。
A. 平均 RT　　B. 并发线程数　　C. 线程率　　D. 入口 QPS

二、填空题

1. 整合 Sentinel 要用到的两个依赖是＿＿＿＿＿＿和＿＿＿＿＿＿。
2. Sentinel 的功能有＿＿＿＿＿＿＿＿。
3. Sentinel 中的熔断降级规则有＿＿＿＿＿＿、＿＿＿＿＿＿和＿＿＿＿＿＿。
4. 除了流量控制以外，还可使用＿＿＿＿＿＿来保证服务的稳定性。

单元 8 微服务调用链跟踪

随着系统功能逐渐复杂，服务与服务之间的调用也越来越烦琐，若调用过程中发生异常，势必会影响整个系统的功能。使用调用链跟踪技术可在异常发生时快速定位到异常点，或者在系统出现性能瓶颈时，快速找到瓶颈点，帮助用户快速恢复系统性能。

单元目标

【知识目标】

- 了解调用链跟踪的原理
- 熟悉 Spring Cloud Sleuth 的原理
- 熟悉 SkyWalking

【能力目标】

- 能够熟练使用 Spring Cloud Sleuth 采集调用信息
- 能够熟练整合 Spring Cloud Sleuth 服务
- 能实现 Sping Cloud 整合 Zipkin
- 能实现 SkyWalking 服务端环境配置
- 能实现 SkyWalking 客户端环境配置

【素质目标】

- 培养编写符合规范的代码的能力
- 培养终身学习的意识和能力

任务 8.1 Spring Cloud Sleuth 整合 Zipkin 实现 SweetFlower 商城调用链跟踪

任务描述

在 SweetFlower 商城项目中，服务与服务之间的调用比较复杂，若出现服务异常或者性能瓶颈，需要快速定位异常或瓶颈的位置，此时可使用调用链跟踪技术。请基于 Zipkin 实现 Sweet Flower 商城项目中订单微服务对金币微服务的调用链跟踪。

技术分析

为了实现 Sweet Flower 商城项目中订单微服务对金币微服务的调用链跟踪，可使用 Spring Cloud Sleuth 整合 Zipkin，实现调用链跟踪中的信息抓取，抓取到的信息用来分析服务之间的调用关系，最终实现异常或瓶颈点的定位。

微课 49

Sleuth 简介

支撑知识

1. Spring Cloud Sleuth 简介

在微服务架构中，众多的微服务之间互相调用，如何清晰地记录微服务的调用链是一个需要解决的问题。同时，出于各种原因，跨进程的服务调用失败时，运维人员希望能够通过查看日志和查看服务之间的调用关系来定位问题。Spring Cloud Sleuth 正是用于解决微服务跟踪的组件。

Spring Cloud Sleuth（简称 Sleuth）其实是一个工具，它在整个分布式系统中跟踪用户请求的过程（包括数据采集、数据传输、数据存储、数据分析、数据可视化），捕获跟踪数据，构建微服务的整个调用链的视图。它是调试和监控微服务的关键工具。

Spring Cloud Sleuth 包含 4 个关键阶段，如图 8-1 所示。

- 客户端发送调用请求。
- 服务端接收请求。
- 服务端发送响应。
- 客户端接收响应。

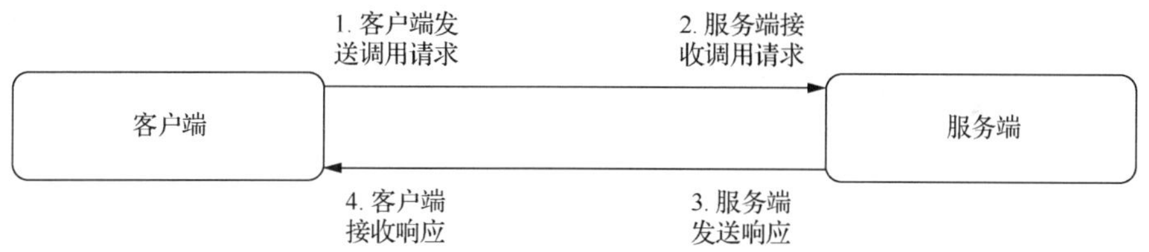

图 8-1　Sleuth 关键阶段示意

客户端发送调用请求给服务端，服务端接收到请求并把响应发送给客户端，客户端接收到响应。一次完整的请求包含这 4 个关键阶段，只需要跟踪每个关键阶段，就可以知道调用是否正常。针对异常问题，少了哪个阶段的跟踪记录，就说明这个阶段异常，如图 8-2 所示。

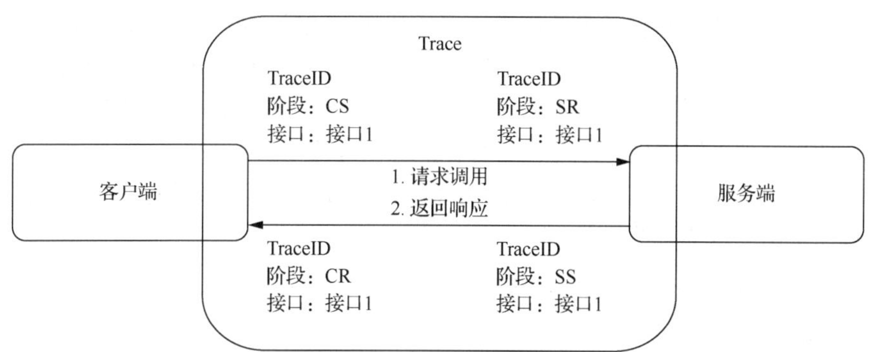

图 8-2　Sleuth 监测异常点示意

针对性能问题，记录每个阶段的时间戳，就可以计算任意阶段的耗时，如图 8-3 所示。

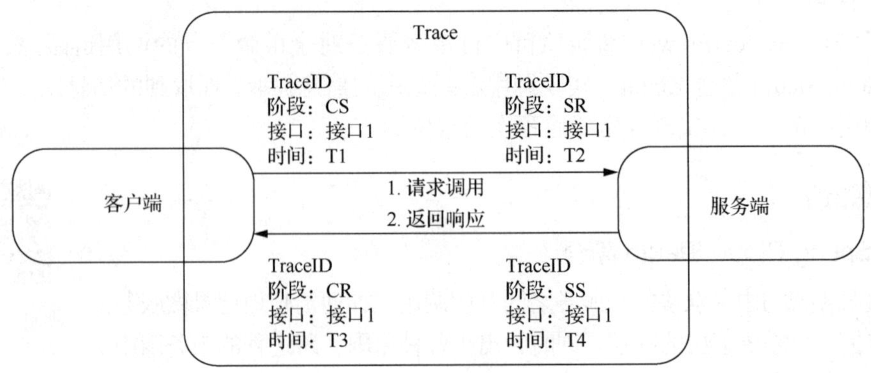

图 8-3 Sleuth 性能瓶颈示意

Sleuth 中的关键术语，如表 8-1 所示。

表 8-1 Sleuth 中关键术语

名称	含义
Span	基本工作单元，是一个 64 位的 ID，发送一次请求就是一个新的 Span
Trace	一次完整的调用请求，包含一组 Span
Annotation	描述事件的实时状态
CS（Client Send）	客户端发送，表示一个 Span 开始
SR（Server Received）	服务端接收请求开始处理
SS（Server Send）	服务端返回响应数据
CR（Client Received）	客户端收到响应数据

2. Zipkin 简介

微课 50

Zipkin 简介

Zipkin 是 Twitter 的一个开源项目，基于 Google Dapper 实现。可以使用它来收集各个服务器上请求链路的跟踪数据，并通过它提供的 RESTful API 来辅助我们查询跟踪数据以实现对分布式系统的监控程序，从而及时地发现系统中出现的延迟升高问题并找出系统性能瓶颈的根源。

Zipkin 中主要包含以下 3 个组件。

- Collector：收集器组件，主要用于处理从外部系统发送过来的跟踪信息，将这些信息转换为 Zipkin 内部处理的 Span 格式，以支持后续的存储、分析、展示等功能。
- Storage：存储组件，主要用于处理收集器接收到的跟踪信息，默认将这些信息存储在内存中，使用其他存储组件将跟踪信息存储到数据库中。
- RESTful API：API 组件，主要用来提供外部访问接口。可用于给客户端展示跟踪信息，或外接系统访问以实现监控等。

3. Spring Cloud Sleuth 整合 Zipkin

（1）Zipkin 搭建

因为 Zipkin 是一个开源项目，所以可以从 https://github.com/openZipkin/Zipkin 下载 Zipkin

的源代码。如果 Zipkin 要在 Windows 系统上运行，可以直接在网页中的 Quick-start 中找到 JAR 包并下载，如图 8-4 所示。

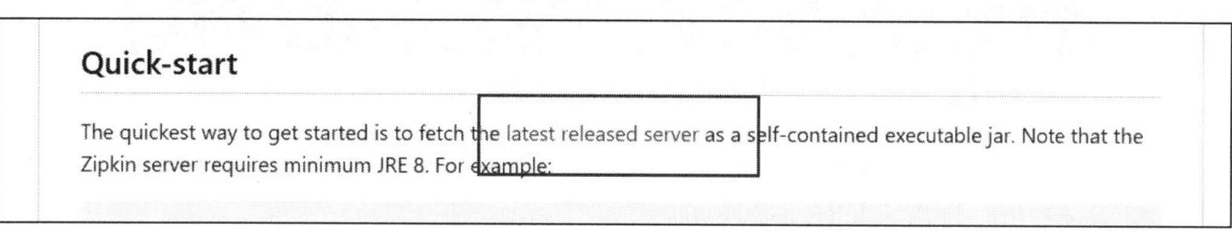

Quick-start
The quickest way to get started is to fetch the latest released server as a self-contained executable jar. Note that the Zipkin server requires minimum JRE 8. For example:

图 8-4 下载 JAR 包

下载后，打开命令提示符窗口进入 Zipkin 的 JAR 文件的路径中，在命令提示符窗口中执行命令“java -jar Zipkin-server-2.23.18-exec.jar”，就可以启动 Zipkin，启动界面如图 8-5 所示。

从图 8-5 可以看到，Zipkin 服务的端口号为 9411，这个端口号在后面会用到。

（2）Sleuth 整合 Zipkin

接下来使用 Sleuth 整合 Zipkin。

【案例 8-1】 创建一个父子工程，在子工程中使用 Sleuth 整合 Zipkin，实现调用链跟踪。基本步骤如下。

在已经搭建好的项目 sleuth_Zipkin 中有两个子工程：一个是 service-provider 微服务，用来提供服务；另外一个是 service-Zipkin 微服务，用来实现信息抓取并显示。项目结构如图 8-6 所示。

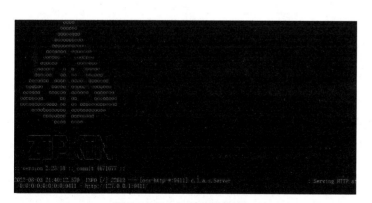

图 8-5 Zipkin 的启动界面

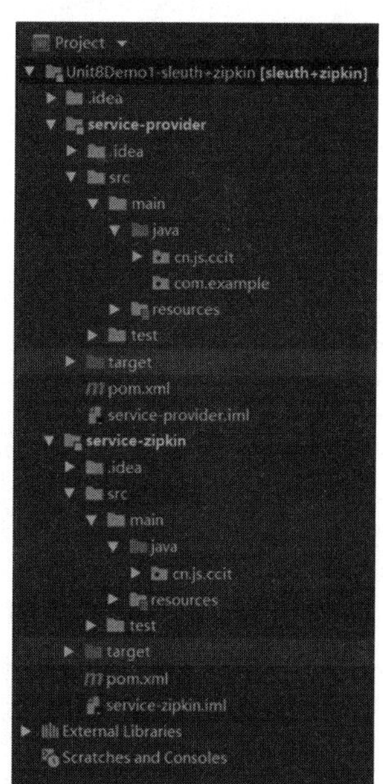

图 8-6 项目结构

整合的步骤分为 3 步。

① 在两个子工程中的 pom.xml 文件中分别添加 Zipkin 依赖，代替整合 Sleuth 时使用的依赖 spring-cloud-starter-sleuth，如图 8-7 所示。

```
<dependency>
    <groupId>org.springframework.cloud</groupId>
    <artifactId>spring-cloud-starter-zipkin</artifactId>
</dependency>
```

图 8-7　添加 Zipkin 依赖

② 在两个子工程中的 application.yaml 文件中添加 Zipkin 配置，对采样率和 Zipkin 服务的地址和端口号进行配置，如图 8-8 所示。

```
sleuth:
  sampler:
    probability: 1.0
zipkin:
  base-url: http://localhost:9411
```

图 8-8　采样率和端口号的配置

service-provider 微服务中的代码如下所示。

```
server:
  port: 8089
spring:
  application:
    name: service-provider
  sleuth:
    sampler:
      probability: 1.0
  Zipkin:
    base-url: http://localhost:9411
```

service-zipkin 微服务中的代码如下所示。

```
server:
  port: 8081
spring:
  application:
    name: service-Zipkin
  sleuth:
    sampler: # 设置 Sleuth 的采样率
      probability: 1.0
  Zipkin:
    base-url: http://localhost:9411 # 指定 Zipkin 的连接地址
```

③ 在 service-provider 微服务中创建 TestController.java 文件，代码如下所示。

```
package com.example.demo;

import lombok.extern.slf4j.Slf4j;
import org.springframework.beans.factory.annotation.Autowired;
import org.springframework.web.bind.annotation.GetMapping;
import org.springframework.web.bind.annotation.RequestParam;
import org.springframework.web.bind.annotation.RestController;

@Slf4j
@RestController
```

```
public class TestController {

    @GetMapping("/hi")
    public String hi() {
        log.info("provider");
        return "hi";
    }

    @GetMapping("/hello")
    public String hello(@RequestParam String name) {
        return "hello " + name + "!";
    }
}
```

在 service-zipkin 微服务中创建 TestController.java 文件，类中定义了 hi 方法，方法中通过 restTemplate 调用了 service-provider 微服务的 hi 接口代码如下所示。

```
package com.example.demo;

import lombok.extern.slf4j.Slf4j;
import org.springframework.beans.factory.annotation.Autowired;
import org.springframework.web.bind.annotation.GetMapping;
import org.springframework.web.bind.annotation.RequestParam;
import org.springframework.web.bind.annotation.RestController;
import org.springframework.web.client.RestTemplate;

@Slf4j
@RestController
public class TestController {

    @Autowired
    RestTemplate restTemplate;

    @GetMapping("/hi")
    public String hi() {
        String result = restTemplate.getForObject("http://localhost:8089/hi",
                                String.class);
        log.info("result: {}" + result);
        return result;
    }

    @GetMapping("/hello")
    public String hello(@RequestParam String name) {
        return "hello " + name + "!";
    }
}
```

在 IDEA 工具中，启动该项目的 service-provider 和 service-Zipkin 微服务。在浏览器中访问 http://localhost:8081/hi，即访问 service-Zipkin 微服务 TestController 中的 hi 接口，同时向 service-provider 微服务发送一个请求。之后，在 service-provider 微服务的控制台下可看到图 8-9 所示的信息，说明调用链跟踪生效。

```
2022-08-03 22:19:43.806  INFO [service-zipkin,7f23bab32ba4d10e,7f23bab32ba4d10e,true] 19508 --- [nio-8081-exec-2]
 com.example.demo.TestController          : result: {}hi
```

图 8-9 调用链跟踪生效

图 8-9 中的参数含义如下。

- “service-Zipkin”表示服务名称。
- 第一个“7f 23bab32ba4d10e”表示 Trace ID。
- 第二个“7f 23bab32ba4d10e”表示 Span ID。
- “true”表示上报调用信息给 service-Zipkin 服务。

在浏览器中访问 http://localhost:9411/打开 service-Zipkin 服务的控制台，在右上角的“Search by trace ID”文本框中输入 Trace ID（7f 23bab32ba4d10e），就可以看到服务调用的链路信息，如图 8-10 所示。

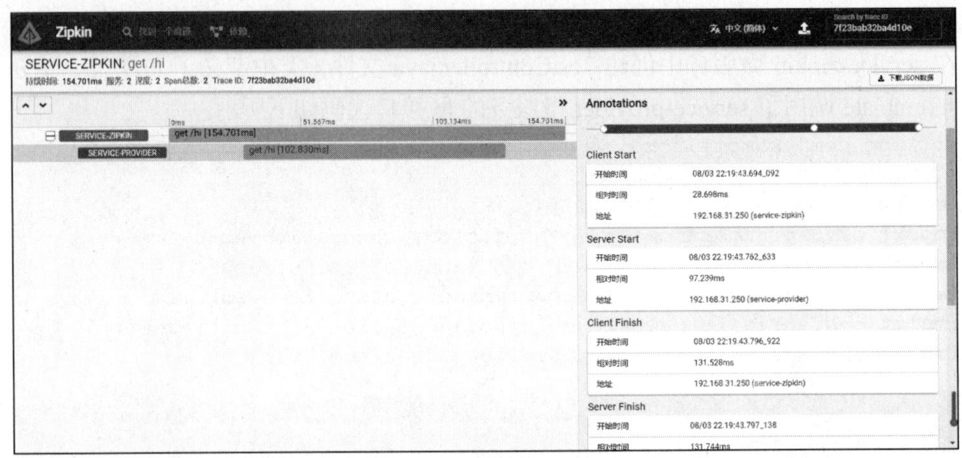

图 8-10　Zipkin 控制台

【课堂实践】创建一个父工程，同时创建两个微服务，微服务 1 调用微服务 2 并使用 Sleuth 整合 Zipkin 实现调用链跟踪。

任务实现

在 SweetFlower 商场项目中，以订单 order 和金币 goldCoin 微服务为例，介绍在真实项目中如何通过 Zipkin 实现调用链跟踪。

① 修改 SweetFlower 商城网关、订单和金币微服务的 pom.xml 文件，追加 zipkin 依赖，代码如下所示。

```
<dependency>
    <groupId>org.springframework.cloud</groupId>
    <artifactId>spring-cloud-starter-Zipkin</artifactId>
    <version>2.2.8.RELEASE</version>
</dependency>
```

② 修改 SweetFlower 商城网关、订单和金币微服务的配置文件 application.yaml，追加 Zipkin 配置，代码如下所示。

```
spring:
  sleuth:
    sampler: # 设置 Sleuth 的采样率
      probability: 1.0
  Zipkin:
    base-url: http://localhost:9411 # 指定 Zipkin 的连接地址
```

③ 启动本机 Zipkin 服务，在 IDEA 工具中，启动 SweetFlower 商城项目的网关、订单、金币和用户微服务。使用 ApiPost 发送用户购买商品下单请求，如图 8-11 所示。

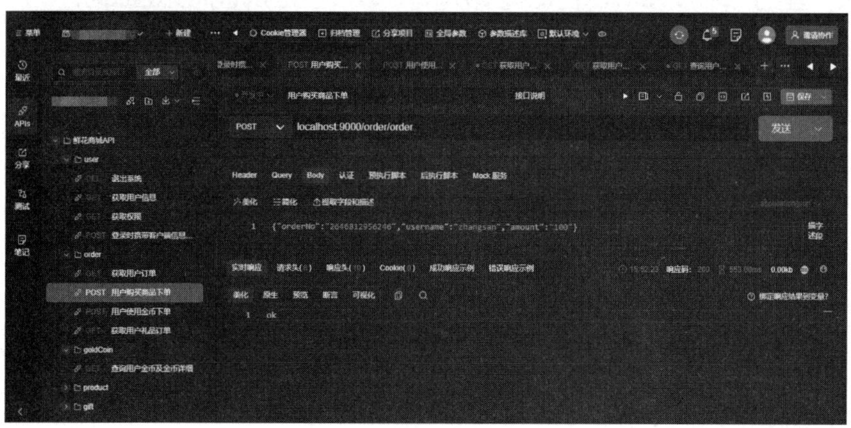

图 8-11 用户下单请求页面

④ 在订单微服务的控制台可看到图 8-12 所示的信息，说明调用链跟踪生效。Trace ID 是 a1fe45b426e715f1。

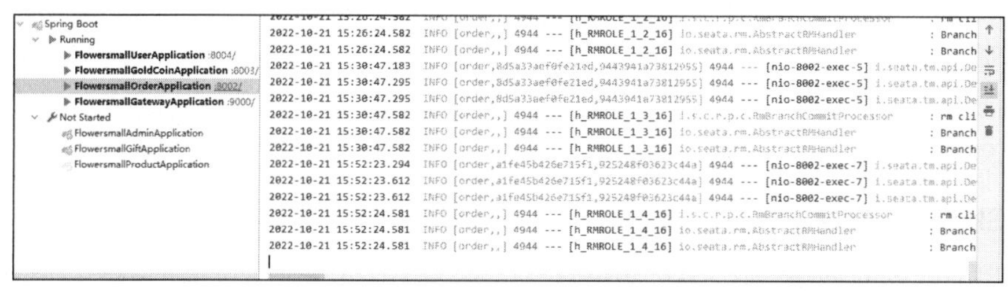

图 8-12 项目中调用链跟踪生效

⑤ 在浏览器中访问 http://localhost:9411/，打开 Zipkin 服务的控制台，在右上角的“Search by trace ID”文本框中输入 Trace ID（a1fe45b426e715f1），可以看到服务调用的链路信息，如图 8-13 所示。

图 8-13 项目中服务调用的链路信息

至此，基于 Zipkin 实现了 Sweet Flower 商城项目中订单微服务对金币微服务的调用链跟踪。

任务 8.2　基于 SkyWalking 实现 SweetFlower 商城调用链跟踪

任务描述

在任务 8.1 中，我们学习了使用 Sleuth 整合 Zipkin 实现调用链跟踪，本任务我们来学习另外一种调用链跟踪技术 SkyWalking。以用户下单为例，请基于 SkyWalking 对 SweetFlower 商城中的用户下单过程中涉及的调用链进行跟踪。

技术分析

本任务通过使用 SkyWalking 平台实现用户下单过程中涉及的调用链跟踪。该方法非常简单，不需要修改任何代码。首先启动 SkyWalking 服务端，其次在微服务启动时，添加 SkyWalking 客户端即可。

微课 52

SkyWalking 简介

支撑知识

1. SkyWalking 简介

SkyWalking 是一个监测分析平台，也是一个 APM（Application Performance Management，应用性能管理）系统，提供分布式跟踪、数据分析聚合、可视化展示等功能，支持多种语言，例如 Java、Net Core、PHP、Node.js、Golang 以及 Lua 等。相对于前面讲的 Sleuth 整合 Zipkin 的方式，SkyWalking 功能增强，性能更优，而且是国产开源的。

2. SkyWalking 服务端环境配置

在使用 SkyWalking 之前必须先安装后端存储，如 Elasticsearch 或 H2，本书以 Elasticsearch 为例进行介绍。

首先安装 Elasticsearch。进入 Elasticsearch 的官网，页面如图 8-14 所示。

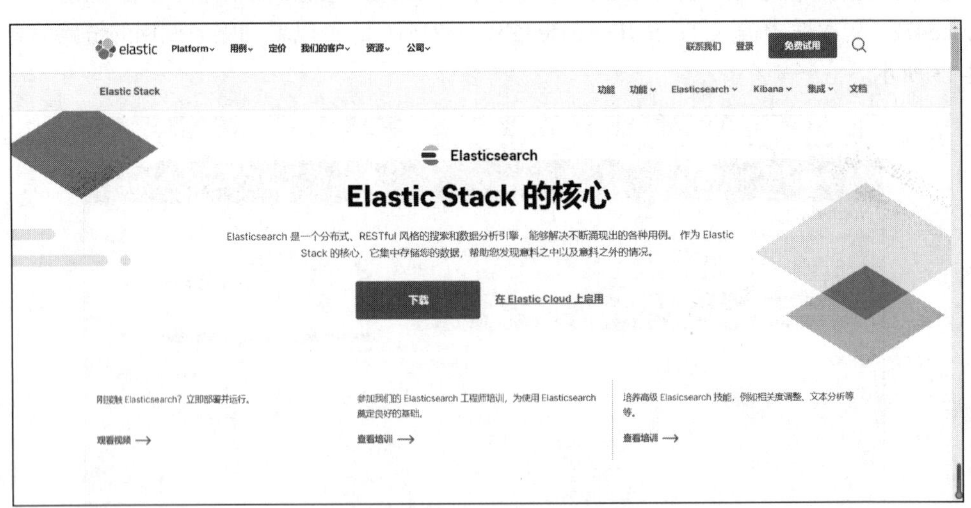

图 8-14　Elasticsearch 的官网页面

单击“下载”按钮，进入下载页面，如图 8-15 所示。

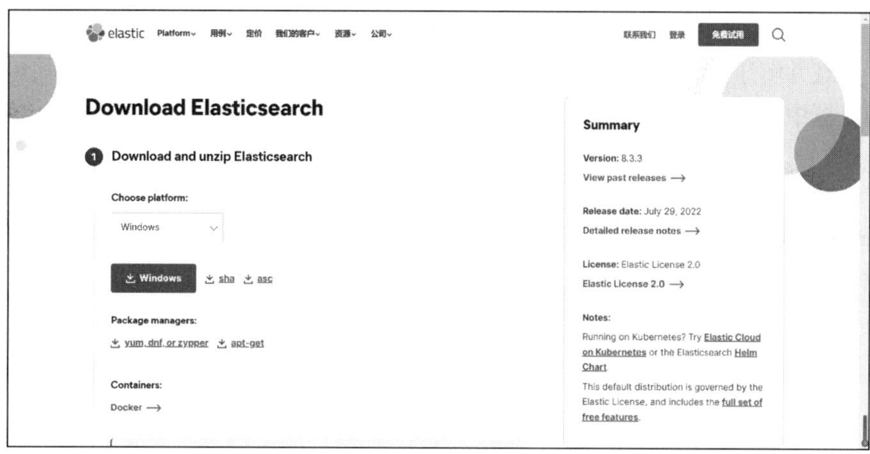

图 8-15　Elasticsearch 的下载页面

根据系统选择相应的版本下载，这里选择 Windows 版本，下载之后解压，进入文件的 bin 目录中，运行 elasticsearch.bat 文件，运行结果如图 8-16 所示。

```
选择 C:\Windows\system32\cmd.exe
y_default_chunk_and_page_size=false, g1gc_enabled=true, g1gc_region_size=4mb}]
[2022-08-04T20:43:20,438][INFO ][o.e.i.r.RecoverySettings ] [DESKTOP-51SIF5V] using rate limit [40mb] with [default=40mb
, read=0b, write=0b, max=0b]
[2022-08-04T20:43:20,482][INFO ][o.e.d.DiscoveryModule    ] [DESKTOP-51SIF5V] using discovery type [multi-node] and seed
 hosts providers [settings]
[2022-08-04T20:43:22,073][INFO ][o.e.n.Node               ] [DESKTOP-51SIF5V] initialized
[2022-08-04T20:43:22,073][INFO ][o.e.n.Node               ] [DESKTOP-51SIF5V] starting ...
[2022-08-04T20:43:22,098][INFO ][o.e.x.s.c.f.PersistentCache] [DESKTOP-51SIF5V] persistent cache index loaded
[2022-08-04T20:43:22,102][INFO ][o.e.x.d.l.DeprecationIndexingComponent] [DESKTOP-51SIF5V] deprecation component started

[2022-08-04T20:43:22,462][INFO ][o.e.t.TransportService   ] [DESKTOP-51SIF5V] publish_address {127.0.0.1:9300}, bound_ad
dresses {127.0.0.1:9300}, {[::1]:9300}
[2022-08-04T20:43:22,608][INFO ][o.e.c.c.ClusterBootstrapService] [DESKTOP-51SIF5V] this node has not joined a bootstrap
ped cluster yet; [cluster.initial_master_nodes] is set to [DESKTOP-51SIF5V]
[2022-08-04T20:43:22,624][INFO ][o.e.c.c.Coordinator      ] [DESKTOP-51SIF5V] setting initial configuration to VotingCon
figuration{bTRjLqXoROmrSUtcgGrzXg}
[2022-08-04T20:43:22,884][INFO ][o.e.c.s.MasterService    ] [DESKTOP-51SIF5V] elected-as-master ([1] nodes joined)[_FINI
SH_ELECTION_, {DESKTOP-51SIF5V}{bTRjLqXoROmrSUtcgGrzXg}{3E1GijchQ1yEtHuvGwhWQQ}{DESKTOP-51SIF5V}{127.0.0.1}{127.0.0.1:93
00}{cdfhilmrstw} completing election], term: 1, version: 1, delta: master node changed {previous [], current [{DESKTOP-5
1SIF5V}{bTRjLqXoROmrSUtcgGrzXg}{3E1GijchQ1yEtHuvGwhWQQ}{DESKTOP-51SIF5V}{127.0.0.1}{127.0.0.1:9300}{cdfhilmrstw}]}
[2022-08-04T20:43:22,942][INFO ][o.e.c.c.CoordinationState] [DESKTOP-51SIF5V] cluster UUID set to [wzfnywxKTs2-E_zHhCGhO
g]
[2022-08-04T20:43:22,994][INFO ][o.e.c.s.ClusterApplierService] [DESKTOP-51SIF5V] master node changed {previous [], curr
ent [{DESKTOP-51SIF5V}{bTRjLqXoROmrSUtcgGrzXg}{3E1GijchQ1yEtHuvGwhWQQ}{DESKTOP-51SIF5V}{127.0.0.1}{127.0.0.1:9300}{cdfhi
lmrstw}]}, term: 1, version: 1, reason: Publication{term=1, version=1}
[2022-08-04T20:43:23,132][INFO ][o.e.g.GatewayService     ] [DESKTOP-51SIF5V] recovered [0] indices into cluster_state
[2022-08-04T20:43:23,217][INFO ][o.e.h.AbstractHttpServerTransport] [DESKTOP-51SIF5V] publish_address {192.168.31.250:92
00}, bound_addresses {[::]:9200}
[2022-08-04T20:43:23,221][INFO ][o.e.n.Node               ] [DESKTOP-51SIF5V] started {DESKTOP-51SIF5V}{bTRjLqXoROmrSUtc
gGrzXg}{3E1GijchQ1yEtHuvGwhWQQ}{DESKTOP-51SIF5V}{127.0.0.1}{127.0.0.1:9300}{cdfhilmrstw}{ml.machine_memory=16905961472,
```

图 8-16　elasticsearch.bat 的运行结果

在浏览器中访问 localhost:9200，出现以下页面，如图 8-17 所示。

```
localhost:9200

{
  "name" : "7NO_ksw",
  "cluster_name" : "elasticsearch",
  "cluster_uuid" : "cdo5YL2aTiyk6DozZpCXPQ",
  "version" : {
    "number" : "6.8.20",
    "build_flavor" : "default",
    "build_type" : "zip",
    "build_hash" : "c859302",
    "build_date" : "2021-10-07T22:00:24.085009Z",
    "build_snapshot" : false,
    "lucene_version" : "7.7.3",
    "minimum_wire_compatibility_version" : "5.6.0",
    "minimum_index_compatibility_version" : "5.0.0"
  },
  "tagline" : "You Know, for Search"
}
```

图 8-17　Elasticsearch 运行成功页面

至此 Elasticsearch 安装完成，接下来安装 SkyWalking，具体步骤如下。

（1）下载并解压 SkyWalking

在浏览器中访问 https://skywalking.apache.org/downloads/#Agents，进入 SkyWalking 官网下载 tar.gz 文件。这里下载的版本为 apache-skywalking-apm-8.8.1.tar.gz。

（2）配置 SkyWalking

① 解压 SkyWalking 安装包后，进入 config 目录，在 application.yml 文件中注释掉其默认的存储方式 H2，如图 8-18 所示。

```
      segmentQueryMaxSize: ${SW_STORAGE_ES_QUERY_SEGMENT_SIZE:200}
      profileTaskQueryMaxSize: ${SW_STORAGE_ES_QUERY_PROFILE_TASK_SIZE:200}
      oapAnalyzer: ${SW_STORAGE_ES_OAP_ANALYZER:"{\"analyzer\":{\"oap_analyzer\":{\"type\":\"stop\"}}}"} # the
      oapLogAnalyzer: ${SW_STORAGE_ES_OAP_LOG_ANALYZER:"{\"analyzer\":{\"oap_log_analyzer\":{\"type\":\"standar
analyzer configuration to support more language log formats, such as Chinese log, Japanese log and etc.
      advanced: ${SW_STORAGE_ES_ADVANCED:""}
#  h2:
#    driver: ${SW_STORAGE_H2_DRIVER:org.h2.jdbcx.JdbcDataSource}
#    url: ${SW_STORAGE_H2_URL:jdbc:h2:mem:skywalking-oap-db;DB_CLOSE_DELAY=-1}
#    user: ${SW_STORAGE_H2_USER:sa}
#    metadataQueryMaxSize: ${SW_STORAGE_H2_QUERY_MAX_SIZE:5000}
#    maxSizeOfArrayColumn: ${SW_STORAGE_MAX_SIZE_OF_ARRAY_COLUMN:20}
#    numOfSearchableValuesPerTag: ${SW_STORAGE_NUM_OF_SEARCHABLE_VALUES_PER_TAG:2}
#    maxSizeOfBatchSql: ${SW_STORAGE_MAX_SIZE_OF_BATCH_SQL:100}
#    asyncBatchPersistentPoolSize: ${SW_STORAGE_ASYNC_BATCH_PERSISTENT_POOL_SIZE:1}
  mysql:
    properties:
      jdbcUrl: ${SW_JDBC_URL:"jdbc:mysql://localhost:3306/swtest?rewriteBatchedStatements=true"}
      dataSource.user: ${SW_DATA_SOURCE_USER:root}
      dataSource.password: ${SW_DATA_SOURCE_PASSWORD:root@1234}
```

图 8-18　application.yml 文件界面（1）

② 把 clusterNodes 地址改为自己的 Elasticsearch 地址，如图 8-19 所示。

```
storage:
  selector: ${SW_STORAGE:elasticsearch}
  elasticsearch:
    nameSpace: ${SW_NAMESPACE:""}
    clusterNodes: ${SW_STORAGE_ES_CLUSTER_NODES:localhost:9200}
    protocol: ${SW_STORAGE_ES_HTTP_PROTOCOL:"http"}
    connectTimeout: ${SW_STORAGE_ES_CONNECT_TIMEOUT:500}
    socketTimeout: ${SW_STORAGE_ES_SOCKET_TIMEOUT:30000}
    user: ${SW_ES_USER:""}
    password: ${SW_ES_PASSWORD:""}
    trustStorePath: ${SW_STORAGE_ES_SSL_JKS_PATH:""}
    trustStorePass: ${SW_STORAGE_ES_SSL_JKS_PASS:""}
    secretsManagementFile: ${SW_ES_SECRETS_MANAGEMENT_FILE:""} # Secrets management file in the properties format incl
tool.
    dayStep: ${SW_STORAGE_DAY_STEP:1} # Represent the number of days in the one minute/hour/day index.
    indexShardsNumber: ${SW_STORAGE_ES_INDEX_SHARDS_NUMBER:1} # Shard number of new indexes
    indexReplicasNumber: ${SW_STORAGE_ES_INDEX_REPLICAS_NUMBER:1} # Replicas number of new indexes
```

图 8-19　application.yml 文件界面（2）

③ 进入 webapp 目录，打开 webapp.yml 文件，此时 UI 默认端口号为 8080，可能会与其他应用的冲突，这里将端口号改为 8090，如图 8-20 所示。

```
#
# Unless required by applicable law or agreed to in writing, software
# distributed under the License is distributed on an "AS IS" BASIS,
# WITHOUT WARRANTIES OR CONDITIONS OF ANY KIND, either express or implied.
# See the License for the specific language governing permissions and
# limitations under the License.

server:
  port: 8090

spring:
  cloud:
    gateway:
      routes:
        - id: oap-route
          uri: lb://oap-service
          predicates:
            - Path=/graphql/**
```

图 8-20　webapp.yml 文件界面

（3）启动 SkyWalking

进入 bin 目录，运行 startup.bat 文件，在浏览器中访问 localhost:8090，Sky Walking 控制台界面如图 8-21 所示。

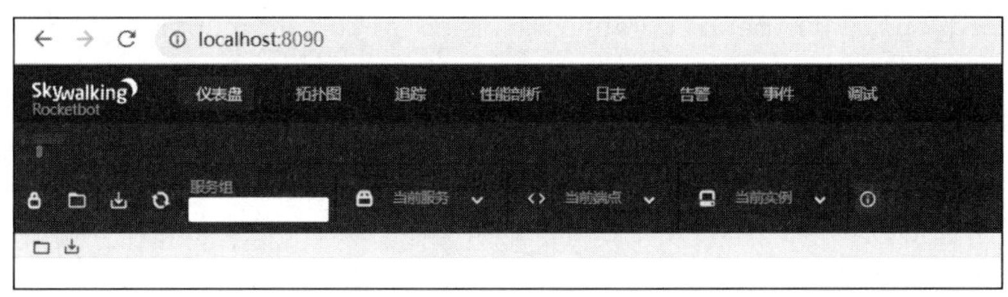

图 8-21　skywalking 控制台界面

至此，SkyWalking 服务端环境配置成功。

3. SkyWalking 客户端环境配置

SkyWalking 需要各个服务集成 Agent，以自动采集数据。Agent 如何与服务集成？Agent 是如何对接 Collector 的呢？下面我们来解决这些问题。

【案例 8-2】创建一个父子工程，在子工程中使用 SkyWalking 实现调用链跟踪。基本步骤如下。

这里创建 3 个微服务，分别为 service-provider、service-consumer 和 service-gateway。

① 在 service-consumer 微服务中，创建 TestController 类，在该类中定义一个简单的 hi 方法，代码如下所示。

```
package com.example.demo;

import org.springframework.beans.factory.annotation.Autowired;
import org.springframework.web.bind.annotation.GetMapping;
import org.springframework.web.bind.annotation.RestController;
import org.springframework.web.client.RestTemplate;

@RestController
public class TestController {
    @Autowired
    RestTemplate restTemplate;

    @GetMapping("/hi")
    public String hi() {
        return "consumer hi: " + restTemplate.getForObject
                    ("http://localhost:9092/hi", String.class);
    }
}
```

② 在 application.yaml 文件中配置端口号和服务名称，代码如下所示。

```
server:
  port: 9091
spring:
  application:
    name: service-consumer
```

③ 在 service-provider 微服务中，创建 TestController 类，在该类中定义一个简单的 hi 方

法，代码如下所示。

```
package com.example.demo;

import org.springframework.web.bind.annotation.GetMapping;
import org.springframework.web.bind.annotation.RestController;

@RestController
public class TestController {

    @GetMapping("/hi")
    public String hi() {
        return "provider";
    }

}
```

④ 在 application.yaml 文件中配置端口号和服务名称，代码如下所示。

```
server:
  port: 9092
spring:
  application:
    name: service-provider
```

⑤ 在 service-gateway 微服务的 application.yaml 文件中配置端口号和服务名称，同时设置一个路由，代码如下所示。

```
server:
  port: 9090
spring:
  application:
    name: service-gateway
  cloud:
    gateway:
      routes:
        - id: route-consumer
          uri: http://localhost:9091
          predicates:
            - Method=GET
```

把 3 个微服务打包成 JAR 文件。以 service-gateway 为例，把项目在终端打开，运行命令“mvn clean package”。在控制台输出图 8-22 所示的结果。

```
[INFO] --- maven-jar-plugin:3.1.2:jar (default-jar) @ service-gateway ---
[INFO] Building jar: E:\IdeaWorkSpace\skywalking-test\service-gateway\target\service-gateway-0.0.1-SNAPSHOT.jar
[INFO]
[INFO] --- spring-boot-maven-plugin:2.0.3.RELEASE:repackage (repackage) @ service-gateway ---
[INFO] ------------------------------------------------------------------------
[INFO] BUILD SUCCESS
[INFO] ------------------------------------------------------------------------
[INFO] Total time:  3.784 s
[INFO] Finished at: 2022-08-05T10:38:46+08:00
```

图 8-22　执行结果

此时在项目的目录结构中，新增了 target 文件夹，生成的 JAR 文件就在该文件夹中，如图 8-23 所示。

图 8-23　打包结果

其他两个微服务采用相同的方式，打包成 JAR 文件。在启动微服务时，要在其中集成 Agent，具体的命令如下。

- 指定 skywalking-agent.jar 所在位置：-javaagent:apache-skywalking-apm-bin/agent/skywalking-agent.jar。
- 对应当前服务的名称：-Dskywalking.agent.service_name=service-provider。
- 对接 SkyWalking 服务端地址：-Dskywalking.collector.backend_service=localhost:11800。

接下来，分别在控制台中启动 3 个微服务，并集成 Agent。首先启动 service-gateway，命令为：java -javaagent:E:\2021-2022-2\SpringCloud\相关软件\apache-skywalking-java-agent-8.8.0\skywalking-agent\skywalking-agent.jar -Dskywalking.agent.service_name=service-gateway -Dskywalking.collector.backend_service=localhost:11800 -jar target/service-gateway.jar。

执行结果如图 8-24 所示。

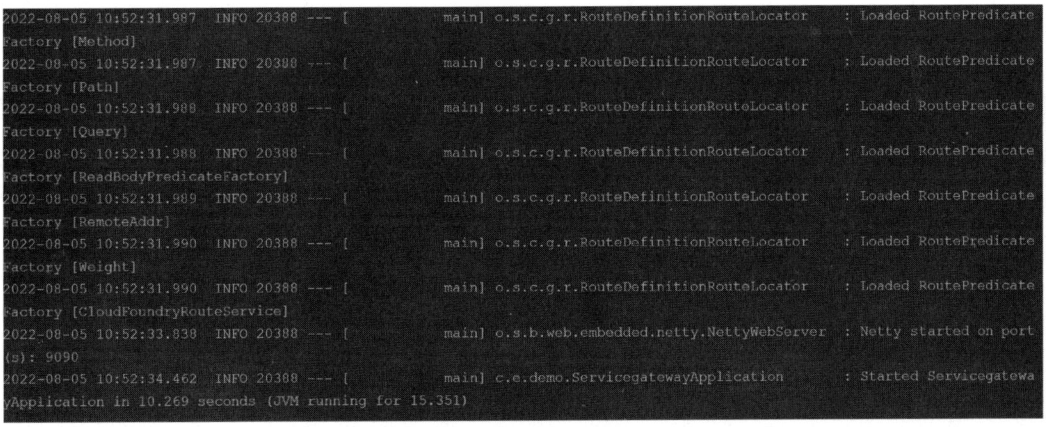

图 8-24　执行结果

微服务 service-provider 和 service-consumer 采用类似的命令启动，分别如下所示。

- 启动 service-provider：java -javaagent:E:\2021-2022-2\SpringCloud\相关软件\apache-skywalking-java-agent-8.8.0\skywalking-agent\skywalking-agent.jar -Dskywalking.agent.service_name=service-provider -Dskywalking.collector.backend_service=localhost:11800 -jar target/service-provider.jar。
- 启动 service-consumer：java -javaagent:E:\2021-2022-2\SpringCloud\相关软件\apache-

skywalking-java-agent-8.8.0\skywalking-agent\skywalking-agent.jar -Dskywalking.agent.service_name=service-consumer -Dskywalking.collector.backend_service=localhost:11800 -jar target/service-consumer.jar。

注意，在访问浏览器之前需要先启动 SkyWalking。

3 个微服务启动之后，在浏览器中访问 https://localhost:9090/hi，此时通过 SkyWalking 控制台可看到调用链的详细信息。

调用链涉及的微服务如图 8-25 所示。

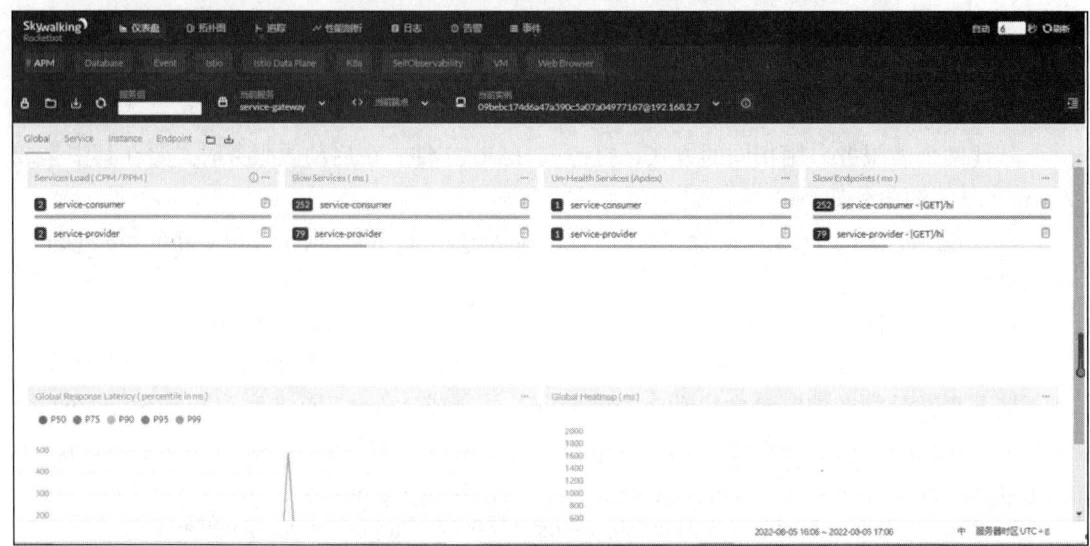

图 8-25　调用链涉及的微服务

访问 hi 接口时生成的跟踪路径如图 8-26 所示。

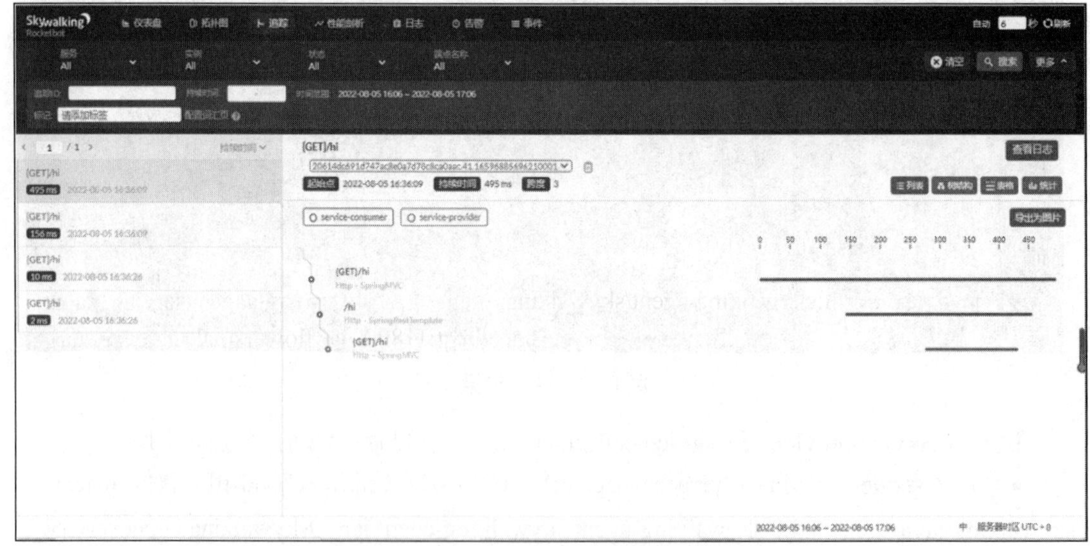

图 8-26　访问 hi 接口时生成的跟踪路径

微服务之间调用的拓扑图如图 8-27 所示。

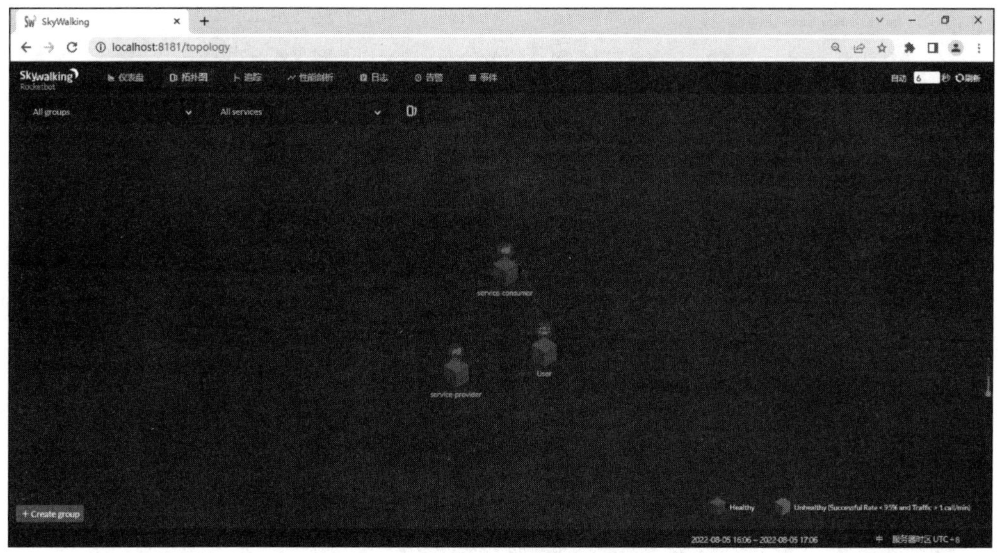

图 8-27　微服务之间调用的拓扑图

至此，基于 SkyWalking 实现了访问 hi 接口时相关调用链的跟踪。

微课 53

任务 8.2 分析与实现

任务实现

以用户购买下单为例，使用 SkyWalking 对其进行调用链跟踪。

① 启动 Elasticsearch 和 apache-skywalking-apm-bin。

② 将 SkyWalking 服务端（D:\installed_tools\apache-skywalking-apm-bin\agent）的 agent 文件夹复制到项目目录下，如图 8-28 所示。

图 8-28　复制 agent 文件夹

③ 在 IDEA 工具中将网关、金币、订单 3 个微服务打包成 JAR 文件，之后在 SweetFlower 商城项目目录（E:\maven-workspace\flowersmall）下打开 3 个命令提示符窗口，分别执行如下命令。

- java -javaagent:skywalking/agent/skywalking-agent.jar -Dskywalking.agent.service_name=gateway -Dskywalking.collector.backend_service=localhost:11800 -jar flowersmall-gateway/target/flowersmall-gateway-1.0-SNAPSHOT.jar。
- java -javaagent:skywalking/agent/skywalking-agent.jar -Dskywalking.agent.service_name=goldCoin -Dskywalking.collector.backend_service=localhost:11800 -jar flowersmall-goldCoin/target/flowersmall-goldcoin-1.0-SNAPSHOT.jar。
- java -javaagent:skywalking/agent/skywalking-agent.jar -Dskywalking.agent.service_name=order -Dskywalking.collector.backend_service=localhost:11800 -jar flowersmall-order/target/flowersmall-order-1.0-SNAPSHOT.jar。

执行结果如图 8-29 所示。

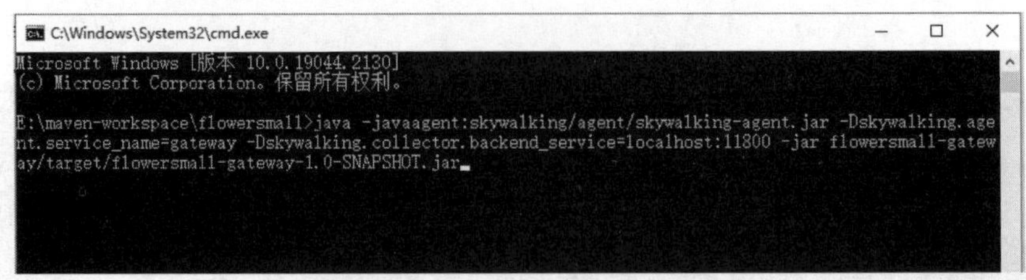

图 8-29　执行结果

④ 为便于测试，在 IDEA 工具中启动 SweetFlower 商城项目的用户微服务，使用 ApiPost 发送用户购买商品下单请求，如图 8-30 所示。

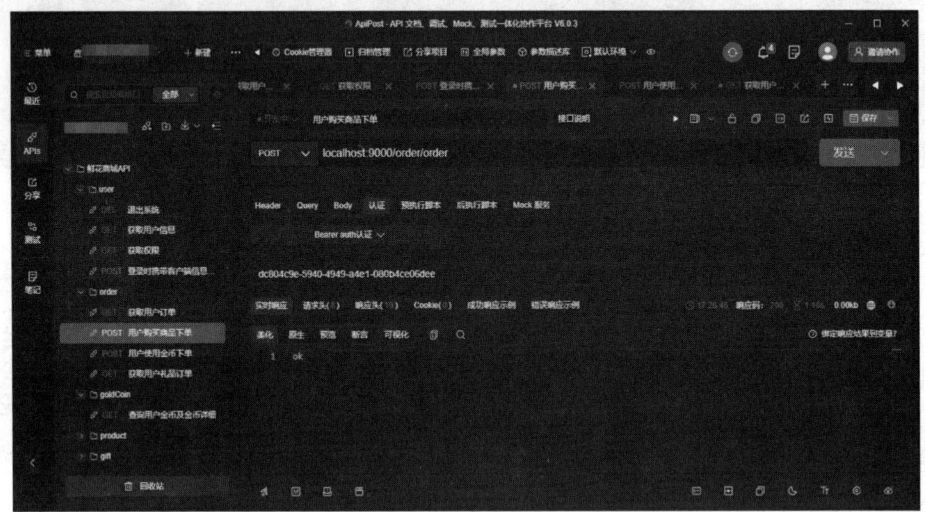

图 8-30　发送用户购买商品下单请求

⑤ 查看 SkyWaling，打开浏览器，访问 http://localhost:8181/。调用链涉及的微服务如图 8-31 所示。

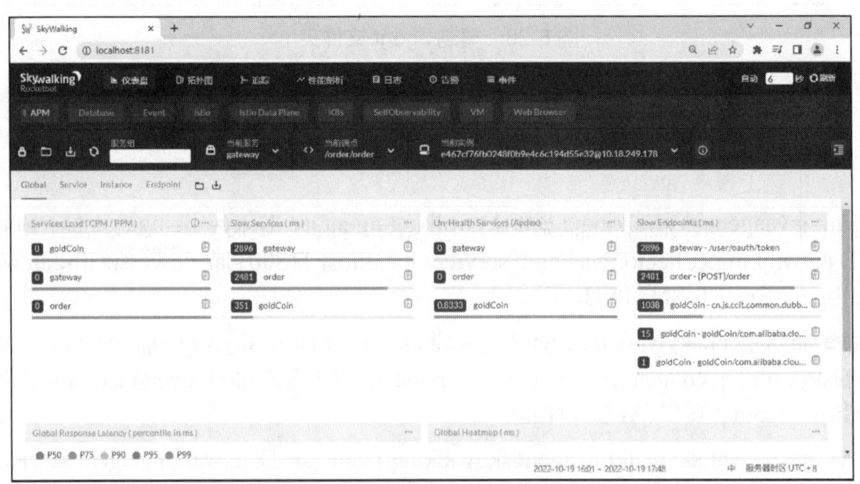

图 8-31　调用链涉及的微服务

微服务之间调用的拓扑图如图 8-32 所示。

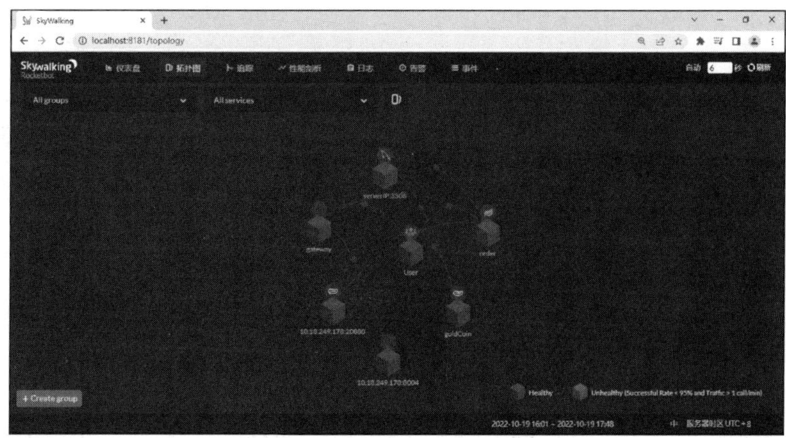

图 8-32 微服务调用的拓扑图

访问 order 接口时生成的跟踪路径如图 8-33 所示。

图 8-33 访问 order 接口时生成的跟踪路径

至此，基于 SkyWalking 实现了 SweetFlower 商城中的用户下单过程中涉及的调用链跟踪。

拓展实践

实践任务	基于 SkyWalking 实现 SweetFlower 商城中用户礼品兑换过程中涉及的调用链跟踪
任务描述	为了准确定位用户礼品兑换过程中的运行异常，使用 SkyWalking 对其进行调用链跟踪
主要思路及步骤	1. 启动 SkyWalking 服务端 2. 将用户礼品兑换过程中涉及的微服务打包成 JAR 文件 3. 微服务启动时，添加 SkyWalking Agent 4. 在 SweetFlower 商城中进行礼品兑换 5. 在 SkyWalking 控制台中查看调用链的跟踪结果
任务总结	

单元小结

本单元主要介绍了两种调用链跟踪的方式，分别为 Sleuth 整合 Zipkin 的方式和基于 SkyWalking 的方式，并且基于 SkyWalking 的调用链跟踪的功能更全面；同时通过案例介绍了两种调用链跟踪方式的实现步骤；通过实现 SweetFlower 商城项目中微服务的调用跟踪，详细描述了实际项目开发过程中基于两种方式的实现步骤。

单元习题

一、单选题

1. Zipkin 的服务端口号为（　　）。
   A. 8080　　B. 8081　　C. 9411　　D. 9412
2. 在项目中整合 Zipkin 使用的依赖是（　　）。
   A. spring-cloud-sleuth　　B. spring-starter-sleuth
   C. spring-cloud-starter-sleuth　　D. cloud-starter-sleuth
3. Elasticsearch 使用的默认端口号为（　　）。
   A. 8080　　B. 8081　　C. 9411　　D. 9200
4. 下面不是 Zipkin 中的主要组成部分的为（　　）。
   A. Collector　　B. Storage　　C. RESTful API　　D. Getter
5. 下面不属于 Sleuth 中的关键术语的是（　　）。
   A. Span　　B. Trace　　C. Annotation　　D. Consul
6. SkyWalking 不支持的语言是（　　）。
   A. Java　　B. PLC　　C. Lua　　D. Golang

二、填空题

1. SkyWalking 中的 Agent 的作用是________________。
2. SkyWalking 的功能是________________。
3. Sleuth 中的 4 个关键阶段是____________、____________、____________和____________。
4. 在使用 SkyWalking 之前必须先安装后端存储，如 Elasticsearch 或____________。

单元 9　微服务监控

为了实时获取微服务的运行状态和性能指标，及时发现异常和潜在的问题，快速定位问题的来源，可在系统中集成监控工具。监控微服务的工具有很多，其中，Prometheus 和 Spring Boot Admin 是两款成熟的微服务监控工具。本单元以 SweetFlower 商城为例，介绍 Prometheus 和 Spring Boot Admin 的使用方法。

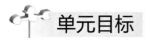

单元目标

【知识目标】

- 了解 Prometheus 的主要特性
- 了解 Prometheus 的主要组件
- 熟悉 Prometheus 的架构

【能力目标】

- 能够熟练安装并运行 Prometheus
- 能够熟练安装并运行 Grafana
- 能基于 Prometheus+Grafana 实现对微服务的监控
- 能基于 Spring Boot Admin 实现对微服务的监控

【素质目标】

- 认识到开源软件对社会经济的影响
- 增强对我国开源软件未来发展的自信

任务 9.1　基于 Prometheus 的 SweetFlower 商城微服务监控

任务描述

SweetFlower 商城项目涉及多个微服务，有商品微服务、用户微服务、订单微服务、金币微服务等。当项目上线后，为了便于查看各微服务的 JVM 性能指标，请基于 Prometheus+Grafana 实现 SweetFlower 商城中各微服务的 JVM 性能指标监控。

技术分析

为了完成该任务，首先需要在 SweetFlower 商城各微服务中追加 actuator 和 prometheus

依赖，并暴露各监控端点；然后修改 prometheus.yml 配置文件，追加对 SweetFlower 商城中各微服务的监控，实现 Prometheus 和微服务对接；最后在 Grafana 中进行 Prometheus 数据源的配置和 JVM 仪表盘的添加，从而实现 Grafana 与 Prometheus 对接。

微课 54

Prometheus 简介

支撑知识

1. Prometheus 简介

Prometheus（普罗米修斯）是一个最初在 SoundCloud 上构建的开源系统监控和警报工具包。自 2012 年发布以来，许多公司和组织都采用了 Prometheus，它拥有非常活跃的开发者和用户社区。Prometheus 现在是一个独立的开源项目，可以独立于任何公司进行维护。为了强调这一点，并阐明项目的治理结构，Prometheus 于 2016 年加入了 Cloud Native Computing Foundation，作为继 Kubernetes 之后的第二个托管项目。

（1）Prometheus 的主要特性

参照其官网，Prometheus 具有以下主要特性。

① 具有多维度数据模型，由指标键值对标识的时间序列数据组成。

② 使用 PromQL（一种灵活的查询语言）。

③ 不依赖分布式存储，单个服务器节点是自治的。

④ 以 HTTP 方式，通过 pull 模型拉取时间序列数据。

⑤ 支持通过中间网关来推送时间序列数据。

⑥ 通过服务发现或静态配置发现目标对象。

⑦ 支持多种多样的图表和仪表盘展示。

（2）Prometheus 的组件

参照其官网，Prometheus 生态包括很多组件，其中有一些是可选的。

① 抓取和存储时间序列数据的 Prometheus 主服务器。

② 检测应用程序代码的客户端库。

③ 支持短声明周期的 push 网关。

④ 针对 HAProxy、StatsD、Graphite 等服务的特定数据收集工具。

⑤ 告警管理器。

⑥ 多种支持工具。

（3）Prometheus 架构

Prometheus 的整体架构如图 9-1 所示。

从图 9-1 可以看出，Prometheus 主要分为 5 个模块，下面对各模块进行简单介绍。

Prometheus 数据源：可以通过推送网关来接收数据或主动采集数据。

Prometheus 服务端：Prometheus 的核心，由 Retrieval、TSDB 和 HTTP 服务端 3 部分组成。Retrieval 获取到数据后，会存放到 TSDB 中。HTTP 服务端可以从 TSDB 中查询数据并进行分析，然后对外提供数据服务。

服务发现：该模块通过对接 Kubernetes、file_sd（配置文件）等方式实现动态发现监控目标。

Prometheus 告警：该模块从 Prometheus 获取告警信息，然后通过 PagerDuty、E-mail 等方式向外发送告警信息。

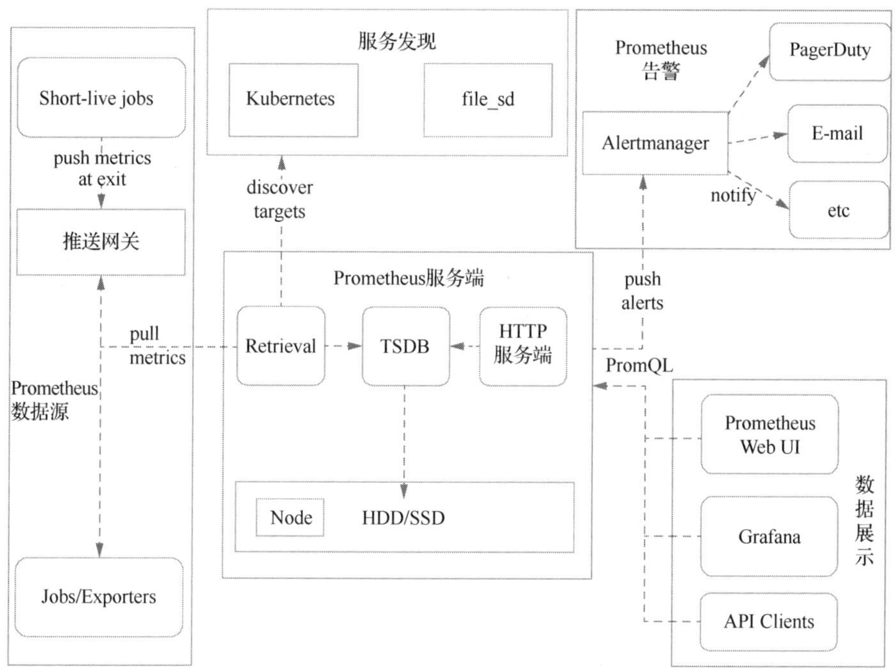

图 9-1 Prometheus 的整体架构

数据展示：该模块中的 Prometheus Web UI、Grafana、API Clients 可视化工具通过 PromQL 从 Prometheus 服务端查询数据，并以图形化的方式展示给用户。

2. Prometheus 监控实践

Spring Boot 的 actuator 提供了监控端点，Spring Boot 2 中引入了 micrometer，可以更方便地对接各种监控系统，包括 Prometheus。Prometheus 作为一种开源的系统监控与告警工具，可用于收集、存储监控数据，并提供数据查询服务。Grafana 作为一种开源的可视化工具，支持 Prometheus 数据源，可使用它对 Prometheus 中存放的主机状态指标数据进行可视化处理。因此可以将 Prometheus 和 Grafana 整合在一起，实现对微服务的监控。三者之间的关系如图 9-2 所示。

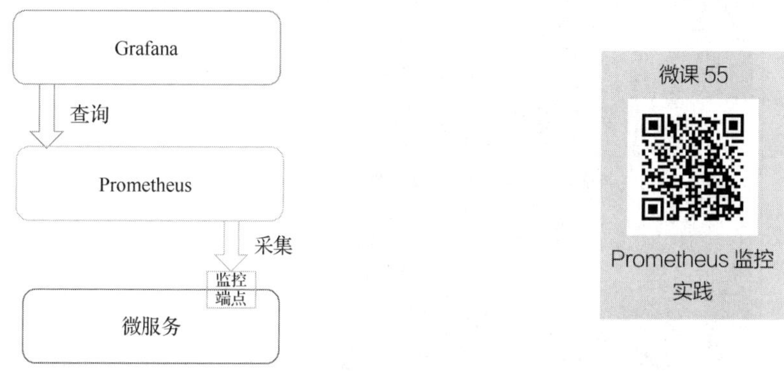

图 9-2 Prometheus、Grafana 与微服务的关系

【案例 9-1】基于 Prometheus+Grafana 实现对微服务 JVM 性能指标的监控，基本步骤

如下。

（1）Prometheus 的安装

① 从 Prometheus 官网下载 Windows 版本的 Prometheus 安装包，如图 9-3 所示。

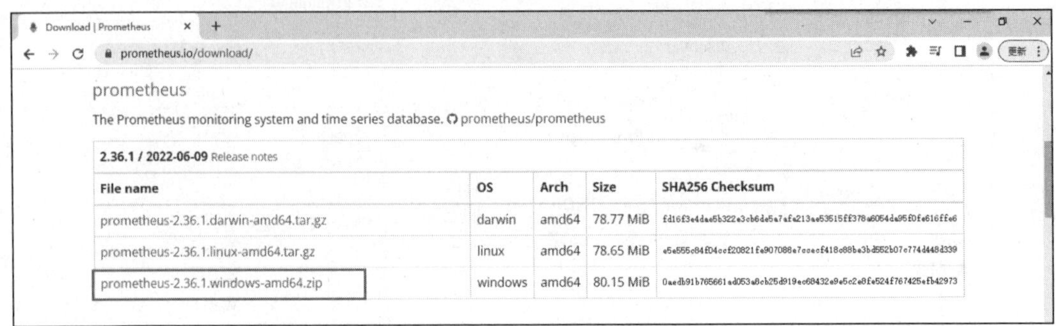

图 9-3　Prometheus 官网下载页面

② 下载好安装包之后进行解压，解压后双击“prometheus.exe”，如图 9-4 所示。

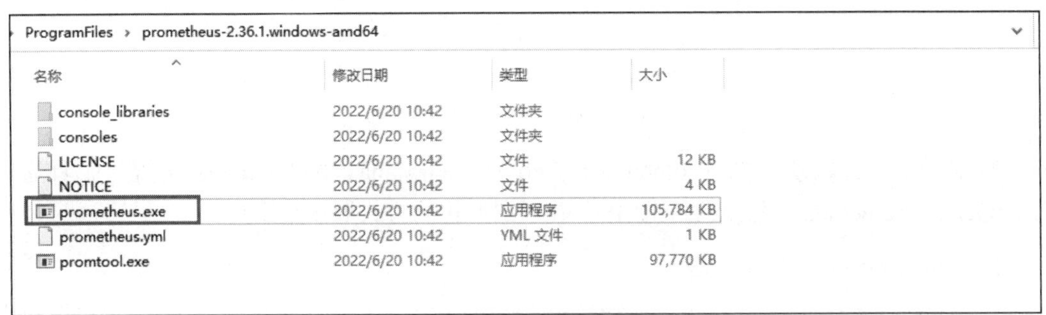

图 9-4　Prometheus 安装包的解压

③ 在弹出的对话框中单击“允许访问”按钮，如图 9-5 所示。

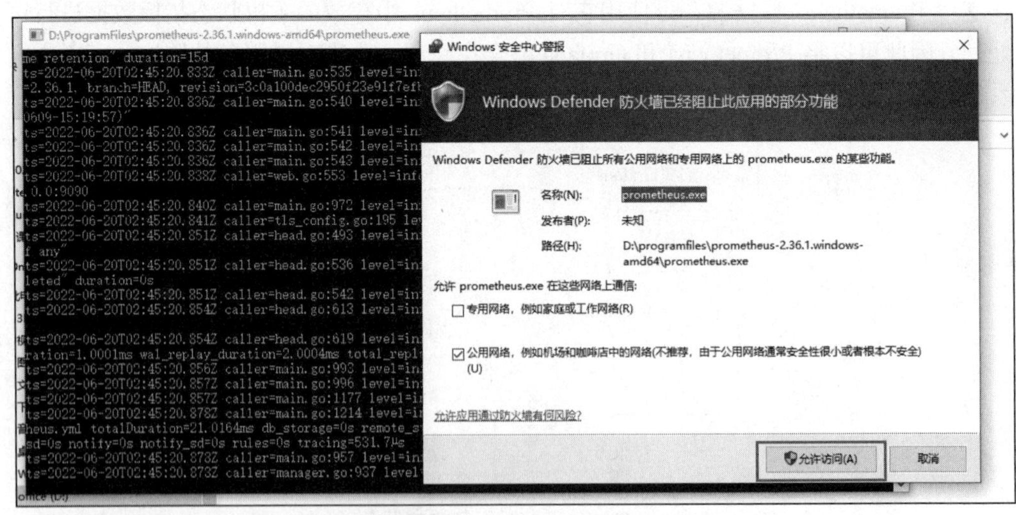

图 9-5　单击“允许访问”按钮

④ 在浏览器中访问 http://localhost:9090/，页面显示如图 9-6 所示，Prometheus 启动成功。

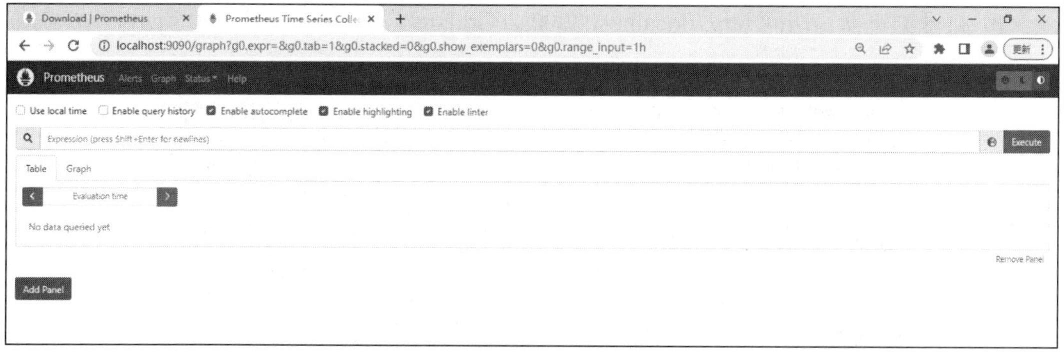

图 9-6 Prometheus 主页面（1）

（2）Grafana 的安装

① 从 Grafana 官网下载其 Windows 版本安装包，如图 9-7 所示。

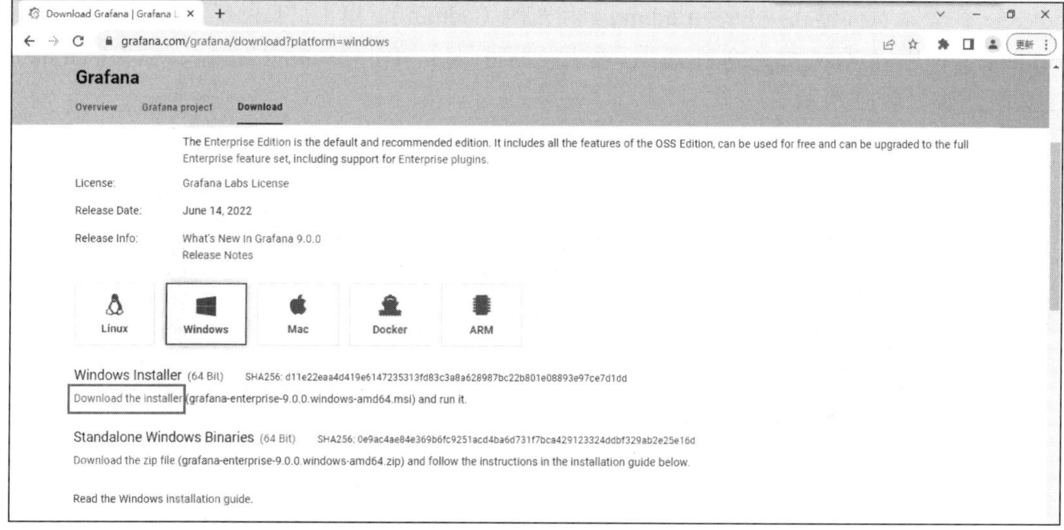

图 9-7 Grafana 下载页面

② 双击下载的 Grafana 安装包，单击“Next”按钮，安装界面如图 9-8 所示。一直单击“Next”按钮，直到安装完成，安装完成界面如图 9-9 所示，单击“Finish”按钮。

图 9-8 Grafana 安装界面

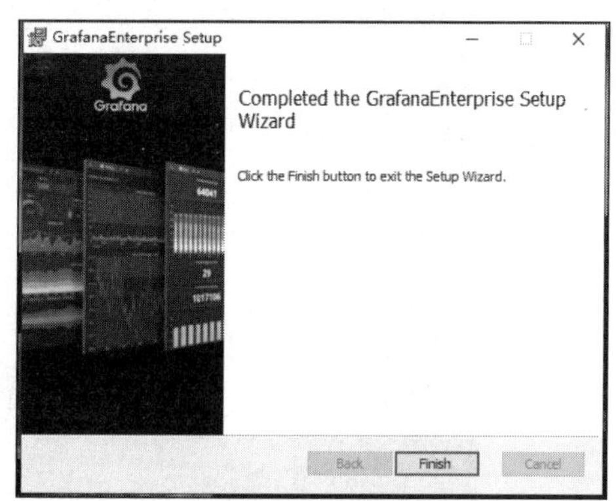

图 9-9 Grafana 安装完成界面

③ 打开浏览器，访问 http://localhost:3000/，Grafana 登录页面如图 9-10 所示。

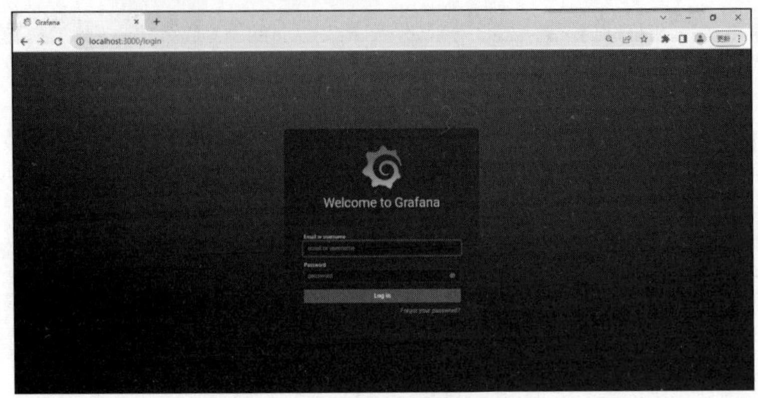

图 9-10　Grafana 登录页面

④ 在登录页面输入用户名（admin）和密码（admin），单击“Login”按钮后，跳转到 Grafana 修改密码页面，如图 9-11 所示。输入新的密码后，单击“Submit”按钮，跳转到 Grafana 主页面，如图 9-12 所示。

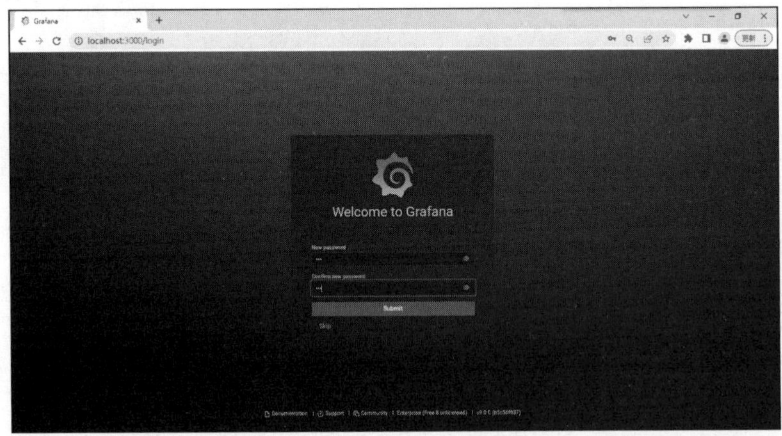

图 9-11　Grafana 修改密码页面

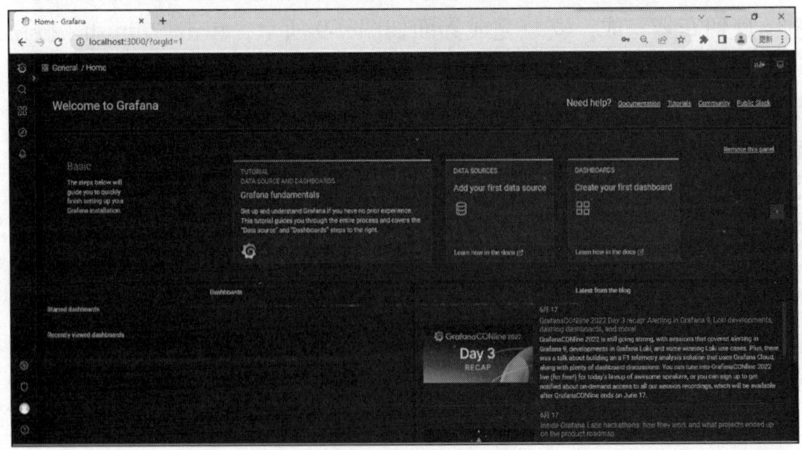

图 9-12　Grafana 主页面

（3）创建微服务

① 创建父工程 unit9demo1-prometheus 统一管理 Spring Boot、Spring Cloud 和 Spring Cloud Alibaba。pom.xml 文件代码如下所示。

```
<?xml version="1.0" encoding="UTF-8"?>
<project xmlns="http://maven.apache.org/POM/4.0.0"
xmlns:xsi="http://www.w3.org/2001/XMLSchema-instance"
  xsi:schemaLocation="http://maven.apache.org/POM/4.0.0
http://maven.apache.org/xsd/maven-4.0.0.xsd">
<modelVersion>4.0.0</modelVersion>
  <groupId>cn.js.ccit</groupId>
  <artifactId>unit9demo1-prometheus</artifactId>
  <packaging>pom</packaging>
  <version>1.0-SNAPSHOT</version>
  <modules>
    <module>service-provider</module>
  </modules>
  <!-- 统一管理 JAR 包版本 -->
  <properties>
   <project.build.sourceEncoding>UTF-8</project.build.sourceEncoding>
    <maven.compiler.source>1.8</maven.compiler.source>
    <maven.compiler.target>1.8</maven.compiler.target>
  </properties>

  <dependencyManagement>
    <dependencies>
      <!--Spring Boot 2.6.3-->
      <dependency>
        <groupId>org.springframework.boot</groupId>
        <artifactId>spring-boot-dependencies</artifactId>
        <version>2.6.3</version>
        <type>pom</type>
        <scope>import</scope>
      </dependency>
      <!--Spring Cloud 2021.0.1-->
      <dependency>
        <groupId>org.springframework.cloud</groupId>
        <artifactId>spring-cloud-dependencies</artifactId>
        <version>2021.0.1</version>
        <type>pom</type>
        <scope>import</scope>
      </dependency>
      <!--Spring Cloud Alibaba 2021.0.1.0-->
      <dependency>
        <groupId>com.alibaba.cloud</groupId>
        <artifactId>spring-cloud-alibaba-dependencies</artifactId>
        <version>2021.0.1.0</version>
        <type>pom</type>
        <scope>import</scope>
      </dependency>
    </dependencies>
  </dependencyManagement>
</project>
```

② 在父工程中创建 service-provider 微服务，修改微服务的 pom.xml 文件，追加 actuator 和 prometheus 依赖，修改后的 pom.xml 文件代码如下所示。

```
<?xml version="1.0" encoding="UTF-8"?>
<project xmlns="http://maven.apache.org/POM/4.0.0"
        xmlns:xsi="http://www.w3.org/2001/XMLSchema-instance"
        xsi:schemaLocation="http://maven.apache.org/POM/4.0.0
        http://maven.apache.org/xsd/maven-4.0.0.xsd">
    <parent>
        <artifactId>unit9demo1-prometheus</artifactId>
        <groupId>cn.js.ccit</groupId>
        <version>1.0-SNAPSHOT</version>
    </parent>
    <modelVersion>4.0.0</modelVersion>

    <artifactId>service-provider</artifactId>
    <dependencies>
        <dependency>
            <groupId>org.springframework.boot</groupId>
            <artifactId>spring-boot-starter-web</artifactId>
        </dependency>
        <!-- 添加 actuator 和 prometheus 依赖 -->
        <dependency>
            <groupId>org.springframework.boot</groupId>
            <artifactId>spring-boot-starter-actuator</artifactId>
        </dependency>
        <dependency>
            <groupId>io.micrometer</groupId>
            <artifactId>micrometer-registry-prometheus</artifactId>
            <version>1.9.0</version>
        </dependency>
</project>
```

③ 在 service-provider 微服务的 src/main/resources 目录下创建 application.yml 文件，配置服务端口号为 8081、微服务名为“service-provider”并将 Actuator 的所有端点暴露出来，代码如下所示。

```
server:
  port: 8081
spring:
  application:
    name: service-provider
management:
  metrics:
    tags:
      application: ${spring.application.name}
#设置 application="service-provider" 的标签
    export:
      prometheus:
        enabled: true
  endpoints:
    web:
      exposure:
        include: "*" # 暴露 Actuator 的所有端点
```

④ 按照 Spring Boot 规范创建项目启动类 Serviceprovider Application，在该启动类上追加 @SpringBootApplication 注解，为了监控到 service-provider 微服务的 JVM 性能指标，追加 MeterRegistryCustomizer<MeterRegistry>类型的 Bean，代码如下所示。

```java
package cn.js.ccit;

import io.micrometer.core.instrument.MeterRegistry;
import org.springframework.beans.factory.annotation.Value;
import org.springframework.boot.SpringApplication;
import org.springframework.boot.actuate.autoconfigure.metrics.
    MeterRegistryCustomizer;
import org.springframework.boot.autoconfigure.SpringBootApplication;
import org.springframework.context.annotation.Bean;

@SpringBootApplication
public class ServiceproviderApplication {

    public static void main(String[] args) {
        SpringApplication.run(ServiceproviderApplication.class, args);
    }

    // 监控 JVM 指标
    @Bean
    MeterRegistryCustomizer<MeterRegistry> configurer(
            @Value("${spring.application.name}") String applicationName
    ){
        return registry -> registry.config().commonTags("application",
                applicationName);
    }
}
```

⑤ 启动微服务，访问 http://localhost:8081/actuator/prometheus，可查看到对接 Prometheus 的监控端点信息，如图 9-13 所示。

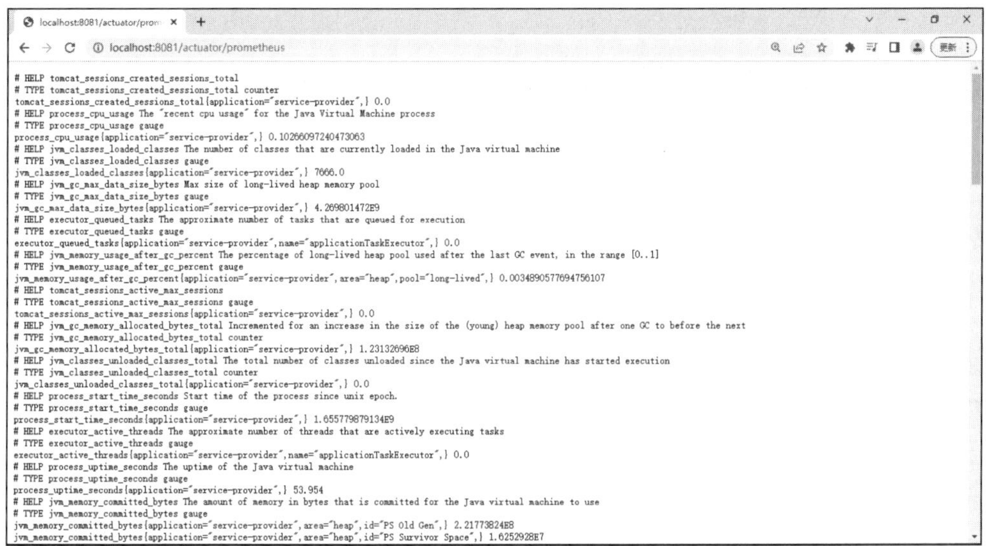

图 9-13　Prometheus 的监控端点信息

（4）Prometheus 与微服务对接

① 修改 Prometheus 安装目录下的 prometheus.yml 配置文件，如图 9-14 所示。

图 9-14　修改 prometheus.yml 配置文件

② 打开 prometheus.yml 配置文件，在最后一行追加以下配置。

```
- job_name: 'Microservice'
  scrape_interval: 5s
  metrics_path: '/actuator/prometheus'#指定监控端点路径
  static_configs:
    - targets: ["10.18.249.178:8081"]
      "labels": {
        "service": "service-provider"#指定服务名
        "instance": "service-provider-A"#指定服务实例名
      }
```

追加以上配置后，Prometheus 服务器会自动每隔 5s 请求 http://10.18.249.178:8081/actuator/prometheus。

③ 保存修改好的 prometheus.yml 配置文件，双击“prometheus.exe”，启动 Prometheus。在浏览器中访问 http://localhost:9090/，页面如图 9-15 所示。

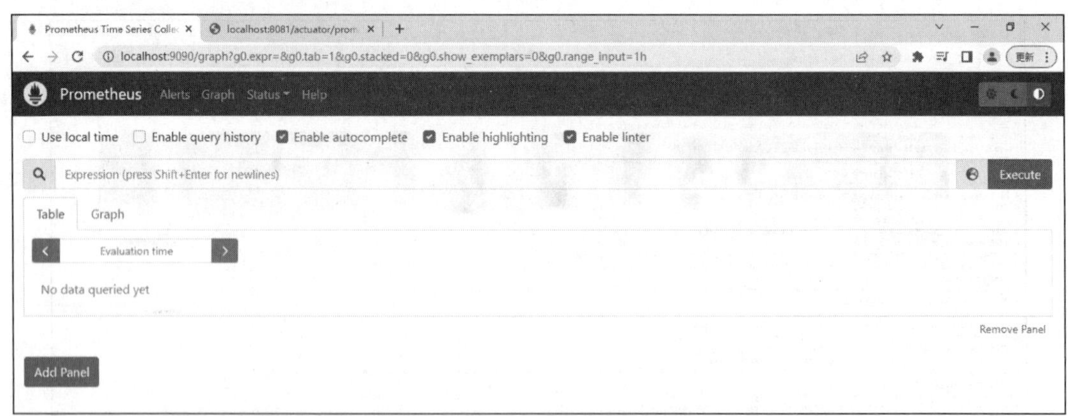

图 9-15　Prometheus 主页面（2）

④ 选择当前页面的“Status”菜单下的“Targets”，如图 9-16 所示。

⑤ 此时页面如图 9-17 所示，可以看到要监控的微服务，至此 Prometheus 和微服务对接成功。

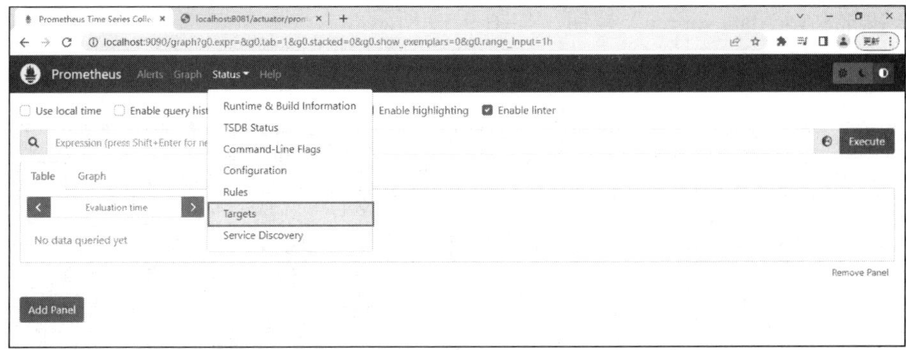

图 9-16　选择“Targets”

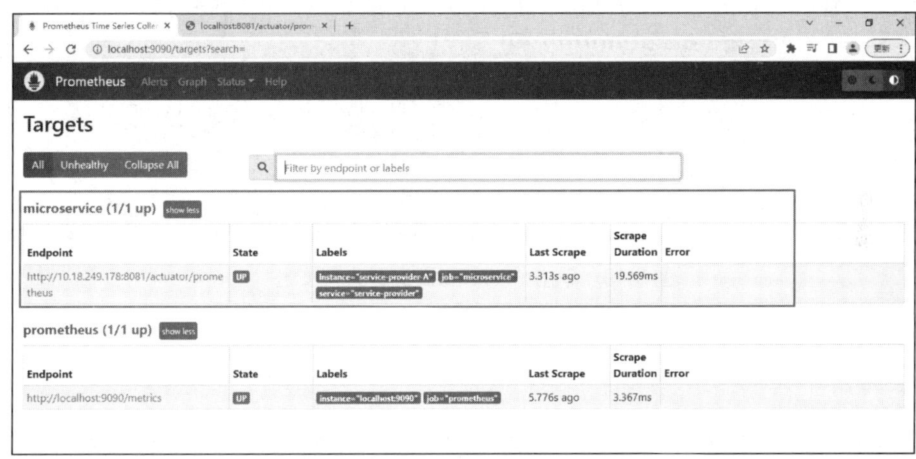

图 9-17　Prometheus 的 Targets 页面

（5）Grafana 与 Prometheus 对接

接下来将 Prometheus 与 Grafana 对接，实现更友好、更贴近生产的监控可视化。

① 打开浏览器，访问 http://localhost:3000/，单击“Data sources”，追加 Prometheus 数据源，如图 9-18 所示。

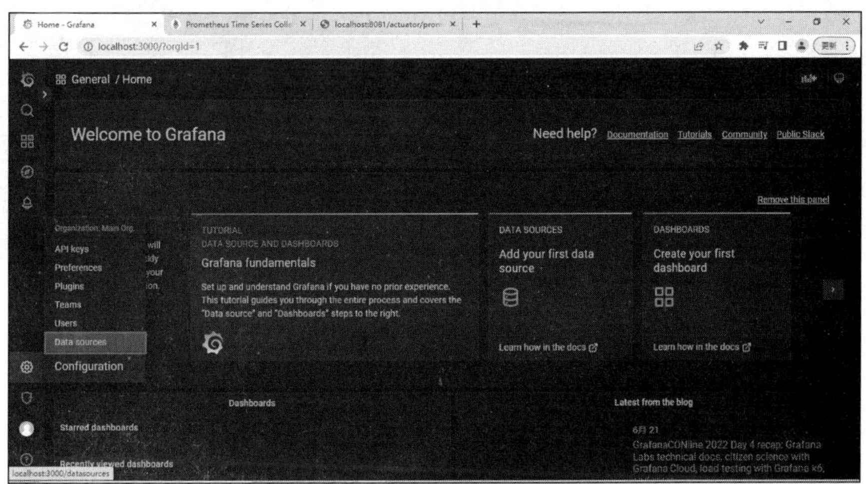

图 9-18　追加 Prometheus 数据源

② 单击“Add data source”按钮，如图 9-19 所示。

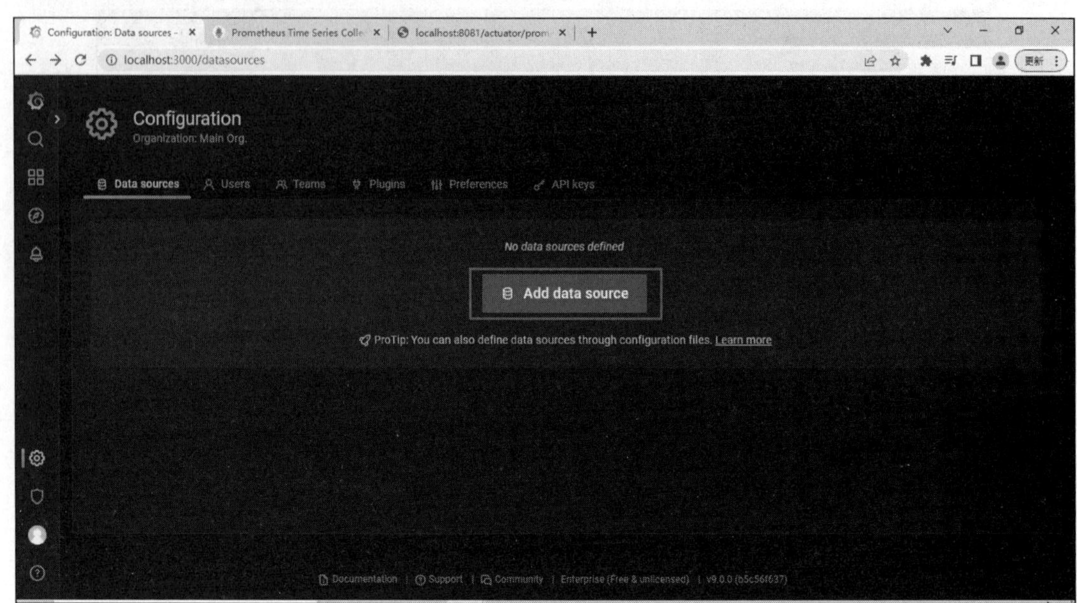

图 9-19 单击“Add data source”按钮

③ 选择“Prometheus”选项，如图 9-20 所示。

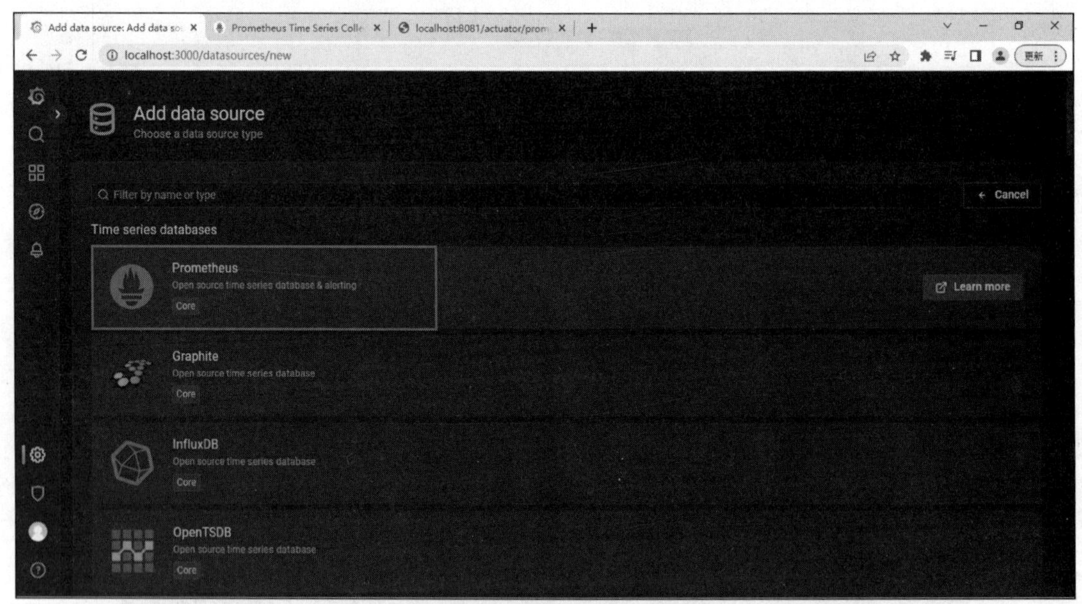

图 9-20 选择“Prometheus”选项

④ 在当前页面中配置 Prometheus 的地址，并设置其访问方式为“Browser”。单击当前页面的“Save&test”按钮，完成数据源的添加，如图 9-21 所示。

⑤ 添加 JVM 仪表盘，单击图 9-22 所示左侧的“Import”选项，效果如图 9-23 所示。在输入框中输入“4701”，单击“Load”按钮，如图 9-23 所示。

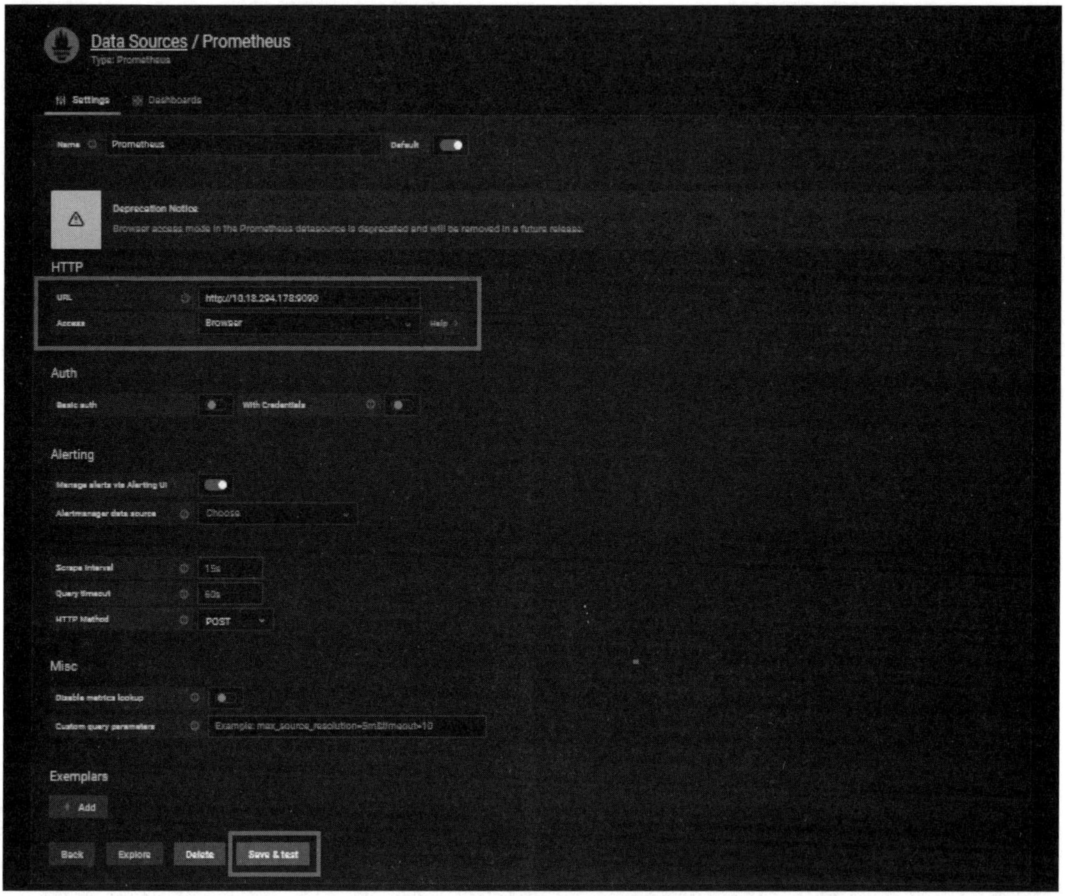

图 9-21　添加 Prometheus 数据源

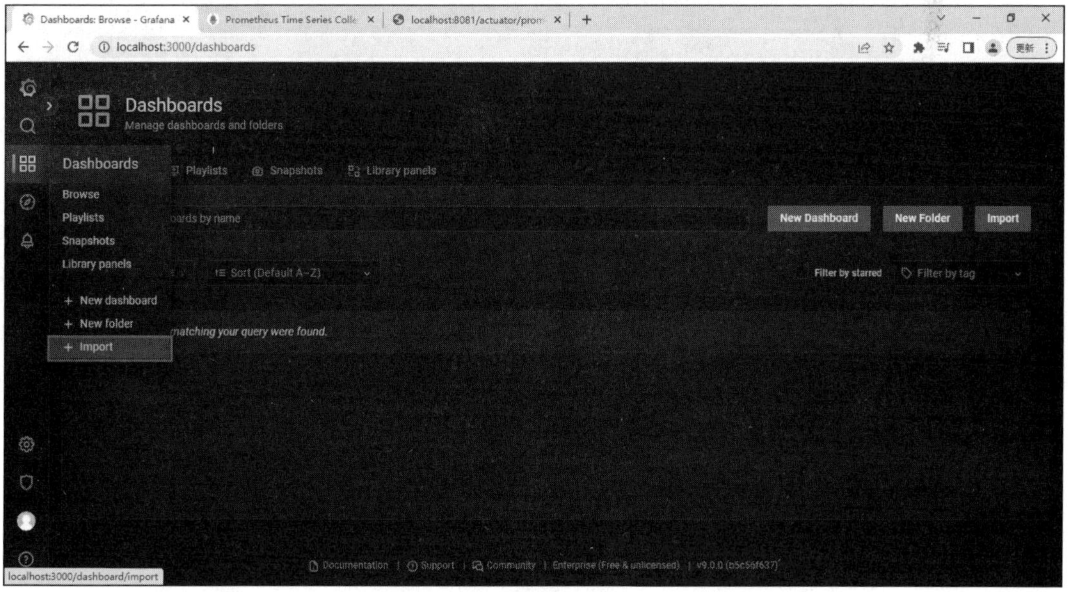

图 9-22　添加 JVM 仪表盘（1）

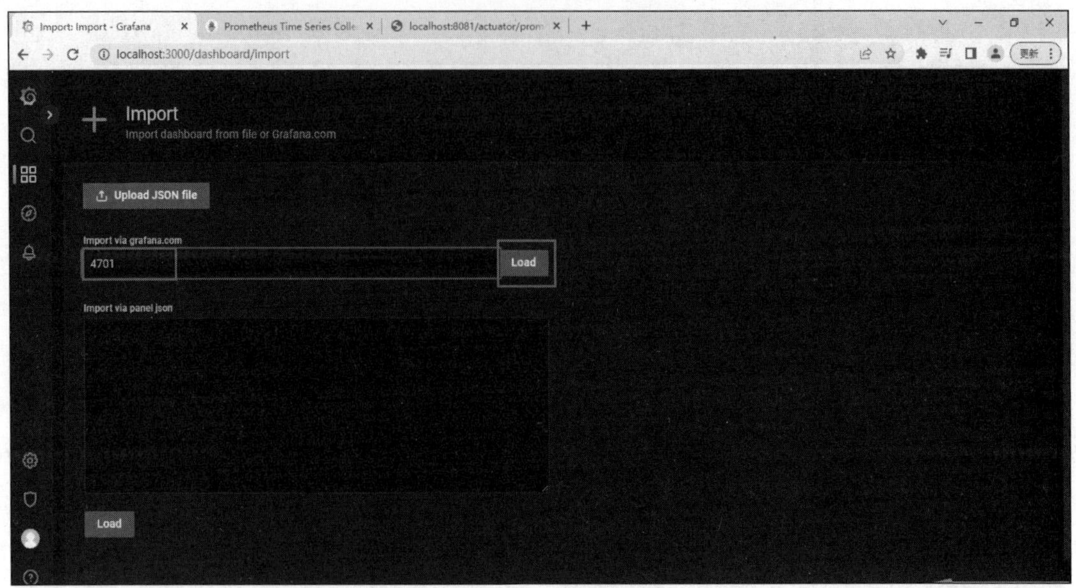

图 9-23　添加 JVM 仪表盘（2）

⑥ 选择“Prometheus”数据源，单击该页面的 Import 按钮，如图 9-24 所示。页面效果如图 9-25 所示，其中显示了被监控微服务的 JVM 信息。

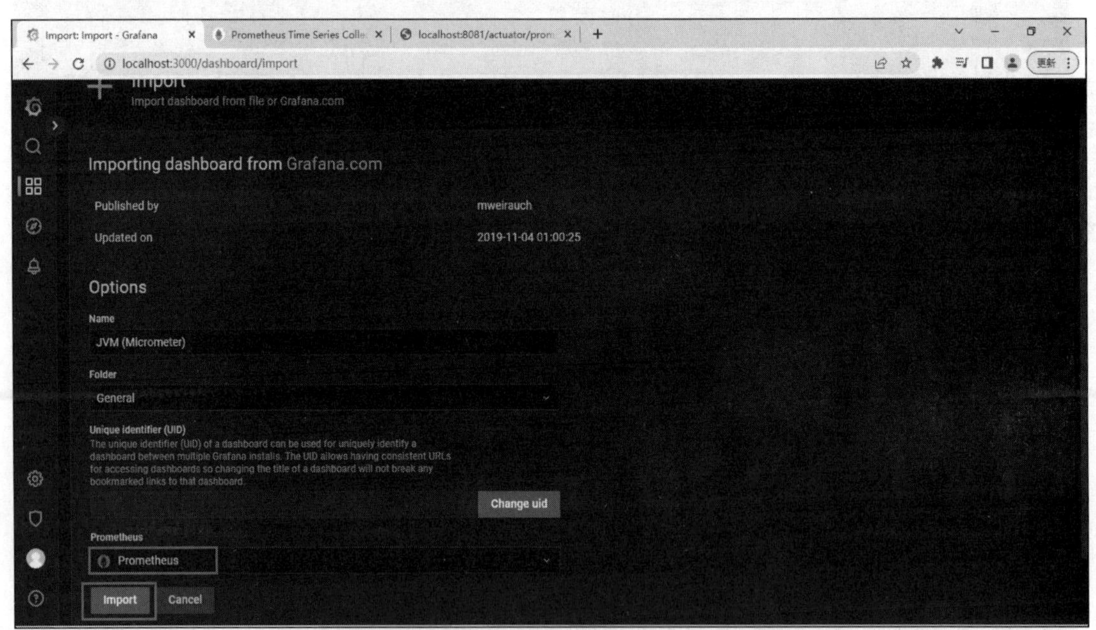

图 9-24　添加 JVM 仪表盘（3）

至此，基于 Prometheus+Grafana 实现了对微服务 JVM 性能指标的监控。

【课堂实践】基于 Prometheus+Grafana 实现案例 9-1 中 service-provider 微服务中所有接口请求次数的监控。

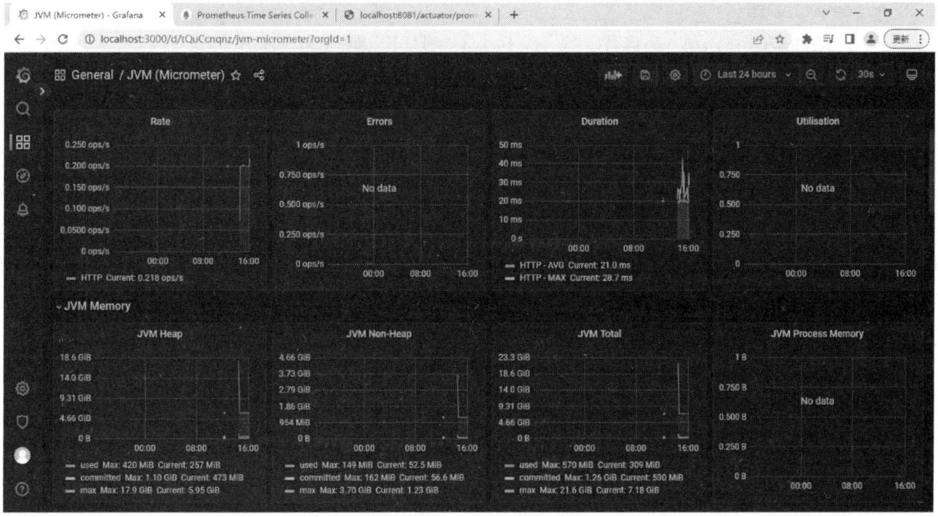

图 9-25 添加的 JVM 仪表盘

任务实现

微课 56

任务 9.1 分析与实现

基于 Prometheus+Grafana 实现 SweetFlower 商城中各微服务 JVM 性能指标的监控，具体步骤如下。

1. SweetFlower 商城项目中的所有微服务

① 在 flowersmall-gateway、flowersmall-gift、flowersmall-goldCoin、flowersmall-order、flowersmall-product、flowersmall-user 微服务的 pom.xml 文件中，追加 actuator 和 prometheus 依赖，代码如下所示。

```
<!-- actuator-->
<dependency>
    <groupId>org.springframework.boot</groupId>
    <artifactId>spring-boot-starter-actuator</artifactId>
</dependency>

<!--prometheus-->
<dependency>
    <groupId>io.micrometer</groupId>
    <artifactId>micrometer-registry-prometheus</artifactId>
    <version>1.9.0</version>
</dependency>
```

② 修改 flowersmall-gateway、flowersmall-gift、flowersmall-goldCoin、flowersmall-order、flowersmall-product、flowersmall-user 微服务中 src\main\resources 目录下的 application.yaml 文件，追加开启监控端点的配置，代码如下所示。

```
# 开启监控端口
management:
  metrics:
    tags:
      application: ${spring.application.name} #设置一个名为"微服务名"的标签
    export:
```

```
      prometheus:
        enabled: true # 启用 Prometheus 端口，默认为 true
  endpoints:
    web:
      exposure:
        include: "*" # 暴露所有端点
```

③ 为了监控到各微服务的 JVM 指标，在各微服务的主启动类里追加 MeterRegistryCustomizer<MeterRegistry>类型的 Bean，flowersmall-gateway 微服务的主启动类代码如下所示，其他微服务参照下面代码进行修改。

```
package cn.js.ccit.flowersmall.gateway;

import io.micrometer.core.instrument.MeterRegistry;
import org.springframework.beans.factory.annotation.Value;
import org.springframework.boot.SpringApplication;
import org.springframework.boot.actuate.autoconfigure.metrics.
MeterRegistryCustomizer;
import org.springframework.boot.autoconfigure.SpringBootApplication;
import org.springframework.cloud.client.discovery.EnableDiscoveryClient;
import org.springframework.context.annotation.Bean;

@EnableDiscoveryClient
@SpringBootApplication
public class FlowersmallGatewayApplication {
   public static void main(String[] args) {
      SpringApplication.run(FlowersmallGatewayApplication.class,args);
   }

   // 监控 JVM 指标
   @Bean
   MeterRegistryCustomizer<MeterRegistry> configurer(
         @Value("${spring.application.name}") String applicationName
   ){
      return registry -> registry.config().commonTags("application",
               applicationName);
   }
}
```

启动网关微服务，访问 http://localhost:9000/actuator/prometheus，可查看到对接 Prometheus 的监控端点信息，如图 9-26 所示。SweetFlower 商城其他微服务的监控端点信息，这里不再细述，读者可启动相应微服务进行查看。

2. Prometheus 与微服务对接

① 修改 Prometheus 安装目录下的 prometheus.yml 配置文件，在最后一行追加以下配置。

```
- job_name: 'flowersmall'
  scrape_interval: 5s
  metrics_path: '/actuator/prometheus'
  file_sd_configs:
  - files:
    - /home/*.json
    refresh_interval: 1m
```

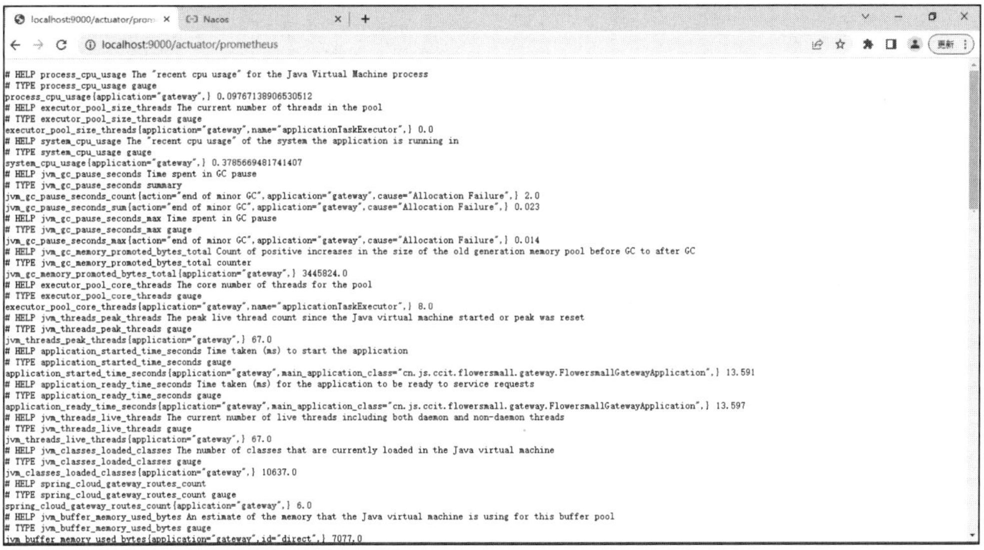

```
localhost:9000/actuator/prometheus
# HELP process_cpu_usage The "recent cpu usage" for the Java Virtual Machine process
# TYPE process_cpu_usage gauge
process_cpu_usage{application="gateway",} 0.09767138906530512
# HELP executor_pool_size_threads The current number of threads in the pool
# TYPE executor_pool_size_threads gauge
executor_pool_size_threads{application="gateway",name="applicationTaskExecutor",} 0.0
# HELP system_cpu_usage The "recent cpu usage" of the system the application is running in
# TYPE system_cpu_usage gauge
system_cpu_usage{application="gateway",} 0.3785669481741407
# HELP jvm_gc_pause_seconds Time spent in GC pause
# TYPE jvm_gc_pause_seconds summary
jvm_gc_pause_seconds_count{action="end of minor GC",application="gateway",cause="Allocation Failure",} 2.0
jvm_gc_pause_seconds_sum{action="end of minor GC",application="gateway",cause="Allocation Failure",} 0.023
# HELP jvm_gc_pause_seconds_max Time spent in GC pause
# TYPE jvm_gc_pause_seconds_max gauge
jvm_gc_pause_seconds_max{action="end of minor GC",application="gateway",cause="Allocation Failure",} 0.014
# HELP jvm_gc_memory_promoted_bytes_total Count of positive increases in the size of the old generation memory pool before GC to after GC
# TYPE jvm_gc_memory_promoted_bytes_total counter
jvm_gc_memory_promoted_bytes_total{application="gateway",} 3445824.0
# HELP executor_pool_core_threads The core number of threads for the pool
# TYPE executor_pool_core_threads gauge
executor_pool_core_threads{application="gateway",name="applicationTaskExecutor",} 8.0
# HELP jvm_threads_peak_threads The peak live thread count since the Java virtual machine started or peak was reset
# TYPE jvm_threads_peak_threads gauge
jvm_threads_peak_threads{application="gateway",} 67.0
# HELP application_started_time_seconds Time taken (ms) to start the application
# TYPE application_started_time_seconds gauge
application_started_time_seconds{application="gateway",main_application_class="cn.js.ccit.flowersmall.gateway.FlowersmallGatewayApplication",} 13.591
# HELP application_ready_time_seconds Time taken (ms) for the application to be ready to service requests
# TYPE application_ready_time_seconds gauge
application_ready_time_seconds{application="gateway",main_application_class="cn.js.ccit.flowersmall.gateway.FlowersmallGatewayApplication",} 13.597
# HELP jvm_threads_live_threads The current number of live threads including both daemon and non-daemon threads
# TYPE jvm_threads_live_threads gauge
jvm_threads_live_threads{application="gateway",} 67.0
# HELP jvm_classes_loaded_classes The number of classes that are currently loaded in the Java virtual machine
# TYPE jvm_classes_loaded_classes gauge
jvm_classes_loaded_classes{application="gateway",} 10637.0
# HELP spring_cloud_gateway_routes_count
# TYPE spring_cloud_gateway_routes_count gauge
spring_cloud_gateway_routes_count{application="gateway",} 6.0
# HELP jvm_buffer_memory_used_bytes An estimate of the memory that the Java virtual machine is using for this buffer pool
# TYPE jvm_buffer_memory_used_bytes gauge
jvm_buffer_memory_used_bytes{application="gateway",id="direct",} 7077.0
```

图 9-26　Prometheus 的监控端点信息

② 在 Prometheus 安装目录下新建 home 文件夹，在该文件夹内新建 targets.json 文件，文件内容如下所示。

```
[
      {
       "targets": [
          "10.18.249.178:9000"
       ],
       "labels": {
          "instance": "flowersmall-gateway",
          "service": "flowersmall-gateway-local"
       }
   },
   {
       "targets": [
          "10.18.249.178:8001"
       ],
       "labels": {
          "instance": "flowersmall-product",
          "service": "flowersmall-product-local"
       }
   },
   {
       "targets": [
          "10.18.249.178:8002"
       ],
       "labels": {
          "instance": "flowersmall-order",
          "service": "flowersmall-order-local"
       }
   },
   {
       "targets": [
```

```
            "10.18.249.178:8003"
        ],
        "labels": {
            "instance": "flowersmall-goldCoin",
            "service": "flowersmall-goldCoin-local"
        }
    },
    {
        "targets": [
            "10.18.249.178:8004"
        ],
        "labels": {
            "instance": "flowersmall-user",
            "service": "flowersmall-user-local"
        }
    },
    {
        "targets": [
            "10.18.249.178:8005"
        ],
        "labels": {
            "instance": "flowersmall-gift",
            "service": "flowersmall-gift-local"
        }
    }
]
```

③ 双击 prometheus.exe，启动 Prometheus。在浏览器中访问 http://localhost:9090/，Prometheus 监控页面如图 9-27 所示。

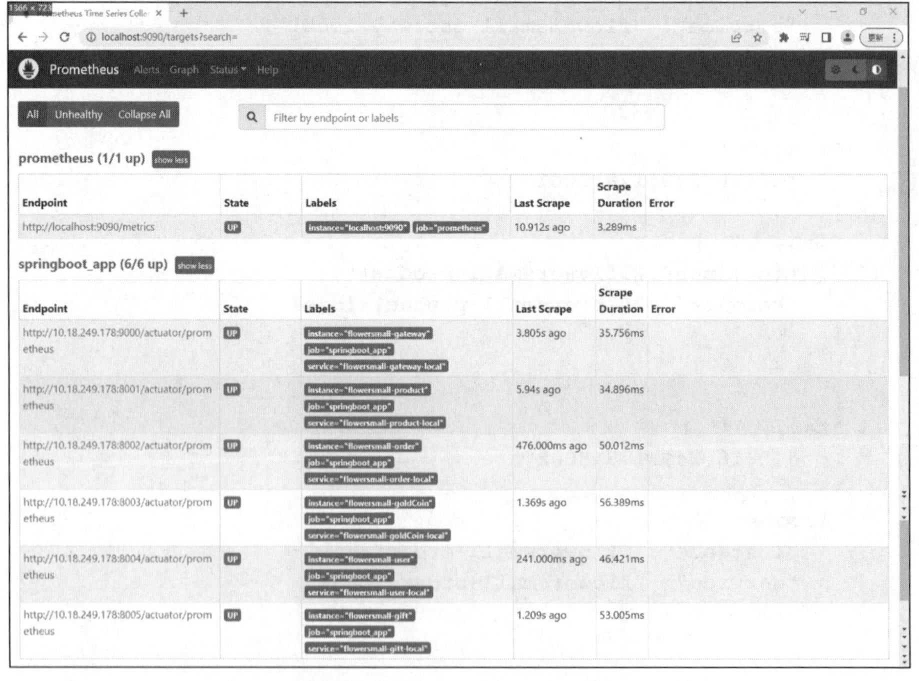

图 9-27 Prometheus 监控页面

3. Grafana 与 Prometheus 对接

在案例 9-1 中已详细描述了 Prometheus 数据源的配置和 JVM 仪表盘的添加方法，这里不再细述。访问 Grafana 的 JVM 仪表盘，效果如图 9-28 所示，单击各应用可查看相应微服务的 JVM 性能指标。

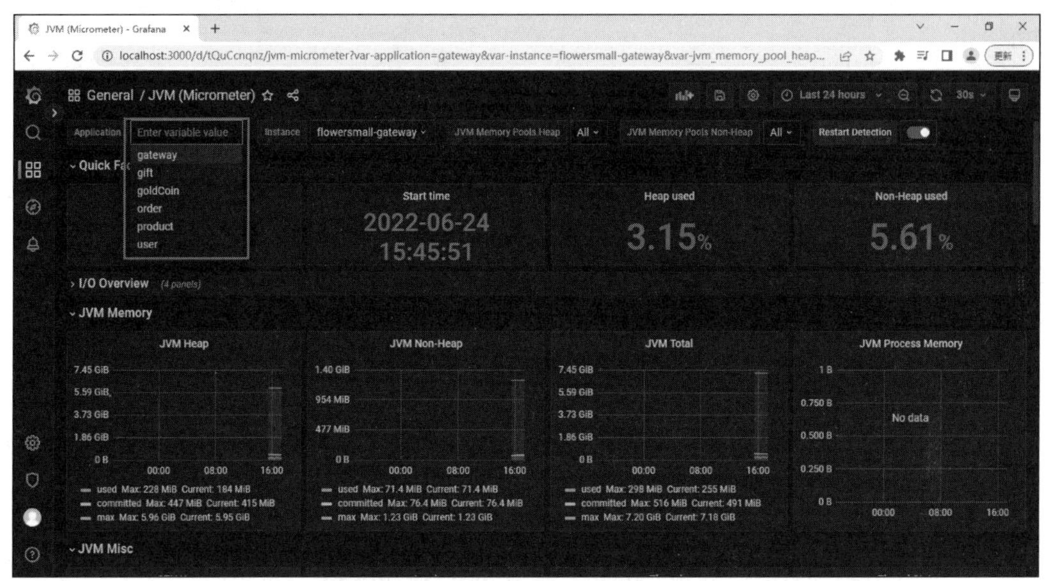

图 9-28 Grafana 的 JVM 仪表盘

至此，基于 Prometheus+Grafana 实现了 SweetFlower 商城中各微服务 JVM 性能指标的监控。

任务 9.2 基于 Spring Boot Admin 的 SweetFlower 商城微服务监控

任务描述

SweetFlower 商城项目涉及多个微服务，有商品微服务、用户微服务、订单微服务、金币微服务等。当该项目上线后，为了便于运维人员查看各微服务的运行情况，请基于 Spring Boot Admin 实现 SweetFlower 商城微服务的监控。

技术分析

为了通过 Spring Boot Admin 监控 SweetFlower 商城，首先需要对各微服务追加 actuator 依赖，暴露各监控端点，然后创建 flowersmall-admin 微服务，将其整合到 Nacos 中并开启 Admin Server。

微课 57

Spring Boot Admin 简介

支撑知识

1. Spring Boot Admin 简介

Spring Boot Actuator 提供了丰富的监控数据，但这些数据并不方便运营人员查看。在这样的背景下，诞生了一个开源软件：Spring Boot Admin。

Spring Boot Admin 是一款主流的 Actuator 监控数据可视化开源软件。只要各微服务开启监控端点，并且与 Spring Boot Admin 都集成到 Nacos 注册中心，Spring Boot Admin 即可自动监测所有微服务，之后通过 UI 将数据展示在前端。

值得注意的是，Spring Boot Admin 并不是 Spring Boot 官方出品的开源软件，但是其软件质量和使用广泛度都非常高，并且 Spring Boot Admin 会及时随着 Spring Boot 的更新而更新。

2. Spring Boot Admin 监控实践

下面以 Nacos 作为服务发现来演示 Spring Boot Admin 对微服务的监控。

首先将被监控的微服务整合到 Nacos 中并开启 actuator 端点，其次创建 Spring Boot Admin 微服务，将其整合到 Nacos 中并开启 Admin Server。被监控微服务和 Spring Boot Admin 微服务启动后，所有微服务都注册到 Nacos 中，Spring Boot Admin 就可以获取到所有微服务并自动从每个微服务的 actuator 端点采集监控数据，然后通过其 UI 显示微服务的状态。

【案例 9-2】基于 Spring Boot Admin 实现对微服务的监控，其基本步骤如下。

（1）父工程

创建父工程 unit9demo2-admin 统一管理 Spring Boot、Spring Cloud 和 Spring Cloud Alibaba。pom.xml 文件代码如下所示。

```
<?xml version="1.0" encoding="UTF-8"?>
<project xmlns="http://maven.apache.org/POM/4.0.0"
        xmlns:xsi="http://www.w3.org/2001/XMLSchema-instance"
        xsi:schemaLocation="http://maven.apache.org/POM/4.0.0
        http://maven.apache.org/xsd/maven-4.0.0.xsd">
    <modelVersion>4.0.0</modelVersion>

    <groupId>cn.js.ccit</groupId>
    <artifactId>unit9demo2-admin</artifactId>
    <packaging>pom</packaging>
    <version>1.0-SNAPSHOT</version>
    <modules>
        <module>service-provider</module>
        <module>service-admin</module>
    </modules>
    <!-- 统一管理 JAR 包版本 -->
    <properties>
        <project.build.sourceEncoding>UTF-8</project.build.sourceEncoding>
        <maven.compiler.source>1.8</maven.compiler.source>
        <maven.compiler.target>1.8</maven.compiler.target>
    </properties>

    <dependencyManagement>
        <dependencies>
            <!--Spring Boot 2.6.3-->
            <dependency>
                <groupId>org.springframework.boot</groupId>
                <artifactId>spring-boot-dependencies</artifactId>
                <version>2.6.3</version>
                <type>pom</type>
```

```
                <scope>import</scope>
            </dependency>
            <!--Spring Cloud 2021.0.1-->
            <dependency>
                <groupId>org.springframework.cloud</groupId>
                <artifactId>spring-cloud-dependencies</artifactId>
                <version>2021.0.1</version>
                <type>pom</type>
                <scope>import</scope>
            </dependency>
            <!--Spring Cloud Alibaba 2021.0.1.0-->
            <dependency>
                <groupId>com.alibaba.cloud</groupId>
                <artifactId>spring-cloud-alibaba-dependencies
                </artifactId>
                <version>2021.0.1.0</version>
                <type>pom</type>
                <scope>import</scope>
            </dependency>
        </dependencies>
    </dependencyManagement>
</project>
```

（2）service-provider 微服务

在父工程中，创建微服务 service-provider，步骤如下。

① 修改 pom.xml 文件，追加 actuator 和服务发现依赖，修改后的 pom.xml 文件代码如下所示。

```
<?xml version="1.0" encoding="UTF-8"?>
<project xmlns="http://maven.apache.org/POM/4.0.0"
         xmlns:xsi="http://www.w3.org/2001/XMLSchema-instance"
         xsi:schemaLocation="http://maven.apache.org/POM/4.0.0
         http://maven.apache.org/xsd/maven-4.0.0.xsd">
    <parent>
        <artifactId>unit9demo2-admin</artifactId>
        <groupId>cn.js.ccit</groupId>
        <version>1.0-SNAPSHOT</version>
    </parent>
    <modelVersion>4.0.0</modelVersion>

    <artifactId>service-provider</artifactId>
    <dependencies>
        <dependency>
            <groupId>org.springframework.boot</groupId>
            <artifactId>spring-boot-starter-web</artifactId>
        </dependency>
        <!-- 追加 actuator、nacos-discovery 依赖 -->
        <dependency>
            <groupId>org.springframework.boot</groupId>
            <artifactId>spring-boot-starter-actuator</artifactId>
        </dependency>
        <dependency>
            <groupId>com.alibaba.cloud</groupId>
```

```
            <artifactId>spring-cloud-starter-alibaba-nacos-discovery
            </artifactId>
        </dependency>
    </dependencies>
</project>
```

② 在 service-provider 微服务的 src\main\resources\目录下创建 application.yaml 文件，配置服务端口号为 8081、微服务名为“service-provider”、Nacos 注册中心地址为“localhost:8848”并开启监控端点，代码如下所示。

```
server:
  port: 8081
spring:
  application:
    name: service-provider
  cloud:
    nacos:
      discovery:
        server-addr: localhost:8848 # 配置注册中心地址
management:
  endpoints:
    web:
      exposure:
        include: "*"
  endpoint:
    health:
      show-details: always # 开启监控端点
```

③ 按照 Spring Boot 规范创建项目启动类 ServiceproviderApplication，在该启动类上追加@EnableDiscoveryClient 注解，开启服务注册与发现功能，代码如下所示。

```
package cn.js.ccit;

import org.springframework.boot.SpringApplication;
import org.springframework.boot.autoconfigure.SpringBootApplication;
import org.springframework.cloud.client.discovery.EnableDiscoveryClient;

// 开启服务注册与发现功能
@EnableDiscoveryClient
@SpringBootApplication
public class ServiceproviderApplication {

    public static void main(String[] args) {
        SpringApplication.run(ServiceproviderApplication.class, args);
    }
}
```

（3）service-admin 微服务

在父工程下，创建微服务 service-admin，步骤如下。

① 修改 pom.xml 文件，追加服务发现和 admin server 依赖，修改后的 pom.xml 文件代码如下所示。

```
<?xml version="1.0" encoding="UTF-8"?>
<project xmlns="http://maven.apache.org/POM/4.0.0"
```

```
        xmlns:xsi="http://www.w3.org/2001/XMLSchema-instance"
        xsi:schemaLocation="http://maven.apache.org/POM/4.0.0
        http://maven.apache.org/xsd/maven-4.0.0.xsd">
    <parent>
        <artifactId>unit9demo2-admin</artifactId>
        <groupId>cn.js.ccit</groupId>
        <version>1.0-SNAPSHOT</version>
    </parent>
    <modelVersion>4.0.0</modelVersion>

    <artifactId>service-admin</artifactId>
    <dependencies>
        <dependency>
            <groupId>org.springframework.boot</groupId>
            <artifactId>spring-boot-starter-web</artifactId>
        </dependency>
        <!-- 追加 nacos-discovery、admin server 依赖 -->
        <dependency>
            <groupId>com.alibaba.cloud</groupId>
            <artifactId>spring-cloud-starter-alibaba-nacos-discovery
            </artifactId>
        </dependency>
        <dependency>
            <groupId>de.codecentric</groupId>
            <artifactId>spring-boot-admin-starter-server</artifactId>
            <version>2.6.3</version>
        </dependency>

    </dependencies>

</project>
```

② 在 service-admin 微服务的 src\main\resources\目录下创建 application.yaml 文件，配置服务端口号为 9080、微服务名为“service-admin”、Nacos 注册中心地址为“localhost:8848”，代码如下所示。

```
server:
  port: 9080
spring:
  application:
    name: service-admin
  cloud:
    nacos:
      discovery:
        server-addr: localhost:8848 # 配置注册中心地址
```

③ 按照 Spring Boot 规范创建项目启动类 ServiceadminApplication，在该启动类上追加@EnableDiscoveryClient 和@EnableAdminServer 注解分别开启服务注册与发现功能、Admin Server 功能，代码如下所示。

```
package cn.js.ccit;


import de.codecentric.boot.admin.server.config.EnableAdminServer;
```

```
import org.springframework.boot.SpringApplication;
import org.springframework.boot.autoconfigure.SpringBootApplication;
import org.springframework.cloud.client.discovery.EnableDiscoveryClient;

// 开启服务注册与发现功能和 Admin Server 功能
@EnableDiscoveryClient
@EnableAdminServer
@SpringBootApplication
public class ServiceadminApplication {

    public static void main(String[] args) {
        SpringApplication.run(ServiceadminApplication.class, args);
    }

}
```

以单机模式启动 Nacos，在 IDEA 工具中启动两个微服务：service-provider 和 service-admin。访问 http://localhost:8848/nacos，查看服务管理下的服务列表，可发现 service-provider 和 service-admin 微服务实例，说明微服务已成功注册到了 Nacos 注册中心，如图 9-29 所示。

图 9-29　Nacos 服务列表

访问 http://localhost:9080，显示效果如图 9-30 所示。

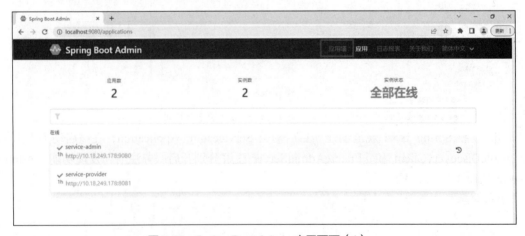

图 9-30　Spring Boot Admin 应用页面（1）

单击图 9-30 所示的应用墙，显示效果如图 9-31 所示。

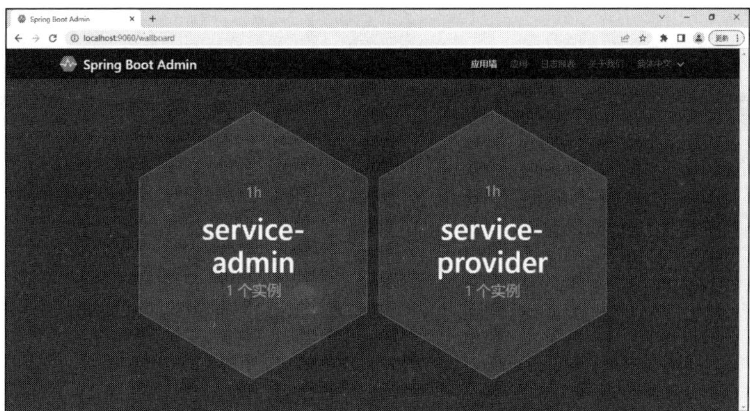

图 9-31　Spring Boot Admin 应用墙页面

单击图 9-31 所示的 service-provider 实例，显示效果如图 9-32 所示，从中可以看到该实例的 Insights 信息，例如健康、元数据等。

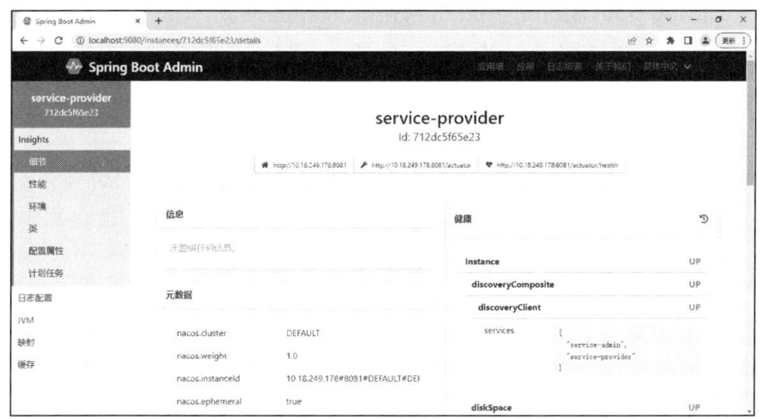

图 9-32　service-provider 实例 Insights 信息

选择图 9-32 所示页面左侧的“JVM”选项，可以看到该实例的 JVM 信息，如图 9-33 所示。

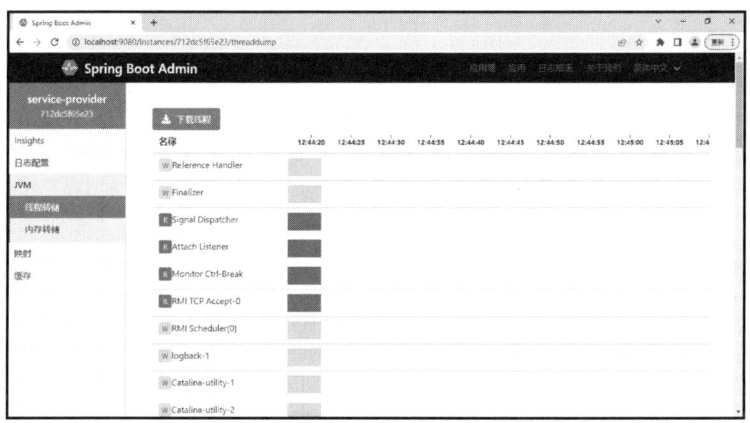

图 9-33　service-provider 实例 JVM 信息

选择图 9-33 所示页面左侧的“映射”选项，可以看到该实例的 Endpoint 端点接口信息，如图 9-34 所示。

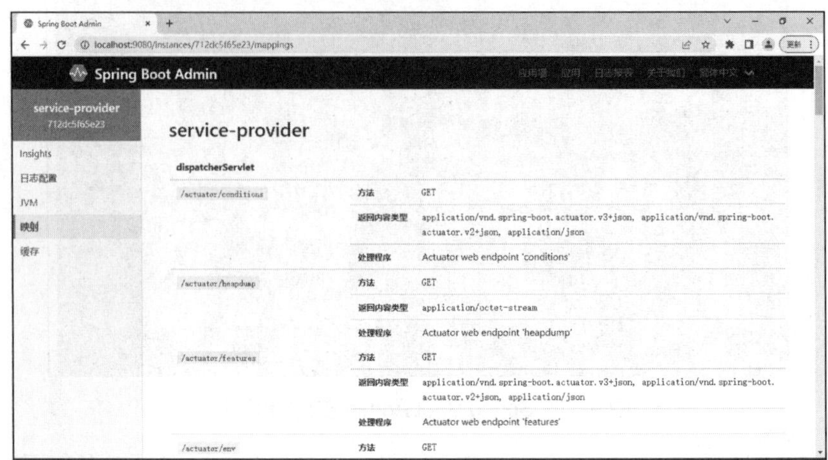

图 9-34 service-provider 实例的 Endpoint 端点接口信息

至此，基于 Spring Boot Admin 实现了对微服务的监控。

【课堂实践】创建一个微服务，基于 Spring Boot Admin 实现对该微服务的监控。

任务实现

微课 58

任务 9.2 分析与实现

基于 Spring Boot Admin 实现 SweetFlower 商城微服务的监控，具体步骤如下。

1. SweetFlower 商城项目中的所有微服务

① 在 flowersmall-gateway、flowersmall-gift、flowersmall-goldCoin、flowersmall-order、flowersmall-product、flowersmall-user 微服务的 pom.xml 文件中，追加 actuator 依赖，代码如下所示。

```
<!-- actuator-->
<dependency>
    <groupId>org.springframework.boot</groupId>
    <artifactId>spring-boot-starter-actuator</artifactId>
</dependency>
```

② 修改 flowersmall-gateway、flowersmall-gift、flowersmall-goldCoin、flowersmall-order、flowersmall-product、flowersmall-user 微服务中 src\main\resources 目录下的 application.yaml 文件，追加开启监控端点的配置，代码如下所示。

```
# 开启监控端点
management:
  endpoints:
    web:
      exposure:
        include: "*"
  endpoint:
    health:
      show-details: always
```

③ 由于订单、金币微服务是被保护的资源，因此需要编写配置文件开放 actuator 端点。在 flowersmall-goldCoin、flowersmall-order 微服务的 config 包下创建 WebSecurityConfiguration 配置类，代码如下所示。

```
package cn.js.ccit.flowersmall.order.config;

import org.springframework.context.annotation.Configuration;
import org.springframework.security.config.annotation.web.builders.
HttpSecurity;
import org.springframework.security.oauth2.config.annotation.web.configuration.
ResourceServerConfigurerAdapter;

//开放 actuator 端点
@Configuration
public class WebSecurityConfiguration extends ResourceServerConfigurerAdapter {

    @Override
    public void configure(HttpSecurity http) throws Exception {
        http.authorizeRequests()
                .antMatchers("/actuator/**")
                .permitAll()
                .anyRequest()
                .authenticated();
    }
}
```

2. flowersmall-admin 微服务

在 flowersmall 父工程，创建微服务 flowersmall-admin，步骤如下。

① 修改 pom.xml 文件，追加服务发现和 admin server 依赖，修改后的 pom.xml 文件代码如下所示。

```
<?xml version="1.0" encoding="UTF-8"?>
<project xmlns="http://maven.apache.org/POM/4.0.0"
         xmlns:xsi="http://www.w3.org/2001/XMLSchema-instance"
         xsi:schemaLocation="http://maven.apache.org/POM/4.0.0
         http://maven.apache.org/xsd/maven-4.0.0.xsd">
    <parent>
        <artifactId>flowersmall</artifactId>
        <groupId>cn.js.ccit</groupId>
        <version>1.0-SNAPSHOT</version>
    </parent>
    <modelVersion>4.0.0</modelVersion>

    <artifactId>flowersmall-admin</artifactId>

    <dependencies>
        <dependency>
            <groupId>org.springframework.boot</groupId>
            <artifactId>spring-boot-starter-web</artifactId>
        </dependency>
        <!-- nacos-discovery、admin-->
        <dependency>
```

```
            <groupId>com.alibaba.cloud</groupId>
            <artifactId>
              spring-cloud-starter-alibaba-nacos-discovery
            </artifactId>
        </dependency>
        <dependency>
            <groupId>org.springframework.boot</groupId>
            <artifactId>spring-boot-starter-actuator</artifactId>
        </dependency>
        <dependency>
            <groupId>de.codecentric</groupId>
            <artifactId>spring-boot-admin-starter-server</artifactId>
            <version>2.6.3</version>
        </dependency>
    </dependencies>
</project>
```

② 在 flowersmall-admin 微服务的 src\main\resources\目录下创建 application.yaml 文件，配置服务端口号为 9080、微服务名为“admin”、Nacos 注册中心地址为“serverIP:8848”，代码如下所示。修改本地 hosts 文件（C:\Windows\System32\drivers\etc 目录下的 hosts 文件），在最后一行追加“127.0.0.1 serverIP”。

```
server:
  port: 9080
spring:
  application:
    name: admin
  cloud:
    nacos:
      discovery:
        server-addr: serverIP:8848 # 配置注册中心地址
```

③ 按照 Spring Boot 规范创建项目启动类 Flowersmall Admin Application，在该启动类上追加@EnableDiscoveryClient 和@EnableAdminServer 注解，分别开启服务注册与发现功能、Admin Server 功能，代码如下所示。

```
package cn.js.ccit.flowersmall.admin;

import de.codecentric.boot.admin.server.config.EnableAdminServer;
import org.springframework.boot.SpringApplication;
import org.springframework.boot.autoconfigure.SpringBootApplication;
import org.springframework.cloud.client.discovery.EnableDiscoveryClient;

@EnableDiscoveryClient
@EnableAdminServer
@SpringBootApplication
public class FlowersmallAdminApplication {
    public static void main(String[] args) {
        SpringApplication.run(FlowersmallAdminApplication.class,args);
    }
}
```

在 IDEA 中依次启动 SweetFlower 商城的所有微服务。访问 http://localhost:9080，显示效果如图 9-35 所示。

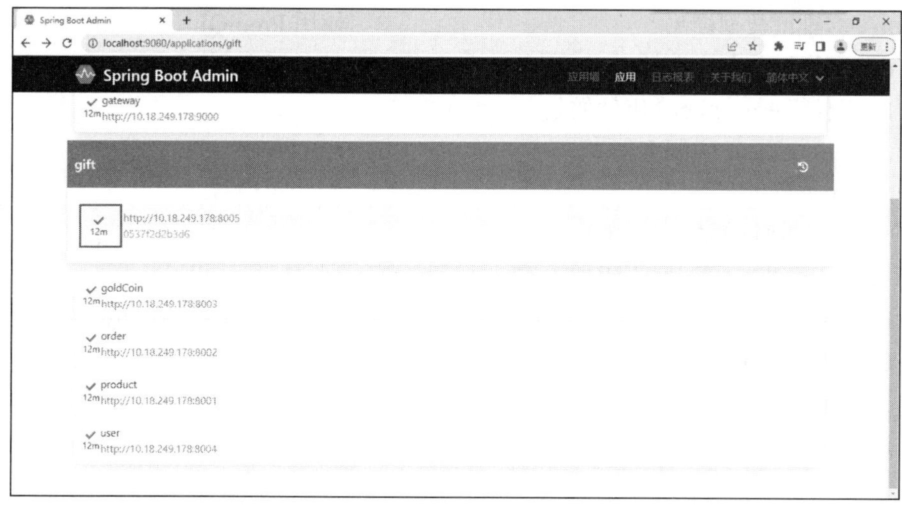

图 9-35 Spring Boot Admin 应用页面（2）

从图 9-35 中可以看到 SweetFlower 商城中的各微服务。每个微服务的详细信息可单击查看，这里不再细述。至此，基于 Spring Boot Admin 实现了对 SweetFlower 商城中各微服务的监控。

拓展实践

实践任务	基于 Spring Boot Admin 的 SweetFlower 商城微服务的下线邮件通知
任务描述	为了实现自动监控 SweetFlower 商城的微服务下线，请基于 Spring Boot Admin 以发送邮件告警的方式进行提醒
主要思路及步骤	Spring Boot Admin 中已经有相应的功能，只需要配置一些邮件的信息就可以完成该任务。 1. 在 SweetFlower 商城的各微服务中引入发送邮件需要的依赖 2. 在各微服务的配置文件中追加 Spring Boot Mail 和 Spring Boot Admin 邮件配置
任务总结	

单元小结

本单元主要介绍了 Prometheus 的主要特性、Prometheus 的主要组件、Prometheus 的架构、Spring Boot Admin、基于 Prometheus+Grafana 和基于 Spring Boot Admin 对微服务的监控；并通过实现 SweetFlower 商城项目的监控，详细介绍了实际项目开发过程中基于 Prometheus+Grafana 和 Spring Boot Admin 对微服务项目监控的实现步骤。

单元习题

一、单选题

1. 以下不是 Prometheus 主要特性的是（　　）。

A. 多维度数据模型　　B. 使用 PromQL

C. 不依赖分布式存储　　D. 事务管理

2. 以下不是 Prometheus 组件的是（　　）。

A. Prometheus 主服务器　　B. pull 网关

C. push 网关　　D. 告警管理器

3. 以下说法错误的是（　　）。

A. Prometheus 于 2016 年加入 Cloud Native Computing Foundation

B. Prometheus 是一个最初在 SoundCloud 上构建的开源系统监控和警报工具包

C. Prometheus 是一个非开源项目

D. Prometheus 以 HTTP 方式，通过 pull 模型拉取时间序列数据

4. Prometheus 服务端的核心不包含（　　）。

A. Retrieval　　B. TSDB　　C. HTTP 服务端　　D. Data ID

5. 以下说法错误的是（　　）。

A. Prometheus 是一款专业的监控平台

B. Spring Boot Admin 功能单一

C. Prometheus 与 Spring Boot Admin 相比更易于使用

D. Prometheus 支持告警

6. 以下说法错误的是（　　）。

A. Spring Boot Admin 可存储时序大数据

B. Spring Boot Admin 只适用于 Spring Boot 应用

C. Spring Boot Admin 不支持告警

D. Spring Boot Admin 的可扩展空间有限

二、填空题

1. Prometheus 数据源可以通过 Pushgateway 来____________或____________。

2. Prometheus 告警模块从 Prometheus 获取告警信息，然后通过 PagerDuty、__________等方式向外发送告警信息。

3. 数据展示模块中 Prometheus Web UI、Grafana、API Clients 等可视化工具通过__________从 Prometheus 服务端查询数据，并将其以图形化的方式展示给用户。

4. Spring Boot 2 中引入了____________，可以更方便地对接各种监控系统。

单元10 微服务容器化

在云原生时代，随着微服务架构的流行，如何更好地开发、交付和部署微服务系统，成为软件开发者共同面临的问题。在此背景下，容器化部署以其多方面的优势，成为微服务开发、交付和部署方面的最佳实践之一。

单元目标

【知识目标】

- 熟悉 Docker 的基本概念
- 掌握 Docker 的安装与镜像构建
- 掌握 Docker Compose 的容器编排

【能力目标】

- 熟练使用 Dockerfile 构建应用的镜像
- 熟练使用 docker-compose.yml 进行容器编排

【素质目标】

- 提高编写符合规范的代码的能力
- 增强软件开发安全意识

任务 10.1 SweetFlower 商城 Spring Cloud Alibaba 组件容器化

任务描述

SweetFlower 商城项目中，使用了多种 Spring Cloud Alibaba 组件。本任务主要使用 Docker 等技术，完成 Spring Cloud Alibaba 组件的容器化部署。

技术分析

为了更好地管理 Spring Cloud Alibaba 组件，除了构建组件的镜像之外（本任务使用的是 Docker Hub 上提供的镜像），还需要使用 Docker Compose 进行组件的容器编排。

支撑知识

1. Docker 简介

Docker 是一个用于开发、交付和运行应用程序的开放平台。Docker 使开发者能够将应用程序与基础架构分开，以便快速交付软件。使用 Docker，开发者可以像管理应用程序一样管理基础架构。通过 Docker 来快速交付、测试和部署代码，开发者可以显著降低代码编写和项目部署中的时间成本。

Docker 提供了在称为容器的松散隔离环境中打包和运行应用程序的能力。隔离和安全性允许开发者在给定主机上同时运行多个容器。容器是轻量级的，包含运行应用程序所需的一切，因此开发者无须依赖主机上当前安装的内容。开发者可以在工作时轻松共享容器，并确保与其共享的每个人都获得以相同方式工作的容器。

Docker 提供工具和平台来管理容器的生命周期，具体如下。

- 使用容器开发应用程序及其支持组件。
- 容器成为分发和测试应用程序的单元。
- 将应用程序作为容器或编排服务部署到生产环境中。

Docker 使用客户端-服务器架构。Docker 客户端与 Docker 守护进程对话，后者负责构建、运行和分发 Docker 容器的繁重工作。Docker 客户端和守护进程可以在同一系统上运行，开发者也可以将 Docker 客户端连接到远程 Docker 守护进程。Docker 客户端和守护进程使用 RESTful API 通过 UNIX 套接字或网络接口进行通信。除此之外，Docker Compose 也是 Docker 的客户端，它允许开发者处理由一组容器组成的应用程序。

图 10-1 展示了在 Docker 客户端运行命令时的工作流程。在 Docker 客户端运行 docker build 命令时，该客户端会向 Docker 主机中的 Docker 守护进程发送请求，从而完成镜像的构建；运行 docker pull 命令时，Docker 守护进程会从 Docker 仓库中将镜像下载到本地；运行 docker run 命令时，Docker 守护进程将基于本地镜像创建出一个容器并运行。

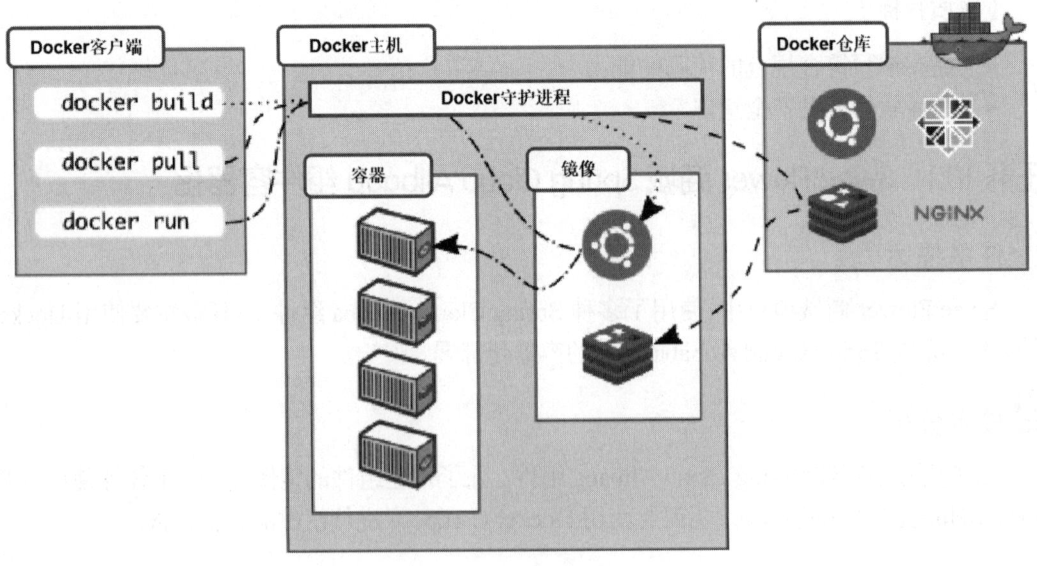

图 10-1 Docker 技术架构

（1）Docker 守护进程

Docker 守护进程（dockerd）用于监听 Docker API 请求并管理 Docker 对象，如镜像、容器、卷和网络。守护进程还可以与其他守护进程通信以管理 Docker 服务。

（2）Docker 客户端

Docker 客户端（docker）是用户与 Docker 交互的主要媒介。当开发者使用诸如 docker run 之类的命令时，客户端会将这些命令发送给守护进程，守护进程会执行这些命令。docker 命令使用 Docker API。Docker 客户端可以与多个守护进程通信。

（3）Docker 桌面程序

Docker 桌面（Docker Desktop）程序是一个易于安装的应用程序，适用于 macOS、Windows 或 Linux 环境，使开发者能够构建和共享容器化应用程序和微服务。Docker 桌面程序包括 Docker 守护进程、Docker 客户端、Docker Compose、Docker Content Trust、Kubernetes 等。

（4）Docker registry

Docker registry 存储 Docker 镜像。Docker Hub 是一个任何人都可以使用的公共 registry，Docker 默认在 Docker Hub 上查找镜像。开发者也可以运行自己的私有 registry。

当开发者使用 docker pull 或 docker run 命令时，所需的镜像将从配置的 registry 中提取。当使用 docker push 命令时，镜像会被推送到配置的 registry 中。

（5）Docker 镜像

Docker 镜像是用于创建 Docker 容器的可执行文件，它包含了运行一个特定程序所需的一切，包括代码、运行环境、系统工具、系统库等。Docker 镜像基于分层的文件系统结构构建，其中每一层都是一个只读的镜像，每一层都可以被复用和共享，从而实现了镜像的轻量化和高效性。

Docker 镜像是一个轻量级、独立、可执行的软件包，可以在任何支持 Docker 运行环境的机器上被部署和运行。通过使用 Docker 镜像，开发人员可以方便地打包应用程序及其所有依赖项，并在不同的环境中进行部署和运行，实现了应用程序的可移植性和一致性。

（6）Docker 容器

Docker 容器是 Docker 的基本运行单元，它是 Docker 镜像的一个实例化对象。每个 Docker 容器都是相互隔离的，具有自己的文件系统、进程空间、网络配置等。与传统的虚拟化技术相比，Docker 容器更加轻量、快速，并且具有更好的性能。

Docker 容器可以通过 Docker 镜像创建，一个镜像可以创建多个容器。Docker 容器可以在不同的主机上运行，具有很高的可移植性和可扩展性。Docker 容器可以通过 Docker 命令进行管理，如创建、启动、停止、删除等操作。

2. Docker 安装

本任务以 Windows 10 专业版为例（Windows 10 家庭版的操作步骤与此处相同），介绍如何安装 Docker 桌面程序。详细的硬件要求见 https://docs.docker.com/desktop/install/windows-install/#wsl-2-backend。

（1）安装 WSL 2

在 Windows 10 中的 Docker 桌面程序，依赖于 WSL 2 实现虚拟化。关于 WSL 2 的介绍和安装，参见 https://learn.microsoft.com/zh-cn/windows/wsl/install-manual。

（2）在 Windows 10 上安装 Docker 桌面程序

安装 Docker 桌面程序的步骤如下。

① 打开 Docker Desktop Installer.exe 安装程序，勾选相应复选框，单击“Ok”按钮开始安装，如图 10-2 所示。

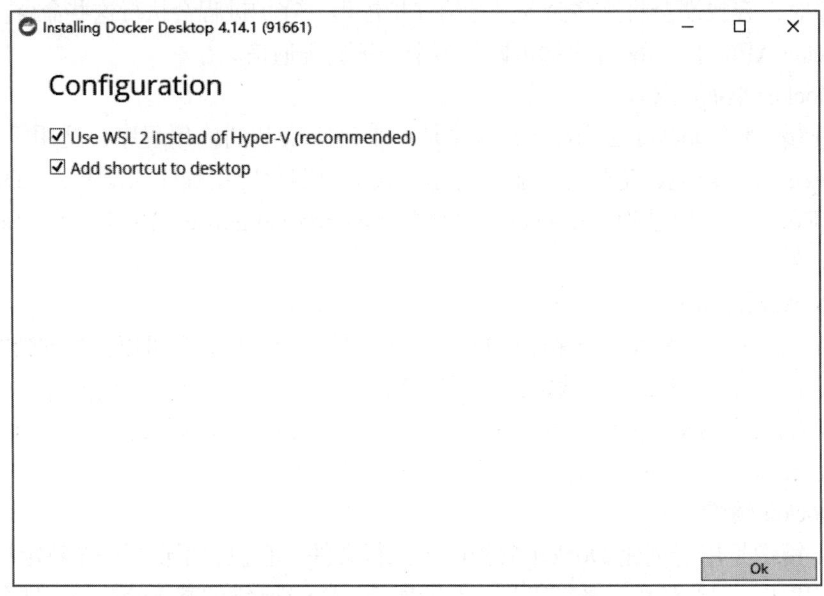

图 10-2　打开 Docker Desktop Installer.exe 安装程序

② 开始安装，安装界面如图 10-3 所示。

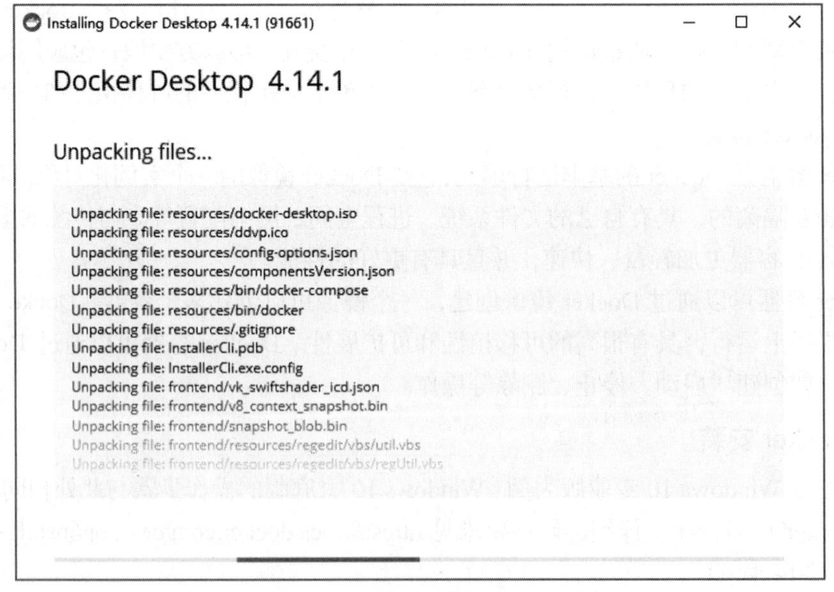

图 10-3　Docker 安装界面

③ 等待安装完成，单击“Close”按钮退出安装程序，如图 10-4 所示。

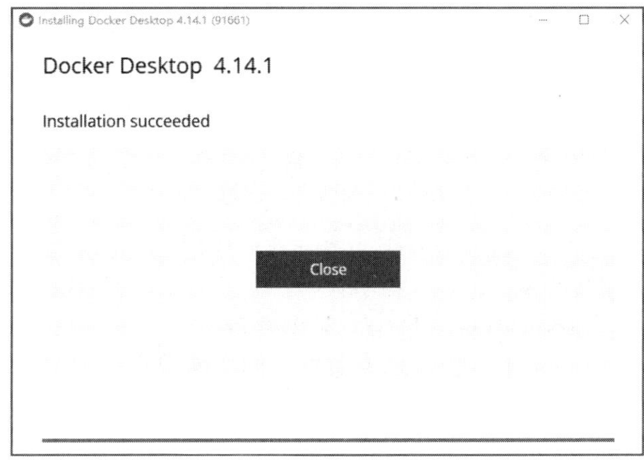

图 10-4　单击“Close”按钮

④ 运行已经安装成功的 Docker 桌面程序，如图 10-5 所示。

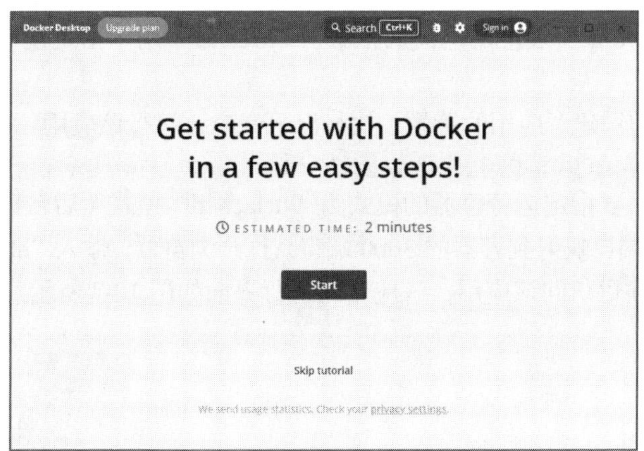

图 10-5　运行 Docker 桌面程序

3. 使用 Dockerfile 构建镜像

本任务使用 Docker 官方案例，介绍如何构建一个应用的镜像。

在命令行中执行下面的命令，下载官方案例代码，并将代码复制到宿主机。

```
Docker run --name repo alpine/git clone \
https://github.com/docker/getting-started.git
docker cp repo:/git/getting-started/ .
```

经过上面的操作，案例代码已经存放到 C:\Users\当前用户名\getting-started\app 目录下，对应的目录结构如图 10-6 所示。

名称	修改日期	类型	大小
spec	2022/11/25 23:45	文件夹	
src	2022/11/28 15:59	文件夹	
package.json	2022/11/25 23:45	JSON 源文件	1 KB
yarn.lock	2022/11/25 23:45	LOCK 文件	144 KB

图 10-6　案例代码的目录结构

Docker 依赖一个名为“Dockerfile”的文件进行镜像的构建。该文件包含一系列命令，用于描述如何创建镜像。

在 getting-started\app 目录下，创建 Dockerfile 文件，内容如下所示。

```
FROM node:18-alpine
WORKDIR /app
COPY . .
RUN yarn install --production
CMD ["node", "src/index.js"]
```

这里需要注意一点，Dockerfile 文件不需要扩展名。

在 getting-started\app 目录下，执行以下命令，创建镜像。

```
docker build -t getting-started .
```

该命令使用创建的 Dockerfile 文件构建一个全新的镜像。执行命令过程中会提示若干个层被下载，这是因为 Dockerfile 文件中定义了当前应用基于一个名为 node:18-alpine 的镜像进行构建，但本机没有该镜像，因此会从 Docker 官网进行下载。

当依赖的所有镜像被下载完成后，会将当前 app/目录下的所有内容复制到镜像工作目录 /app 中，并且使用 yarn 安装应用所需的依赖。CMD 命令用于指定镜像运行容器时的默认命令。

至此，已经成功构建了应用的镜像。执行以下命令，运行该应用。

```
docker run -dp 3000:3000 getting-started
```

在上述命令中，-d 指定运行容器的模式为“detached”模式（后台模式），p 指定端口映射，将宿主机 3000 端口映射到容器的 3000 端口。打开浏览器，输入“http://localhost:3000/”，并按“Enter”键，便可访问该应用，该应用的运行界面如图 10-7 所示。

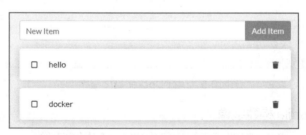

图 10-7　该应用的运行界面

4. Docker Compose 容器编排

Docker Compose 是一种用于定义和共享多容器应用程序的工具。使用 Docker Compose，开发者可以创建 YAML 文件，定义一组服务，并使用单个命令进行服务的批量启动或关闭。

本书使用的是 Windows 版 Docker 桌面程序，因此在安装 Docker 桌面程序时，Docker Compose 已经顺带安装完毕。若读者使用的是 Linux 版 Docker 桌面程序，则需要手动安装 Docker Compose，详情请参考其官网文档，这里不详细介绍。

Docker Compose 安装完毕后，使用下列命令可以查看 Docker Compose 的版本信息。

```
docker compose version
```

本任务使用 Docker 官方案例，介绍如何使用 Docker Compose 进行容器编排。

首先，需要在项目根目录，即\getting-started\app 目录下，创建一个名为“docker-compose.yml”的文件。

然后，定义名为“app”的服务，配置文件内容如下所示。

```
services:
  app:
    image: node:18-alpine
    command: sh -c "yarn install && yarn run dev"
    ports:
      - 3000:3000
    working_dir: /app
    volumes:
      - ./:/app
    environment:
      MYSQL_HOST: mysql
      MYSQL_USER: root
      MYSQL_PASSWORD: secret
      MYSQL_DB: todos
```

上述配置文件中各参数的含义如下。

- image：指定当前容器的镜像。
- command：指定容器初始化时需要执行的命令。
- ports：指定端口映射；这里将宿主机的 3000 端口，映射到容器的 3000 端口。
- working_dir：指定工作目录。
- volumes：定义卷的挂载关系。
- environment：定义当前服务的环境变量。

接下来定义 mysql 服务，配置文件内容如下所示。

```
services:
  mysql:
    image: mysql:8.0
    volumes:
      - todo-mysql-data:/var/lib/mysql
    environment:
      MYSQL_ROOT_PASSWORD: secret
      MYSQL_DATABASE: todos

volumes:
  todo-mysql-data:
```

该配置使用 volumes 参数，定义了一个名为“todo-mysql-data”的卷，并将其挂载到 mysql 服务的/var/lib/mysql 目录上。

合并 app 服务和 mysql 服务的配置信息，写入 docker-compose.yml 中，得到完整的配置文件，如下所示。

```
services:
  app:
    image: node:18-alpine
    command: sh -c "yarn install && yarn run dev"
    ports:
      - 3000:3000
    working_dir: /app
    volumes:
      - ./:/app
    environment:
```

```
      MYSQL_HOST: mysql
      MYSQL_USER: root
      MYSQL_PASSWORD: secret
      MYSQL_DB: todos

  mysql:
    image: mysql:8.0
    volumes:
      - todo-mysql-data:/var/lib/mysql
    environment:
      MYSQL_ROOT_PASSWORD: secret
      MYSQL_DATABASE: todos

volumes:
  todo-mysql-data:
```

在 app\目录下，执行下面的命令，启动服务。

```
docker compose up -d
```

以上命令执行完毕，可以看到如下提示信息，表示服务启动成功。

```
[+] Running 4/4
 - Network app_default          Created
 - Volume "app_todo-mysql-data" Created
 - Container app-app-1          Started
 - Container app-mysql-1        Started
```

当需要关闭服务时，运行 docker compose down --volumes 命令即可。

【课堂实践】编写一个简单的微服务，使用 Docker Compose 进行容器化部署。

任务实现

微课 60

任务 10.1 分析与实现

在 SweetFlower 商城项目中，将 Spring Cloud Alibaba 组件作为一组服务，使用 Docker Compose 进行容器化部署，可以有效提高服务的部署和迁移能力。具体步骤如下。

1. 创建 docker-compose.yml 配置文件

创建 docker-compose.yml 配置文件，定义 mysql、nacos、seata-server 服务，文件内容如下所示。

```
services:
  mysql:
    image: mysql:8.0
    container_name: mysql8
    environment:
      MYSQL_ROOT_PASSWORD: 123
    ports:
      - 3306:3306
    volumes:
      - ./mysqldata:/var/lib/mysql

  nacos:
```

```
    image: nacos/nacos-server:1.4.2
    container_name: nacos
    environment:
      - PREFER_HOST_MODE=hostname
      - MODE=standalone
    ports:
      - "8848:8848"
    extra_hosts:
      - "serverIP:192.168.0.1"
    volumes:
      - ./nacos/usr/docker/tlmall-nacos/conf:/home/nacos/conf
      - ./nacos/usr/docker/tlmall-nacos/logs:/home/nacos/logs
    depends_on:
      - mysql

  seata-server:
    image: seataio/seata-server:1.4.2
    container_name: seata-server
    ports:
      - "8091:8091"
    extra_hosts:
      - "serverIP:192.168.0.1"
    environment:
      - STORE_MODE=db
    volumes:

- ./seata-server1.4.2/resources/registry.conf:/seata-server/resources/registry.conf

- ./seata-server1.4.2/resources/file.conf:/seata-server/resources/file.conf
        # 日志目录
      - ./seata-server1.4.2/logs:/root/logs/seata
    depends_on:
      - mysql
      - nacos
```

在上述配置中，有几处需要注意。

首先，通过数据卷的形式，指定了 mysql、nacos 以及 seata-server 服务依赖的数据、配置文件和日志目录等，这里需要读者将其修改成自己的目录。

其次，在 nacos 和 seata-server 服务中，都依赖其他容器中的服务（nacos 依赖 mysql、seata-server 依赖 mysql 和 nacos），在各服务的配置文件中，使用其他容器的服务时，都使用名为“serverIP”的主机地址进行访问。因此，需要对 nacos 和 seata-server 服务，通过 extra_hosts 参数，指定额外的主机地址解析。

最后，对于服务之间有依赖关系的情况，可以使用 depends_on 参数，指定依赖关系，各服务即可按顺序启动。

2. 启动服务

要启动服务，需要切换到 docker-compose.yml 所在目录，执行下面的命令。

```
docker compose up -d
```

服务启动后，可以通过 docker ps 命令查看各服务的状态，如图 10-8 所示。

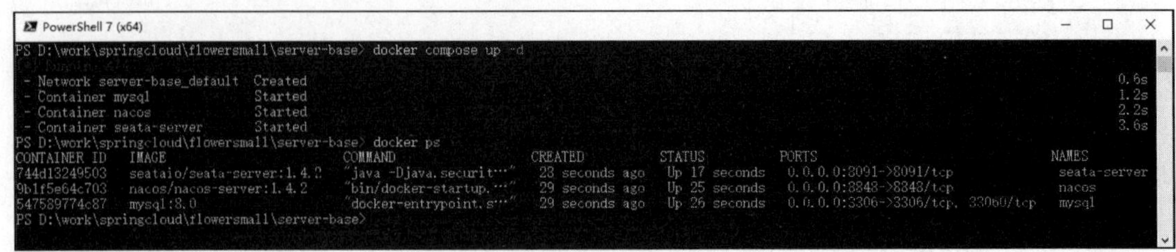

图 10-8 各服务的状态

任务 10.2 SweetFlower 商城微服务容器化

任务描述

在任务 10.1 中，已经将构建 Spring Cloud Alibaba 的组件进行了容器化，并使用 Docker Compose 进行了容器编排，批量启动了组件。本任务主要使用 Docker Compose，对 SweetFlower 商城的微服务进行容器化部署。

技术分析

在对 SweetFlower 商城的微服务进行容器化部署之前，要先创建各微服务的镜像。除了手动创建镜像外，还可以使用 dockerfile-maven-plugin 插件，在项目构建时自动创建镜像。

支撑知识

微课 61 集成 Docker

Spring Boot 集成 Docker

在使用 Spring Boot 开发应用时，可以使用 dockerfile-maven-plugin 插件，在构建项目时自动完成镜像的构建，本书以 SweetFlower 商城的 flowersmall-admin 微服务为例，讲解如何在 Spring Boot 项目中集成 Docker。

首先，在 flowersmall-admin 微服务的根目录中，创建 Dockerfile 文件。文件内容如下所示。

```
FROM openjdk:8u111-jdk

ARG JAR_FILE

ADD target/${JAR_FILE} flowersmallservice.jar

ENTRYPOINT ["java", "-jar", "flowersmallservice.jar"]
```

在上述配置中，指定了 flowersmall-admin 微服务基于 openjdk:8u111-jdk 构建镜像。在构建镜像时，将项目的 JAR 包，即 target/${JAR_FILE}，复制到镜像中，并在容器启动后，执行 java -jar flowersmallservice.jar 命令，启动微服务。

创建好 Dockerfile 文件后，需要在 flowersmall-admin 微服务的 pom.xml 文件中，进行 dockerfile-maven-plugin 插件的配置。具体配置如下所示。

```
<plugin>
    <groupId>com.spotify</groupId>
    <artifactId>dockerfile-maven-plugin</artifactId>
```

```
    <version>1.4.13</version>
    <executions>
        <execution>
            <id>default</id>
            <goals>
                <goal>build</goal>
            </goals>
        </execution>
    </executions>
    <configuration>
        <repository>${project.name}</repository>
        <tag>${project.version}</tag>
        <buildArgs>
            <JAR_FILE>${project.build.finalName}.jar</JAR_FILE>
        </buildArgs>
    </configuration>
</plugin>
```

在上述配置中，<repository>指定镜像库的名称，<tag>指定标签名，<buildArgs>指定构建镜像时传入的参数 JAR_FILE（该参数在 Dockerfile 文件中有对应的声明和使用）。

至此，已经创建了 Dockerfile 文件，并配置了 dockerfile-maven-plugin 插件。在开发环境中执行打包动作，即可完成项目对应镜像的构建，如图 10-9 所示。

```
[INFO] Step 4/4 : ENTRYPOINT ["java", "-jar", "flowersmallservice.jar"]
[INFO]
[INFO]  ---> Running in fa175604f06a
[INFO] Removing intermediate container fa175604f06a
[INFO]  ---> b24c4df85b31
[INFO] Successfully built b24c4df85b31
[INFO] Successfully tagged flowersmall-gateway:1.0-SNAPSHOT
[INFO]
[INFO] Detected build of image with id b24c4df85b31
[INFO] Building jar: D:\work\springcloud\flowersmall\flowersmall-gateway\target\flowersmall-gateway-1.0-SNAPSHOT-docker-info.jar
[INFO] Successfully built flowersmall-gateway:1.0-SNAPSHOT
[INFO] ------------------------------------------------------------------------
[INFO] BUILD SUCCESS
```

图 10-9　构建的镜像

任务实现

微课 62

任务 10.2 分析与实现

使用 Docker Compose 对 SweetFlower 商城的微服务进行容器化部署，具体步骤如下。

1. 构建微服务镜像

构建微服务镜像的操作，在“支撑知识”部分已经介绍过，值得注意的是，构建过程中配置的 Dockerfile 文件和 dockerfile-maven-plugin 插件，其内容与具体微服务之间并没有依赖关系，因此可以通过简单的复制、粘贴操作，将其应用到各微服务镜像的创建中，因此这里不赘述。

2. 创建 Docker Compose 配置文件

创建 docker-compose.yml 文件，进行各微服务的配置。具体内容如下所示。

```
services:
  admin:
    image: flowersmall-admin:1.0-SNAPSHOT
```

```
    container_name: admin
    ports:
      - "9080:9080"
    extra_hosts:
      - "serverIP:192.168.0.1"
  gateway:
    image: flowersmall-gateway:1.0-SNAPSHOT
    container_name: gateway
    ports:
      - "9000:9000"
    extra_hosts:
      - "serverIP:192.168.0.1"
    volumes:
      - ./skywalking:/home
    entrypoint: [
      "java",
      "-javaagent:/home/agent/skywalking-agent.jar",
      "-Dskywalking.agent.service_name=gateway",
      "-Dskywalking.collector.backend_service=serverIP:11800",
      "-jar",
      "flowersmallservice.jar"
    ]
  product:
    image: flowersmall-product:1.0-SNAPSHOT
    container_name: product
    ports:
      - "8001:8001"
    extra_hosts:
      - "serverIP:192.168.0.1"
  goldCoin:
    image: flowersmall-goldcoin:1.0-SNAPSHOT
    container_name: goldCoin
    ports:
      - "8003:8003"
    extra_hosts:
      - "serverIP:192.168.0.1"
    volumes:
      - ./skywalking:/home
    entrypoint: [
      "java",
      "-javaagent:/home/agent/skywalking-agent.jar",
      "-Dskywalking.agent.service_name=goldCoin",
      "-Dskywalking.collector.backend_service=serverIP:11800",
      "-jar",
      "flowersmallservice.jar"
    ]
  order:
    image: flowersmall-order:1.0-SNAPSHOT
    container_name: order
    ports:
      - "8002:8002"
```

```
      extra_hosts:
        - "serverIP:192.168.0.1"
      volumes:
        - ./skywalking:/home
      entrypoint: [
        "java",
        "-javaagent:/home/agent/skywalking-agent.jar",
        "-Dskywalking.agent.service_name=order",
        "-Dskywalking.collector.backend_service=serverIP:11800",
        "-jar",
        "flowersmallservice.jar"
      ]
    user:
      image: flowersmall-user:1.0-SNAPSHOT
      container_name: user
      ports:
        - "8004:8004"
      extra_hosts:
        - "serverIP:192.168.0.1"
```

其中，由于微服务需要使用 Spring Cloud 组件，因此需要使用 extra_hosts 参数指定本机 IP 地址的 host 解析。

3. 启动微服务

执行以下命令启动各微服务。

```
docker compose up -d
```

使用 docker ps 命令查看各微服务的状态，如图 10-10 所示。

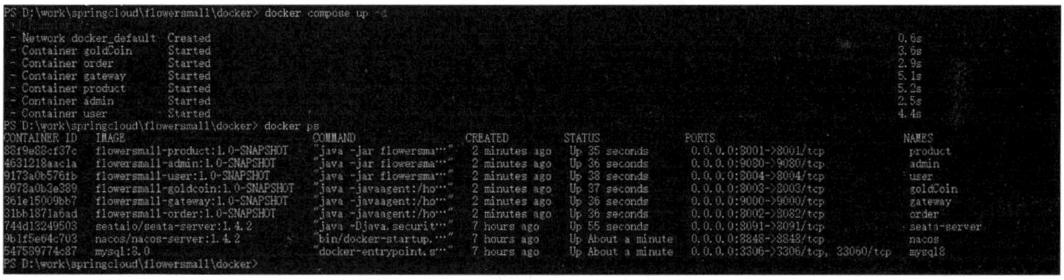

```
PS D:\work\springcloud\flowersmall\docker> docker compose up -d
 - Network docker_default  Created                                                              0.6s
 - Container goldCoin      Started                                                              3.6s
 - Container order         Started                                                              2.9s
 - Container gateway       Started                                                              5.1s
 - Container product       Started                                                              5.2s
 - Container admin         Started                                                              2.5s
 - Container user          Started                                                              4.4s
PS D:\work\springcloud\flowersmall\docker> docker ps
CONTAINER ID   IMAGE                             COMMAND                   CREATED         STATUS              PORTS                               NAMES
88f9e88cf37c   flowersmall-product:1.0-SNAPSHOT  "java -jar flowersma…"    2 minutes ago   Up 35 seconds       0.0.0.0:8001->8001/tcp              product
4631218aac1a   flowersmall-admin:1.0-SNAPSHOT    "java -jar flowersma…"    2 minutes ago   Up 36 seconds       0.0.0.0:9080->9080/tcp              admin
9173a0b576fb   flowersmall-user:1.0-SNAPSHOT     "java -jar flowersma…"    2 minutes ago   Up 38 seconds       0.0.0.0:8004->8004/tcp              user
6978a0b3e389   flowersmall-goldcoin:1.0-SNAPSHOT "java -javaagent:/ho…"    2 minutes ago   Up 37 seconds       0.0.0.0:8003->8003/tcp              goldCoin
361e15009bb7   flowersmall-gateway:1.0-SNAPSHOT  "java -javaagent:/ho…"    2 minutes ago   Up 36 seconds       0.0.0.0:9000->9000/tcp              gateway
31bb1871a6ad   flowersmall-order:1.0-SNAPSHOT    "java -javaagent:/ho…"    2 minutes ago   Up 36 seconds       0.0.0.0:8002->8082/tcp              order
744d13249503   seataio/seata-server:1.4.2        "java -Djava.securit…"    7 hours ago     Up 55 seconds       0.0.0.0:8091->8091/tcp              seata-server
9b1f5e64c703   nacos/nacos-server:1.4.2          "bin/docker-startup.…"    7 hours ago     Up About a minute   0.0.0.0:8848->8848/tcp              nacos
547589774c87   mysql:8.0                         "docker-entrypoint.s…"    7 hours ago     Up About a minute   0.0.0.0:3306->3306/tcp, 33060/tcp   mysql8
PS D:\work\springcloud\flowersmall\docker>
```

图 10-10 各微服务的状态

拓展实践

实践任务	微服务项目容器化部署
任务描述	参照本单元中对 SweetFlower 商城的容器化部署流程，开发一个简单的微服务应用，并完成应用依赖的组件和应用本身的容器化部署
主要思路及步骤	1. 使用 Docker Hub 提供的组件镜像，通过 Docker Compose 对组件进行容器化编排 2. 构建微服务应用的镜像，使用 Docker Compose 完成容器化部署
任务总结	

单元小结

本单元主要介绍了微服务的容器化技术，包括 Docker 的基本概念与安装方法、使用 Dockerfile 构建镜像，以及使用 Docker Compose 进行容器化编排，最终使用 Docker 和 Docker Compose 等技术，完成了 SweetFlower 商城微服务的容器化部署。

单元习题

一、单选题

1. 以下说法正确的是（　　）。
   A. Docker 中的镜像是可写的　　B. Docker 比虚拟机占用的空间大
   C. 虚拟机比 Docker 启动速度快　　D. 一台物理机可以创建多个 Docker 容器
2. 下列关于 Docker 核心概念的说法错误的是（　　）。
   A. 镜像是创建容器的基础，类似于虚拟机的快照
   B. 镜像可以理解为一种面向 Docker 容器引擎的只读模板
   C. Docker 容器可以被启动、停止和删除
   D. 可以使用 pull 命令将镜像上传到仓库
3. 在 docker-compose.yml 文件中，有如下参数。
   ports:
   - 3000:3000
   其中，第一个“3000”为（　　）。
   A. 宿主机的进程 ID　　B. 宿主机的端口号
   C. 容器的进程 ID　　D. 容器的端口号
4. 构建镜像需要创建以下（　　）文件。
   A. docker-compose.yml　　B. Dockerfile
   C. Docker　　D. pom.xml
5. 使用 docker run 命令，以后台模式启动容器，可以使用以下的（　　）参数。
   A. -d　　B. -it　　C. -p　　D. -e
6. 下面的（　　）命令，可以批量启动容器。
   A. docker compose start –d　　B. docker compose run -d
   C. docker compose up –d　　D. docker compose down -d

二、填空题

1. 可以使用________________命令，列出所有正在运行的容器。
2. 拉取镜像，可以使用命令________________。
3. 指定容器以后台模式运行，可以使用命令 docker run______。
4. 可以使用___________命令，查看容器的详细信息。